河流系统健康预警理论与方法

吴龙华　杨校礼　著

中国水利水电出版社
www.waterpub.com.cn
·北京·

内 容 提 要

本书从系统论的角度出发提出并定义了河流系统的概念、结构组成、特征和功能，并在此基础上首次提出了体现人类发展程度的河流系统健康内涵，阐述了河流系统健康的特征；结合预警理论提出并建立了河流系统健康预警的理论架构，阐述了河流系统健康预警的内容、特征及其分类，并对预警尺度的选取进行了分析探讨；利用霍尔三维结构建立了河流系统健康的预警体系，并结合相关数学理论和方法，分别构建了河流系统健康的综合评估模型、警源查证模型和预测模型；结合具体河流系统，对其健康状态进行了评估、对诱发河流系统不健康的警源因素进行了查证，并对该河流系统健康状态的未来发展趋势进行了预警分析。

本书内容丰富、系统性强、理论与实践相结合，可供从事河流、湖泊、水库健康研究的科研人员以及从事河湖水库管理和建设的技术与管理人员参阅，亦可以作为大专院校相关专业的教学参考书。

图书在版编目（CIP）数据

河流系统健康预警理论与方法 / 吴龙华，杨校礼著
. -- 北京 : 中国水利水电出版社，2022.5
ISBN 978-7-5226-0627-9

Ⅰ. ①河… Ⅱ. ①吴… ②杨… Ⅲ. ①河流－水环境质量评价－研究 Ⅳ. ①X824

中国版本图书馆CIP数据核字(2022)第090472号

书　　名	**河流系统健康预警理论与方法** HELIU XITONG JIANKANG YUJING LILUN YU FANGFA
作　　者	吴龙华　杨校礼　著
出版发行	中国水利水电出版社 （北京市海淀区玉渊潭南路1号D座　100038） 网址：www.waterpub.com.cn E-mail：sales@mwr.gov.cn 电话：（010）68545888（营销中心）
经　　售	北京科水图书销售有限公司 电话：（010）68545874、63202643 全国各地新华书店和相关出版物销售网点
排　　版	中国水利水电出版社微机排版中心
印　　刷	清淞永业（天津）印刷有限公司
规　　格	184mm×260mm　16开本　14.5印张　353千字
版　　次	2022年5月第1版　2022年5月第1次印刷
印　　数	0001—1000册
定　　价	**85.00**元

PREFACE 前言

在人类社会发展的过程中，河流发挥着不可或缺的作用，同时人类也一直尝试着影响和改造河流，使其更加符合人类社会发展的需要。进入20世纪中叶，随着工业革命的爆发，人类科学技术水平飞速发展，人类活动对河流的影响及改造的范围和强度都日益加剧，严重的甚至已经超越了河流生态系统自身的调节能力，造成河流生态系统的退化或崩溃。近年来，世界上很多河流都已经出现了流域性洪涝灾害加剧、河流断流、水质性缺水、水污染加剧、生物多样性下降、珍稀物种消亡等严重局面。河流健康的理念就是随着人们日益重视自身生存环境质量和社会经济可持续发展能力的背景下提出的，一种促使人与河流和谐共处、共同发展的河流管理模式。维持和促进河流健康，是人类对自身与河流和谐共处、共同发展的一种深刻认识，更是人类社会发展到一定阶段的必然要求。

随着我国社会经济的迅速发展，社会发展与河流保护之间的冲突也日益加剧。为了落实党中央提出的绿色发展理念、推进生态文明建设，解决我国复杂水问题、维护河湖健康生命，完善水治理体系、保障国家水安全，在我国的河湖管理中已全面推行河长制。河长制是落实“节水优先、空间均衡、系统治理、两手发力”治水思路的重要手段，并以保护水资源、防治水污染、改善水环境、修复水生态为主要任务，构建责任明确、协调有序、监管严格、保护有力的河湖管理保护机制，为维护河湖健康生命、实现河湖功能永续利用提供制度保障。

河流系统健康预警就是以河流系统为对象，综合分析人类活动或自然演变过程对河流系统健康正、负两个方面的可能影响，确定河流系统健康的演化趋势、速度及状态变化的动态过程，进而实施预测与报警，使得河流管理者能够提前采取针对性措施，避免河流进入到不健康状态或健康状态进一步恶化。河流系统健康预警的目的就是通过明确河流系统健康预警的内涵，建立起一套完整的、适当超前的河流系统健康预警体系，诊断河流系统的健康状态、预报警度、查证分析警源，为河流的可持续开发利用提供科学依据；对人们在河流开发利用过程中对河流系统健康造成的不利影响提出警示，从而调节和规范人类活动的范围和强度，促进人水和谐、共同发展。

在长期的历史进程中，河流与其流域内的人类社会已经形成了一个密不可分的整体，河流在影响和制约流域内人类社会发展的同时，人类的活动及其发展水平也成为影响河流演变的主要因素。本书从系统论的角度定义了河流系统的概念、结构组成、特征和功能，并在此基础上构建了体现人类发展程度的河流系统健康内涵，阐述了河流系统健康的特征；在河流系统健康内涵的基础上，结合预警理论建立河流系统健康预警的理论架构，阐述河流系统健康预警的内容、特征及其分类，并对预警尺度的选取进行了分析探讨；利用霍尔三维结构建立了河流系统健康的预警体系，并结合模糊数学理论、层次分析法、偏最小二乘法和灰色理论等相关数学理论和方法，分别构建了河流系统健康的综合评估模型、警源查证模型和警兆指标的预测模型，实现对河流系统健康状态的评估、警源查证和未来发展趋势的预警。

通过实施河流系统健康预警，不但可以有效整合不同部门的河流监测资料、提高资料的综合利用效率，而且还能通过警源查找确定河流保护和修复的优先要素，提高河流管理的针对性，并通过制定相应的规章制度或政策，引导公众积极参与到河流健康的保护行动中去。另外，还可以通过对比人工干预前后的河流系统健康状况的变化或比较预期与实际的健康状况来判断管理行为的有效性，从而为类似河流的人工干预措施提供借鉴和参考。因此，实施河流系统健康预警，不但可以为水资源保护、水污染防治、水环境改善、水生态修复等工作提供良好的技术支撑，而且也能够成为贯彻落实河长制的一个有力工具。本书可供广大河流管理部门和科技工作者使用，亦可以作为大学有关专业的教学参考书。

由于作者水平有限，疏漏不足之处在所难免，恳请专家和读者批评指正！

作者

2021年7月16日

CONTENTS 目录

第1章 河 流 健 康

1.1 河流健康的起源

1.1.1 河流健康概念的提出

河流一直被喻为地球上最为古老、最为生动、最富有创造力的生命纽带，她不仅在流域演变出形态各异的地形地貌，而且也孕育了丰富多彩的生物种群，进而哺育、滋养、繁衍了人类及人类伟大的文明。河流通过水的运动及其循环（例如：蒸发、降水、输送、下渗、径流等），实现水能的不断交换、转移和更新，在河床及两岸构建或孕育出更加多姿的地质形态、更丰富的生物种群，形成瑰丽壮观、无与伦比的生命景观。正是因为河流有了丰富多彩的生命，才有了人类生命的衍生和繁茂。

河流是生命之源，人类的起源、人类文明的发展都与河流密切相关，它是人类生存、社会发展的一个重要的物质基础和保障条件。自然河流生态系统提供给人类纷繁多样的生态服务功能，这些形式各异的商品与生态服务是由自然生物过程和自然环境过程产生并维持着。有些生态服务功能因显而易见而广为人知，例如：河流是人类生产生活用水的主要来源，能够为人类提供丰富的水产品，利用水能发电及承载航运等。这些看得见的河流功能不但可以为包括人类在内的生命体生存提供必不可少的环境物质（例如：水），而且也为人类社会的经济发展提供不可或缺的物质和能源，具有显著的经济效益，这些都是很容易直观感受到的。而河流承担的另外一些生态及景观服务功能，例如：对水中污染物的降解、物质的输移转换、生物栖息地环境、物种迁移通道、河流的景观及休闲娱乐功能等（鲁春霞 等，2003），这些平时难以接触的或看不见的河流功能则往往容易被人们所忽视，但这些生态服务功能同样也是促进人类及社会经济发展的重要助力。

随着社会经济和人口规模的迅速增加，对水资源的需求也日益增长。人类的社会、经济活动已经从不同层面影响甚至改变了河流的生态系统结构及相关生态过程，并对整个河流生态系统造成不同程度的影响。河流一直是人类生产生活所需淡水的主要来源地之一，因此也成为水资源开发利用的重点。在河流上的水利工程（例如：水库、大坝、电站、调水工程等）不论是数量还是规模都在不断增加。例如：在我国黄河流域，至1990年已建水库3147座（包括下游引黄灌区），其中大型水库18座、中型水库150座，总库容$574\times10^8m^3$，另外还有数量众多的其他涉水建筑物（席家治，1996）。显然，黄河已经不再是纯自然的河流，而是在人工干预下演变成为半自然半人工的河流，由此造成黄河除上游人烟稀少的局部河段之外，不但河流生境发生了巨大的改变，而且生物多样性也受到极大的影响，最终导致黄河中下游的各项功能都发生了巨大变化。

人类从河流的大规模开发利用中获得了巨大的经济利益，如水库建设提高了供水保证率，水利工程调度减少了洪灾损失，水力发电增加了能源供应等。但同时河流的生态环境也受到了严重的破坏。河流出现的问题反过来也对人类社会发展造成了严重的影响（罗彬源，2008）。

（1）河流的水质问题。

由于长期以来大量未经净化处理的污水直接排入河道，造成了河流水体的严重污染。据世界权威机构调查，世界范围内由于水体污染，使将近80%的人口受到了缺水的威胁，同时每年因饮用不卫生水至少造成全球2000万人死亡（杨文慧，2007）。日趋加剧的水污染，已对人类的生存安全构成重大威胁，成为人类健康、经济和社会可持续发展的重大障碍。根据《中国水资源公报2015》，全国23.5万km的河流中，全年Ⅰ类水河长占评价河长的8.1%，Ⅱ类水河长占44.3%，Ⅲ类水河长占21.8%，Ⅳ类水河长占9.9%，Ⅴ类水河长占4.2%，劣Ⅴ类水河长占11.7%。而全国530个重要省界断面的水质监测评价中，Ⅰ～Ⅲ类、Ⅳ～Ⅴ类、劣Ⅴ类水质断面比例分别为66.0%、16.5%和17.5%。

另外，由于生产、管理等原因造成的突发性河流水污染事件也层出不穷（丁莞歆，2007）。例如：1994年7月，淮河上游因突降暴雨而采取开闸泄洪的方式，将积蓄于上游一个冬春的2亿m^3水下泄。水流经过之处河水泛浊，下游一些地方的居民饮用了这些取自河水的自来水后，出现恶心、腹泻、呕吐等症状。经取样检验证实，上游来水水质恶化，沿河各自来水厂被迫停止供水达54天之久，百万淮河民众饮水告急，经济损失达2亿元以上。2005年11月13日，中国石油吉林石化公司双苯厂苯胺车间发生爆炸事故，事故产生的约100t苯、苯胺和硝基苯等有机污染物流入松花江，导致松花江发生重大水污染事件。哈尔滨市政府随即决定，于11月23日零时起关闭松花江哈尔滨段取水口停止向市区供水，哈尔滨市的各大超市无一例外地出现了抢购饮用水的场面。

（2）河流的水量问题。

河流的水量问题主要体现在断流和洪水灾害两方面。世界上著名的大河如非洲的尼罗河、美国的科罗拉多河、澳大利亚的墨累-达令河，都先后出现了断流现象（李国英，2003）。我国的七大水系中，海河最早出现断流现象，20世纪60年代，海河流域21条主要河流中有15条河道发生断流，年平均断流时间78天；70年代发生断流的河道增加到20条，年平均断流时间173天；80年代到21世纪初，21条河流全部发生断流，断流时间平均超过200天（杨义，2008）。而黄河自20世纪70年代以来，由于不利的来水来沙条件和过度的水资源开发利用，使黄河下游频频出现断流。黄河首次断流出现于1972年。此后26年间，有21年断流，其中1990—1998年黄河年年断流，特别是1997年黄河断流达226天，断流河段长704km，从而引起了黄河水环境状态的进一步恶化（李国英，2001）。河流生态环境状态的恶化，同时也对河流水生生物造成了毁灭性的打击，世界范围内，水生生物的种类、个体数量、个体大小、繁衍能力都受到了影响，并且不断有物种消失在人们的视线中。据统计，我国鱼虾绝迹的河长达2400km（卢升高，2010）。湿地的萎缩、三角洲的蚀退，也使河口地区的生物受到了严重的威胁（崔树强，2002）。

另外，“小水大灾”现象的出现，使洪水更迫近人们的生活，如黄河“96·8”和“98·7”洪水。在1996年的汛前，黄河下游河道的平滩流量只有3000m^3/s，而当年8月

仅仅遭遇到流量为7860m³/s（约2～3年一遇）的洪水，花园口水文站观测到的洪水位竟达到94.73m，创历史最高水位。由此造成高滩上水导致超过20万hm²滩地受淹，受灾人口达100多万人，比1958年发生的洪峰流量为22300m³/s（约70年一遇）的特大洪水所造成的淹没损失还大；而1998年花园口发生流量为4700m³/s的洪水，也造成滩区淹没耕地3.7万hm²、受灾人口38万人，形成明显的"小水大灾"效应（齐璞 等，2002）。长江1998年螺山站的最大洪峰流量仅为64900m³/s，较1954年的78800m³/s小得多，但洪水位比1954年的最高洪水位33.17m还高1.78m。这种"小水大灾"的现象在海河干流、淮河干流及入江水道等河段也时有发生（陈东 等，1997；李义天 等，1998）。形成"小水大灾"现象的一个主要原因是河流淤积或河道占用引起的河道萎缩，导致河道行洪能力不足。

在洪水泛滥概率增加的同时，河流水问题也使得人类社会的自身发展受到了严重的阻碍，如断流、水污染等常使沿河两岸陷入无水可用、无水能用的境地，甚至连维系正常的生产生活都很困难。以海河为例，海河流域除北部的滦河常年有水外，超过4000km的平原河道已全部成为季节性河流。河道的干涸使水生动植物失去了生存的条件，大量的水生物种灭绝。同时河流水体的自然循环体系也遭到破坏，使得地下水补给、航运、排盐、输沙、生态、景观等功能受损或消失。面对严峻的河流生态环境问题，迫使人们重新思考社会经济的发展模式、重新思考河流在人类社会发展中的地位与作用。河流不仅仅是人类的河流，同时也是河流生态系统中不同种群、不同族群的各类生物的河流。水资源和相关生物都是河流生态系统正常运行必不可少的组成部分，人们在发展社会经济的同时，如果只关注人类社会自身的经济效益而忽略对河流生态系统的维护和保护，必将对河流生态系统造成不可挽回的损害，进而危害人类自身社会经济的可持续发展，形成两败俱伤的不利局面，这已被世界上许多地方的发展经历所证实。

人类社会的可持续发展需要同样可持续发展的河流作为保障。人类社会经济为维持可持续发展的态势，在某些方面就需要河流能够可持续地提供相关资源和服务功能，相应地对于河流的管理也需要一种新的管理观念与模式。在20世纪80年代，欧洲和北美洲就开始了对河流的保护行动，许多国家通过修改、制定水法和环境保护法，加强对河流的环境评估和生态保护。作为生态系统健康概念的一种派生和类比，有学者提出了"河流健康"的概念，并逐渐得到了相关研究人员和管理机构的认可和重视。河流健康概念的提出，意味着对河流管理利用的理念、方式与方法的转变，河流的生态保护在河流管理工作中的地位日益受到提高，河流管理的目标也由只注重经济效益向人水和谐、可持续发展的方向转变。

河流健康概念的提出，不但更新了人们的管理观念，而且也拓展了人们的视野，使得河流保护从单纯的水质保护、水环境保护扩展到对河流生态系统的保护。实际上，河流健康的理念已在一些发达国家或地区的环境立法中得到体现，例如欧盟2000年颁布的《欧盟水框架指令》（*EU Water Framework Directive*）中有关河流生态评估的指标，就分为河流生态要素、河流水文形态质量、河流水体物理-化学质量要素共三大类几十个条目，能够比较完整地反映欧洲河流的基本特征（Kallis et al.，2001）。

我国自20世纪90年代以来，由于断流、水环境污染、河床萎缩等一系列河流问题的持续出现，河流的健康问题在我国也日益受到重视。2002 年时任黄河水利委员会主任的李国英在全球水伙伴中国地区委员会治水高级圆桌会议上提出了“维持河流生命的基本水量”的概念，后来又根据黄河的具体情况，提出了“维持黄河健康生命”的治河新理念，以“堤防不决口，河道不断流，污染不超标，河床不抬高”作为体现终极目标的 4 个主要标志（李国英，2004）。至此，标志着我国对河流健康的研究进入到一个新阶段。2004 年 12 月，水利部部长汪恕诚在全国水利厅局长会议的工作报告中要求把工作的制高点放在维护河流的健康生命上。2005 年 10 月，在郑州举行的第二届黄河国际论坛发表了“维持河流健康生命”宣言，汪恕诚部长在大会上指出：中国河流流域管理机构的首要任务是维护“河流的健康生命”。2006 年 10 月召开的全国水利建设与管理工作会议上，水利部副部长矫勇指出：“作为河流的管理者，我们要按照科学发展观和构建和谐社会的要求，牢固树立环境友好和资源合理利用意识，全面加强河道、水域和岸线等资源的社会管理，追求以最少的资源消耗、最小的环境破坏，实现最好的经济社会效益，维持河湖健康生命，促进人与自然和谐”，并将“加强河道管理，维护河流健康生命”列为“十一五”水利建设与管理工作目标之一。至此，维持和恢复河流的健康成为我国河流管理的一项重要任务，近年来水利部所属流域管理机构及各省级水行政主管部门都先后开展了相关河流健康的评估工作。

1.1.2 研究河流健康的意义

河流健康的理念是随着社会经济的发展、人类日益重视自身生存环境质量和社会经济可持续发展能力的背景下提出的一种促使人与河流和谐共处、共同发展的一种河流管理模式。维持和促进河流健康，是人类对自身与河流和谐共处、共同发展的一种深刻认识，更是人类社会发展到一定阶段的必然诉求。因此，开展河流健康理论与方法研究具有重要的现实意义。

河流健康作为一个综合了河流管理、河流保护及河流可持续发展等多种理念的全新概念，通过对其自身内涵的探讨及全面、系统性地阐述，将会为河流管理与研究提供一种全新的思路，因此具有重要的理论研究价值。但由于河流健康本身就是一种从人体健康、生态健康等概念借鉴而来，目前对于如何界定河流健康的概念仍存在争议。也就是说，对于什么样的河流才算是健康的、健康的河流应该具备哪些特征，目前尚未形成一个明确的、统一的认知，这也在一定程度上阻碍了对河流健康的研究与应用。

对河流管理及保护而言，研究河流的健康状况不仅可以对河流现状进行客观描述和评估，有助于河流管理者进行科学决策；而且，通过河流健康管理，有利于提高和完善河流的相关监测能力，提高河流管理水平，对于河流的生态保护、可持续开发利用、区域生态环境建设都具有非常重要的作用。

（1）河流健康涉及水力学、水文学、环境、生态学、工程建筑、管理学等多学科，需要大量的、长期的观测技术资料作为依托。长期以来，我国对河流的管理涉及众多部门，水利、环保、交通运输、城乡建设等部门，各部门对于河流都有各自独立的监测体系，各种监测资料也归属不同部门，缺乏综合利用这些监测资料为河流管理、保护提供技术保障的机制。通过开展河流健康的研究，可以为河流的管理与保护提供较为全面的综合资料，从而为河流的生态保护、修复及可持续发展利用等工作起到良好的支撑作用。

（2）通过对特定类型河流的健康状况进行分析研究，因地制宜地构建河流健康的评价体系，选择适宜的评价方法与模型，评估河流的健康状况，查找影响河流健康的主要因素，确定河流保护和修复的优先要素，从而在后续河流管理过程中提高管理行为的针对性，并通过制定相应的规章制度或政策，引导公众积极参与到河流健康的保护行动中去。还可以对同一地区或不同区域的类似河流进行横向比较，从而提高河流健康保护、河流管理、河流生态修复的有效性。

（3）目前，我国针对众多存在不同问题的河流实施了河流综合整治或生态修复工程。如何评估河流综合整治或生态修复的质量和效果已成为河流管理中一个亟须解决的问题。通过对比分析目标河流在工程前后健康状况的变化情况，可为管理决策者提供良好的基础对比资料和决策依据。通过对比人工干预前后的河流健康状况变化或比较预期与实际的河流健康状况，来判断管理行为的有效性，从而为类似河流的人工干预措施提供借鉴和参考。

维护和促进河流健康已成为河流管理的主要目标之一。然而，河流是否健康，公众的直观感受是一个重要的依据，同时维护和促进河流的健康也离不开公众的参与；对于什么样的河流是健康的河流、健康的河流具有哪些特征、人工干预措施是否有效可行，这些问题都需要通过科研人员的深入研究分析来解决；而对如何实施人工干预保护或促进河流的健康，则需要通过河流管理者来实施与管理。总之，河流健康的概念有利于增强河流管理者、科研机构、专业人员与河流参与者之间的交流，引导和加强全社会对河流状况及其发展趋势的关注，从而更有利于促进人水和谐共处与可持续发展。

1.2 什么是健康的河流

自从 20 世纪 80 年代河流健康概念提出开始，就像生态系统健康概念一样受到了质疑。有学者认为，河流健康的概念在科学意义上不具备完全的客观性，其中包含一部分的主观性，导致健康标准也具有一定的主观任意性。还有人认为“健康”这个概念只适用于具有客观健康判别标准的事物，如人类可以通过一系列的医学生理、化学量化指标来判别是否处于健康状态。而对于河流，能否提出一个客观的、定量的健康标准？是否可以通过技术方法进行度量？随着对河流健康研究的进一步发展，越来越多的学者认为，既然河流健康概念并不是严格意义上的科学概念，不妨把它作为河流管理的一种评估工具，用它回答一些生态保护的实际问题。因为河流健康评估虽然以科学研究和监测为基础，但是最后的评价结果却通俗易懂，可以作为河流的管理者、开发者与社会公众进行沟通的桥梁，促进一种协商机制的建立，寻求开发与保护之间利益冲突的平衡点。目前，这种观点得到了学术界、工程界和管理界的普遍认可。

河流健康的核心问题主要体现在两个方面：①确定什么样的河流才是健康的；②如何看待人与河流的关系。

要判断一条河流是否处于健康状态，一般有两种途径：

（1）寻找一条健康的河流作为基准或称参考系，这条健康的河流可以是目标河流历史上曾有过的健康状况。例如，目标河流在人类进行大规模社会经济活动前，是处于一种自然演进的原始状态，这种原始状态就可以作为目标河流健康的基准点或称参考系；也可以是区域内与目标河流类似、但公认处于健康状态的河流。通过把目标河流的各项评估参数与健康河流进行对比，以此来确定目标河流的健康状况。

（2）根据现有的科学技术水平和对河流健康的认识定义健康河流的标准，其主要步骤和流程是：首先，根据目标河流的实际情况和特点构建并选择能够表征河流健康的主要因素集；其次，把这些表征河流健康的因素进行参数化和量化，建立表征河流健康的参数集，并根据已有科学认知对各参数划分等级；最后，利用相关的数学分析方法，对表征河流健康的参数集进行综合分析，并最终确定河流的健康状况。

大多数人都认为，人类大规模的社会经济活动是损害河流生态系统健康的主要原因。对于如何处理人与河流的关系，一些人认为只有处于原生态的河流才是健康的，主张把河流恢复到原始状态，反对人类对河流的任何开发利用；还有一些人则认为，只要河流能满足人类的社会经济发展需求，河流就是健康的。然而，在人类社会漫长的发展进程中，大规模的社会经济活动影响到全球的各个方面，完全不受人类活动影响的河流已经几乎不存在。现存的河流都是在自然和人类活动共同作用下形成的，把未受人类活动影响前的河流状态作为河流的健康状态或者认为仅仅满足人类社会需求就是健康的河流，是无法满足当今人与河流和谐共处、可持续发展的需求。一条健康的河流，应该“春来江水绿如蓝”，是清洁的；还有“鹰击长空，鱼翔浅底，万类霜天竞自由”的景象，生物群落是丰富的、是生机勃勃的；而“坐看红树不知远，行尽青溪不见人”的意境，表明人与水是和谐共处的。另外，对于不同地区、不同类型的河流而言，其健康的内涵和外在体现形式也应该是有所区别的。

由于河流健康的概念涉及众多的学科，国内外专家学者的理解也各有不同。例如，Karr（1999）将河流生态完整性当作健康；Simpson（1999）等认为河流生态系统健康是指河流生态系统支持与维持主要生态过程，以及具有一定种类组成、多样性和功能组织的生物群落尽可能接近未受干扰前状态的能力，把河流原始状态作为健康状态；Schofield等（1996）把河流健康定义为自然性，“河流健康就是指与相同类型的未受干扰的（原始的）河流的相似程度，尤其是在生物完整性和生态功能方面”。国外的河流健康研究大多数是基于上述几种观点开展的。再如，生态完整性指数（IBI）（Karr，1981）、硅藻的污染敏感性指数（IPS）（Sládeček，1986）、藻类丰富度指数（AAI）（Marsden et al.，1997）、河流无脊椎动物预测和分类计划（RIVPACS）（Wright et al.，2000）和底栖生物完整性指数（B-IBI）（Karr et al.，2000）等。另外，在20世纪90年代，各国针对各自的国情分别提出了相应的河流健康评价方法，如英国建立的河流保护评价系统（SERCON）（Boon et al.，2002）、澳大利亚建立的河流状况指数（ISC）评价体系（Parsons et al.，2002；Ladson et al.，1999a，1999b；White et al.，1999a，1999b）及南非的栖息地完整性指数（IHI）（Kleynhans，1996）等。Norris等（1999）则认为，河流生态系统健康依赖于社会系统的判断，应考虑人类福利要求。Meyer（1997）则认为健康的河流不但要维持生态系统的结构与功能，而且应包括其社会服务功能，河流健康的概念中应当涵盖生态完整性与社会服务功能。当前这种理解在国内得到了较多学者的认可，目前国内有

关河流健康的研究基本上都是立足于上述观点。

1.3 河流健康研究进展

1.3.1 研究内容的扩展

对于河流健康的研究，其主要研究内容大体上经历了三个发展阶段：第一阶段主要注重于河流的水质，以水质的好坏程度来判断河流的健康程度；第二阶段则开始关注河流的生态质量，通过对河流生态环境中某些代表性生物的评价来描述河流的健康程度；第三阶段则开始全面研究河流的各个方面，通过建立河流健康的评价指标体系对河流的健康进行综合评价，这也是目前大部分河流健康研究所处的阶段。

国外关于河流健康的研究最早开始于对水质的评价。20 世纪 80 年代初，国外河流管理的重点开始由水质保护转移到对河流生态系统的恢复，单纯的水质评价无法揭示从多方面损害河流健康的因素。例如，对淡水系统退化起关键作用的一些因素，包括岸边植被带的损失、污染物扩散、水流状态改变、淤积、外来物种的引入等，水质评价已远远不能满足河流管理的需求（Mooney et al.，2002）。因此，对河流健康评价的内容进行了扩展，发展成对河流生态系统质量的评价。最早的河流生态评价方法是生态完整性指数（IBI）（Karr，1981）和河流无脊椎动物预测和分类计划（RIVPACS）（Wright et al.，2000）。后来又陆续发展出藻类丰富度指数（AAI）（Marsden et al.，1997）、硅藻的污染敏感性指数（IPS）（Sládeček，1986）、底栖生物完整性指数（B - IBI）（Karr et al.，2000）等。同一时期，有些国家还发展了河流健康的综合评价方法，较具代表性的有 1990 年美国环境保护署（USEPA）启动的环境监测与评估计划（EMAP），用于监测和评价河流和湖泊的状态和趋势（Hughes et al.，2000）；英国在 20 世纪 90 年代建立了河流保护评价系统（SERCON），目标是用于评价河流的生物和栖息地属性，评价河流的自然保护价值（Boon et al.，2002），同一时期英国还提出了河流栖息地调查（RHS）方法（Raven et al.，1998）。此外还有美国、瑞士、意大利使用的河岸带、河道、环境目录（RCE）（Robert et al.，1992），采用了 16 个特征值用于快速评价下游农业景观地区小溪流的物理和生物状态。澳大利亚和南非还开展了国家河流健康计划，澳大利亚针对河流健康状态建立了河流状况指数（ISC）评价体系（Parsons et al.，2002；Ladson et al.，1999a，1999b；White，et al.，1999a，1999b）；南非则于 1996 年发起了河流健康计划，它构建的栖息地完整性指数（IHI）用于评价栖息地主要干扰因素的影响，包括引水、水流调节、河床与河道的改变、本地岸边植被的去除和外来植物入侵等内容（Kleynhans，1996）。

目前，国内外对河流健康的综合评价研究绝大多数都是通过建立评价指标体系，然后利用不同的数学方法建立评价模型对河流的健康状况进行评估，一般并不会对导致河流不健康的因素进行定量的查证分析。杨文慧（2007）在其博士学位论文中提出了利用主因分析模型对河流病因进行分析，使得我国河流健康的研究从单纯的健康评价进入到河流健康的诊断阶段。

1.3.2 河流健康评价方法

目前，对于河流健康的研究，大体上都是通过评价或评估的方式来进行的。河流健康的评价方法根据其数学原理可分为模型预测评价法和多指标综合评价法。

1.3.2.1 模型预测评价法

模型预测评价法是首先选择人为干扰很小或没有人为干扰的河流作为参照系，构建河流生物组成与河流物理化学特征之间的经验模型；然后根据目标河流的物理化学特征，利用上述经验模型对目标河流的生物组成进行估计，并把估计结果作为目标河流在理想状态下的生物组成（O），同时认为现有物理化学条件下的生物组成（O）代表的河流就是处于健康状态的；最后通过目标河流现状的生物组成（F）与健康条件下的生物组成（O）进行对比，并利用 F/O 的值来反映目标评价河流的健康状况。理论上 $F/O\in[0, 1]$，F/O 越接近 1 则表明目标河流越接近初始的自然状态，其健康状况也就越好。RIVPACS 和 AUSRIVAS 是目前国外常见的模型预测评价方法。典型模型预测法见表 1-1。

表 1-1　　典型模型预测法（吴阿娜 等，2005）

评价方法	贡献者	评价内容	特征
RIVPACS	Wright et al.，2000	利用区域特征预测河流自然状况下应存在的大型无脊椎动物，并将预测值与该河流大型无脊椎动物的实际监测值相比较，从而评价河流健康状况	能较为精确地预测某地理论上应该存在的生物量，但该方法基于河流任何变化都会影响大型无脊椎动物这一假设，就有一定的片面性
AUSRIVAS	Parsons et al.，2002	根据澳大利亚河流的特点，对 RIVPACS 模型中的数据采集和分析进行了优化改进，使得模型能够适用于澳大利亚的河流健康评价	能预测河流理论上应该存在的生物量，结果通俗易懂，但该方法仅考虑了大型无脊椎动物，但未能将水质和生境退化与生物条件相联系

模型预测评价法在国外有过一些比较成功的应用，但该方法本身也存在一些明显的缺陷：①利用河流的物理化学特征和生物组成构成的预测模型过于简单，未考虑其他因素对河流生物的影响，如气候、区域地质特征等，这些因素对河流生物的组成都有直接和显著的影响；②模型预测评价法大多数情况下就是只选取某一物种对河流的健康状况进行比较评价。如 RIVPACS 和 AUSRIVAS 模型都是以底栖无脊椎动物作为指示物种，同时还需假定河流的任何变化都会反映在该指示物种上。因此，如果河流健康状况受到破坏，但并未能反映在指示物种的变化上，这类评价方法就会失效。实际上对于河流而言，大多数情况下也很难用某一种生物作为该河流的指示物种。另外，对于经验模型的构建往往是非常复杂和困难的，同时构建的经验模型针对性也是非常强的。当河流类型发生变化，或河流的地理位置、环境差异太大，所谓的经验模型都必须重新构建。因此，模型预测评价法的应用是十分受限的。

1.3.2.2 多指标综合评价法

目前，在河流健康的研究中大多数采用的是多指标综合评价法。

多指标综合评价法一般是根据事先设定的评价标准对能够代表河流特征的一系列指标进行打分评判，然后通过一定的数学算法构建评价模型，利用评价模型将各项得分综合后

得到的总评分作为评价河流健康状况的依据。在多指标综合评价法中有 3 点最为关键：①选择合适的指标，建立能够代表目标河流全面特征的指标体系。因此，在构建评价指标体系时，需对河流各方面的特征有一个全面、详细地了解，并选择便于分析计算的指标作为评价指标，特别是已经具有观测资料或便于观测的指标。②设置各评价指标的评价标准。评价标准的设定直接关系到最终的评价结果，如何使得评价标准的设置合理可信，是评价成功与否的一个关键环节。目前，对于评价指标评价标准的设置，由于河流类型的不同，所处地理环境、气候条件等方面的差异，除了一些如水质等具有国家或行业标准的指标可以参考这些标准来设置评价标准外，大部分的评价指标其评价标准很难统一，很多情况下都需要根据具体情况进行区别对待。③选择合适的综合评价方法。如何选择合适的评价方法，特别是评价指标权重的设定，也直接关系到整个评价过程的成败。

最早构建的河流健康综合评价指标体系，大多数是从河流的生物、化学及形态特征等方面选取指标并进行打分，其中最具代表性的是澳大利亚建立的 ISC（河流状况指数）方法。ISC 方法构建了包括河流水文特征、物理构造特征、河岸带状况、水质参数、水生生物 5 个方面，总共 19 项指标的评价指标体系，通过对澳大利亚维多利亚流域的 80 多条河流的实证研究表明，ISC 方法的结果有助于确定河流恢复的目标，评价河流恢复的有效性，从而引导河流管理的可持续发展（Parsons et al.，2002；Ladson et al.，1999a，1999b；White，et al.，1999a，1999b）。另外，美国的 IBI 方法也是一种应用较为广泛的综合评价方法，已被应用于藻类、浮游生物、无脊椎动物、维管束植物等相关研究中（Karr，1981）；而 RCE 清单则涵盖了河岸带完整性、河道宽/深结构、河床沉积物、河岸结构、河床条件、水生植被、鱼类等 16 个指标（Robert et al.，1992）。国外常见的多指标综合评价方法及主要特性见表 1-2。

表 1-2　　国外的多指标综合评价方法及主要特征

评价方法	主要贡献者	评　价　内　容	主　要　特　征
IBI	Karr，1981	主要关注水域生物群落结构和功能。用 12 项指标（河流鱼类物种丰富度、指示种类别、营养类型等）来评价河流健康状况	通过一系列对环境状况改变较为敏感的指标，对目标河流的健康状况做出全面评价，但对分析人员的专业性要求较高
RCE	Petersen et al.，1992	用于快速地评价农业地区河流状况，包括河岸带完整性、河道宽/深结构、河床沉积物、河岸结构、河床条件、水生植被、鱼类等 16 个指标，并将河流健康状况划分为 5 个等级	能够在短时间内快速评价目标河流的健康状况，但该方法只适用于农业地区
RHP	Rowntree et al.，1994	选用河流无脊椎动物、鱼类、河岸植被、生境完整性、水质、水文、形态等 7 类指标评价河流的健康状况	较好地运用了生物群落指标来表征河流系统对外界各种干扰的响应，但该方法在实际运用过程中存在部分指标难以获取的问题
RHS	Raven，1998	通过调查背景信息、河道数据、沉积物特征、植被类型、河岸侵蚀、河岸带特征及土地利用等指标来评价河流生境的自然特征和质量	该方法较好地将生境与河流形态、生物组成相结合，但选用的部分指标与生物的内在联系未能明确，部分用于评价的数据以定性为主，使得数据统计较为困难

续表

评价方法	主要贡献者	评 价 内 容	主 要 特 征
ISC	Ladson et al.，1999a，1999b	构建了基于河流水文、形态特征、河岸带状况、水质及水生生物5方面的指标体系，将每条河流的每项指标与参照点对比评分，总分作为评价的综合指数	将河流形态的主要表征因子融合在一起，能够对河流进行长期的评价，从而为科学管理提供指导。但该方法缺乏对单个指标相应变化的反应，同时参考河段的选取也存在较大的主观性

多指标综合评价法中对河流表征因子数量的选取远多于模型预测评价法，如果选取的河流表征因子足够全面细致的话，基本上构建的指标体系就能够反映河流健康状况的变化。多指标综合评价法通过对河流各方面特征的综合评价，其结果更加全面、客观，已经成为河流健康状况评价的主要发展方向。

国内对河流健康的研究，很多都是在国外相关研究成果的基础上开展并逐渐发展起来的，特别是对河流健康评价的方法，基本都是采用多指标综合评价法。如冯普林（2005）针对渭河面临的洪水、水污染等健康问题，建立了包含11个指标的渭河健康生命评价指标体系；陈以确等（2005）以福建省的河流为背景，提出了“三维持三维护一模式”的河流健康生命指标体系；耿雷华等（2006）建立了包括河流的服务功能、环境功能、防洪功能、开发利用功能和生态功能等5个准则层25个指标的河流健康评价指标体系；林木隆等（2006）提出了由河流形态结构、水环境状况、河流水生物、服务功能、监测水平等5大类20个指标组成的珠江流域河流健康评价指标体系；蔡其华（2005）在长江水利委员会工作报告中正式提出了由总目标层、系统层、状态层和要素层构成的健康长江指标体系；刘晓燕等（2006）建立了包括低限流量、河道最大排洪能力、平滩流量、滩地横比降、水质类别、湿地规模、水生生物和供水能力等8个因子在内的黄河健康生命指标体系。

1.4 河流健康研究的发展趋势

1.4.1 当前面临的问题

河流健康研究的内容涉及水文、水环境、河流动力学、生态学、生物学、社会学等许多领域，导致影响和制约河流健康的因素众多，而且各因素相互之间的关系也错综复杂。因此，对河流健康的研究目前仍处于一个不断发展的阶段，现有的理论、方式、方法等都有待于进一步拓展和完善，主要体现在以下几个方面。

1.4.1.1 河流健康的研究对象需进一步扩展

在河流健康研究的发展过程中，最早是选取河流某一组成部分的状况来代表、分析河流的健康状态，后来发展到利用河流生态环境质量的状况来分析河流的健康，21世纪以来则在综合考虑河流生态环境质量和河流社会服务功能的基础上来评价河流的健康状况。河流健康研究的对象从开始的河流单一元素（如水质）发展到河流的生态环境，再到河流生态系统乃至包含河流的生态、社会服务功能。由此可以看出，河流健康研究的对象越来越复杂，但也更能全面表征河流所处的状态。经过几千年的人类活动，绝大多数的河流已

经不再是单纯的自然河流系统，而是发展成为与人类社会有着密不可分联系的、复杂的“社会河流”系统。但在以往的研究中大多数是将河流从所处的自然和社会环境中剥离出来，而忽略了河流作为一个复杂的系统，不仅包括河床、水量、水质、水中的生物、涉水建筑物、河岸带（包括洪泛区）及其相关生物，而且还包括生活在流域上的人类社会。因此，在研究河流健康的过程中，除了考虑河流的生态、物理因素以外，还有必要考虑与河流密切相关的人及人类社会。

1.4.1.2　河流健康的有关理论仍需进一步发展完善

目前关于河流健康概念或内涵的争议主要集中在河流健康所针对的对象，对于河流健康概念中是否应该包含河流的社会服务功能，目前在国外仍存在较大的争议。而在国内，大多数研究者都认为河流的健康不但要求河流的生态系统是健康的，而且河流还应该能够可持续地提供社会服务功能。目前这种观点已经成为国内河流健康研究与建设管理的主要基础。但是河流作为一个自然-经济-社会的、复杂的动态系统，人类也应该是河流系统中一个不可或缺的组成部分，并且是该系统中当仁不让的主体。在研究分析河流健康内涵时仅仅考虑河流的自然、经济部分，而忽略其社会性是不够完整的。随着人类社会科学技术水平的发展，人们对河流健康的认识必将更加深入和全面。另外，河流健康的概念和内涵也应该是一个动态的、发展变化的，随着社会的发展和人们对河流认识的不断深入而发展变化的。因此，河流健康的内涵中如果缺失了反映人类自身及其发展水平这一关键要素是不够完整的。

1.4.1.3　对河流健康的研究局限于静态评价

目前国内外在对河流健康问题进行研究时，基本上只是对河流健康状况进行评价和分析，也有个别研究者对导致河流不健康的原因和影响因素进行了研究探讨。但总体而言，当前对河流健康的研究基本上还是对河流当时的健康状况进行评价分析，属于一种相对静态的研究。而河流是一个复杂的、动态的、不断发展变化的自然经济社会系统，其健康状态同样也是处于一个动态变化的过程中。仅利用河流健康的静态研究结果是无法及时、准确地反映河流的健康状态，而且也不能对河流的健康状况在不同胁迫下的发展变化趋势做出准确判断，更无法对可能造成河流不健康的各种胁迫提前发出预警信号，也就无法为河流管理者提供前瞻性的科学决策依据。因此，仅仅对河流健康进行静态研究是无法满足河流科学管理的需求。

1.4.2　发展趋势

随着对河流进行科学管理需求的不断增长及公众对河流健康状态的日益关注，未来河流健康的研究需重点关注以下几个方面。

1.4.2.1　构建体现人类发展水平的河流健康内涵

所谓河流的健康是人们在现有科学技术水平的基础上对河流状态的一种认知，随着人类社会科学技术水平的不断发展提高，人们对河流的认识也必将更为深入、全面。因此，在构建河流健康内涵的同时势必也应该考虑到人类发展的水平，只有在充分考虑人类发展水平基础上构建的河流健康内涵，才能促进人水和谐共处，才能有效促进河流的可持续发展。

1.4.2.2 实现对河流健康的预警分析

虽然人类已经认识到自身的某些活动会对河流健康产生一定的不利后果，并且也采取了一些相应的对策与措施，但面对河流整体健康状况的持续恶化，事先判断人类对河流的开发利用或修复干预行为是否合理有效，分析、排查影响河流健康的主要因素，就成为解决河流健康问题的关键。而河流健康预警的目的正是为了事先评估和分析人类活动对河流健康所可能造成的影响，并寻找、排查导致河流健康出现问题的主要警源因素。因此，开展河流健康预警的理论与方法研究，实现对河流健康的预警分析，对河流实施积极的人工干预和管理措施、促进人与河流的和谐共处及可持续发展都有重要的现实和理论意义。

总之，随着社会经济的发展和河流管理的需要，人们对河流健康的研究提出了更高的要求，不仅需要及时掌握河流健康的现状、确定导致河流病变的警源因素，还必须掌握河流健康的动态发展趋势，为河流管理提供前瞻性的科学决策依据。因此，把河流健康概念与预警理论结合起来，将是河流健康研究发展的必然趋势。

第2章　河　流　系　统

2.1　河流系统的概念

2.1.1　河流系统的定义

在远古时代，由于科学技术和生产力的低下，原始人类缺乏足够的能力去改变河流的运动状态，此时的河流都处于原始的自然演化状态。但纵观人类历史的发展进程可以发现，河流在人类社会的进化过程中起着无可替代的作用。地球上众多文明的起源地都不约而同地处于河流的中下游地区，主要是由于河流能够为最初的农耕生产提供充足、便利的灌溉用水和生活用水，而且河流的中下游地区多为冲积平原或三角洲，河流每年都会通过洪水将携带的泥沙淤积于此，使得该地区的土壤疏松肥沃，更有利于农作物的生产。例如：发源于底格里斯河和幼发拉底河肥沃冲积平原上的古美索不达米亚文明，发源于尼罗河谷地的古埃及文明，发源于黄河、长江中下游地区的华夏文明等。但随着人类社会的不断发展和进步，为改善自身的生产和生活条件，在仅仅依靠河流的自然条件无法满足人类社会发展需求的情况下，往往就会对河流施加大量的人工干预。进入近代社会特别是经过大规模的工业革命以后，像远古时期那种完全不受人类活动影响的“自然河流”早已不复存在，现在的河流都是在人类长期活动的强烈影响下演化而成的“现代河流”。

随着人类社会科学和自然科学的发展，人们对河流的认识也不断深入，逐渐意识到河流不仅仅是泄水的通道，它还是完成一系列物理、化学、生物等复杂过程发生、发展、完成和周而复始的平台。一方面，河流首先是自然的产物，它不仅包括河道中流动的水、水流所挟带的泥沙、在水中繁衍生息的各种生物种群，还包括依托河流产生在河岸滩地上、洪泛区内的池塘和湿地、在入海口处形成的肥沃三角洲及生活在河岸交界带的各种生物种群；另一方面，河流在自然演变过程中也不断地被人们实施改造，以满足人们日益增长的社会、经济、文化等需求。因此，河流的演替也包含了在人们的各种实践活动中被改变或变化的部分，它不仅是人们从上一代那里继承下来，同时也是被人们改造过及发生变化后的河流，是人类社会活动的结果。由此可以看出，河流不但是自然的产物，同时也是社会的产物。河流就是在自然活动和人类活动的共同作用下，维持着发展与演替，并使河流发挥其应有的作用。

人类在实践的过程中，不断地从自身发展的需要出发来认识和处理与河流的关系，但以往的研究大都是立足于牛顿-笛卡尔理论，即把河流分解成若干部分，抽象出其中最简单的代表因素，然后再以部分的性质来说明整个河流，其中的缺陷显而易见。但近年来也有一些学者从哲学的高度来研究人类与环境、生态哲学，提出了自然-经济-社会的综合研究模式（余谋昌，2008；张博庭，2005；王树恩 等，2000），为研究自然、人与社会之间的相互关系和作用，提供了新的研究思路。

处于人与自然共同作用下的现代河流，是一个复杂的综合系统，不但包括河流自身，还包括了依靠河流生存发展的人类及其社会。由于人作为生物的一个物种，具有自然人的特征，但同时人也是社会的，具有社会人的各种属性特征。因此，河流系统可以看作是由自然元素和社会元素组成的复杂系统，而人通过其自然人和社会人的属性把河流自然要素和社会要素有机地联系起来，是自然与社会的桥梁和媒介。河流系统各个组成要素之间都有密切的相互关系，具有一般系统的基本特征：即整体性、关联性、等级结构性、动态平衡性、有序性（魏宏森 等，2009），而且河流与环境（包括自然环境和社会环境）之间还存在有物质、能量、物种和信息的交流，是一个开放的系统。因此，从系统论的角度出发，河流系统可定义为：在一定区域内，由自然要素和社会要素组成并通过人类活动结合在一起的、相互关联、具有一定动态平衡能力、等级结构、功能和有序的、复杂的、开放的有机整体。其中人是河流系统中的主体，而河流的自然生态系统是其客体，河流的各项社会服务功能则是联系主体和客体的纽带（吴龙华，2010）。

河流系统作为一个开放的系统，其稳态是一种动态平衡，并具有一定的自动调节能力。但系统保持稳定性的能力也有一定的限度，超过这个限度以后会造成整个系统不可逆的破坏。另外，对于开放系统，从不同的初始条件出发和通过不同的途径可以达到相同的最终状态，这种现象称为系统的等终极性或系统发展的多途径性（L. 贝塔兰菲，1987），这就为人们通过人工干预促进和维护河流系统健康、保持河流系统的可持续发展提供了可能。

2.1.2 河流系统的结构组成

根据系统的等级结构特性，系统是由一系列的下级子系统组成的。由河流系统的定义可以看出，河流系统中包括了自然要素和社会要素，因此也可以把河流系统看作是由河流自然生态子系统和河流社会子系统组成。典型的河流系统如图 2-1 所示。其中：河流自然生态子系统包括了河道中的水、河床、河漫滩、河岸带、洪泛区等及生活在这些区域中的水生动植物、两栖动物、陆地生物和众多的微生物等；河流社会子系统则包含了区域内与河流系统相关的人类活动及为该区域人类社会提供不同类型服务功能的下级子系统，如防洪、引水、灌溉、供水、发电、航运、渔业及休闲娱乐、生态景观等。

图 2-1 典型河流系统

2.1.2.1 河流自然生态子系统

河流自然生态子系统是一个高度复杂的动态系统，所有的系统元素都处在不断变化的动态过程中，如流量、水位、水温、泥沙、水气循环、物质的迁移转换、生物种群的变化等。这些系统元素的动态变化使得河流自然生态子系统始终处在不断发展变化的过程中，并使得系统从一个

层次发展到另一个层次。在原始社会初期，人类对河流自然生态子系统的影响微乎其微。但近代以来，特别是工业革命以后，随着科学技术水平的迅猛发展，在利用科学技术改造河流造福于人类的同时，由于对河流认识的局限性和不足，人类的这种干预也为人类社会带来了巨大的危害甚至是灾难。例如：位于埃及尼罗河上的阿斯旺大坝，是世界著名的水利枢纽工程之一，具有防洪、灌溉、发电等功能，在解决了尼罗河下游洪水泛滥和保障埃及电力供应的同时，也引发了一系列的生态退化效应。如由于缺乏上游泥沙补给使得下游灌区土地肥力不断下降、下游两岸土壤盐碱化、下游河床遭受严重侵蚀、尼罗河出海口的海岸线不断后退，另外，大坝的运行也造成库区和下游水质恶化、某些水生生物种群的消失（如沙丁鱼等）等。

河流自然生态子系统实际上指的是河流的生态系统，与其他生态系统一样，都是由生物群落（包括生产者、消费者和分解者）和无机环境两大部分组成的，如图 2-2 所示。

图 2-2 河流自然生态子系统

1. 生物群落

（1）生产者。河流的初级生产者主要是由藻类构成的浮游植物及水生植物等。浮游植物代谢率高，繁殖速度快，种群更新周期短，能量的大部分用于新个体的繁殖；而高等的水生植被一般仅存在于在靠近河岸的水域中，相对于河流整体规模而言其生产能力也非常有限。因此，河流生态系统自身的初级生产力是比较低下的，仅凭借河流自身的生产力很难满足河流生态系统发展的需求。一般情况下，陆地是河流生态系统主要的物质和能量来源，其途径主要包括：通过坡面漫流把陆地上的部分物质和能量带入到河流中，水陆交界带的陆地植物及其叶片、果实等凋落后直接进入河流水体等。

（2）消费者。消费者就是除生产者以外的所有生物。消费者都是直接或间接以植物为食物。在河流生态系统中，消费者主要是一些浮游动物、无脊椎动物、两栖类及鱼类等。但在河流的长期演化过程中，人类与河流已经形成密不可分的关系，人类也成为河流生态系统中消费者的一个组成部分。

（3）分解者。分解者又称还原者，除了具有分解能力的微生物以外，某些原生动物和腐食动物（如食枯木甲虫、白蚁、蚯蚓和某些软体动物等）在生态系统中也扮演了分解者的角色。在生态系统运行过程中，分解者把复杂的有机物分解为简单化合物，并最终转化为无机物，归还到环境中以供生产者再度吸收利用。分解者对于维持生态系统的物质循环和能量流动具有不可或缺的作用。在河流生态系统中，分解者除了细菌、真菌、放线菌等微生物以外，还包括一些参与分解的动物，按其功能可分为下列5类。

1）碎裂者，如石蝇幼虫等，以落入河流中的树叶为食。

2）颗粒状有机物质搜集者，可分为两个亚类，一类从沉积物中搜集，如摇蚊幼虫和颤蚓；另一类在水柱中滤食有机颗粒，如纹石蛾幼虫和蚋幼虫。

3）刮食者，其口器适应于在石砾表面刮取藻类和死有机物，如扁蜉蝣若虫。

4）以藻类为食的食草性动物。

5）捕食动物，以其他无脊椎动物为食，如蚂蟥、蜻蜓若虫和泥蛉幼虫等。

2. 非生物环境

非生物环境是生态系统中非生物因子的总称，由物理、化学因子和其他非生命物质组成。它为生态系统中的生物提供生存所需的物质和能量及栖息场所。河流生态系统的非生物环境包括：水量、水温、水中溶解氧含量、光照等气候物理因子，参加物质循环的无机元素（如C、N、O、Ca、P、K等）和化合物（CO_2、H_2O、钙盐、钾盐、磷酸盐等）等化学因子及连接生物和非生物成分的有机物（如蛋白质、糖类、脂类和腐殖质等）。

2.1.2.2 河流社会子系统

任何一个社会系统（不论大小）都是由4个既相互独立又相互联系的要素构成的，这4个要素分别是：社会规范、人口数量、生产力水平、生活空间。社会规范所起的作用就是协调个体行为者与社会之间的关系。河流社会子系统作为社会系统的一种类型，同样也是由这4种要素构成。其中，社会规范体现在社会针对河流制定的各种规章制度、人们的生态环境保护意识等；人口数量则是与河流密切相关的、长期在河流流域生活的人口数量；生产力水平则体现在人们对河流进行开发、利用、保护和管理的科学技术水平；生活空间则是河流流域中人们生产、生活所占据的地理范围。

2.2 河流系统的特征

河流系统作为一个开放的、不断发展变化的系统，由于其兼有自然性和社会性的特点，在具备系统一般特征的同时，还具有一般自然系统和人造系统所不具备的特性。主要体现在以下4个方面。

2.2.1 综合整体性

河流系统是由相互作用的自然要素和社会要素组成，是以相似的方式重复出现、在具有高度空间异质性的区域上形成的一个复杂体系。通过水流、河床、河岸、生物、人工建筑物、人类活动等各组分间的有机结合，使得河流系统能够展现出各组成部分所不具有的功能与特点，体现了“整体大于部分之和”这一系统论的核心思想。另外，河流系统的层次性和复杂多样性也从另一个角度反映了这一系统思想。河流系统是由一系列不同层级的子系统组成的复杂系统，其中任意一个子系统对于其组成要素而言，都是一个相对独立的

整体；而对其上一层级的系统来说，该子系统则又仅仅是其中一个组成部分。因此，在河流系统内部不存在绝对的“部分”和绝对的“整体”，当河流系统以“整体”的形式出现时，系统就会展现出特定的形式、结构、功能等。对河流系统的研究和管理就需要将其作为一个整体进行。

2.2.2 有机关联性

通常把不同因素之间的相互关联和相互作用称之为有机关联性。对于开放的系统而言，存在两种形式的有机关联性：一种是系统内部组成要素之间的有机关联；另一种是系统与外部环境之间的有机关联。系统内部诸因素的有机关联性是构成系统整体性的保证，如果这种有机关联性消失，则系统的整体也就不复存在了。

河流系统是一个开放性的系统，不仅各组成要素间具有密切的有机联系，与环境之间也存在密切的有机关联。在河流系统的自然元素中，这种有机关联性大多是依托流动的水建立起来的。例如：河流系统中的水流一方面为水生生物提供生存条件，另一方面也是输运泥沙、营养物质的媒介，同时水流还能对一定程度范围内的污染具有净化的作用等。另外，河流系统各要素之间还与环境之间存在物质、能量、信息和物种交换，有相应的输出和输入及量的增加和减少。例如：河流系统仅凭自身只能生产提供很少一部分营养物质和能量，大部分需要依靠周边环境来提供；青蛙在幼年期（蝌蚪）需要在水中生长，而成年期则可以同时在水中和陆地生活；蚊虫的产卵和孵化则需要在静水中完成，而成虫生活则不需要。

在河流系统中，自然元素和社会元素之间的有机关联性和社会元素之间的关联性都是通过一种特殊的方式——人类的活动建立起来的。人类的活动和主观能动性，把自然元素和社会元素有机地结合起来成为一个复杂的有机整体系统。

L. 贝塔朗菲（1987）利用一组联立微分方程定性描述系统的有机关联性与整体性之间的关系。把这种方法应用到河流系统中，则河流系统内部各组成要素之间这种有机关联性用微分方程组表示为

$$\frac{\mathrm{d}Q_i}{\mathrm{d}t}=f_i(Q_1,Q_2,\cdots,Q_n) \quad (i=1,2,\cdots,n) \tag{2-1}$$

式中：Q_i 为河流系统中某组成要素 P_i（如水）的某种量（如水量）。

微分方程组（2-1）表明，任意一个 Q_i 的变化，都要受到所有 $Q(Q_1,Q_2,\cdots,Q_n)$ 的制约，因而是所有 Q 的函数；反之，任意 Q 的变化也会影响到所有其他量乃至整个方程组的变化。河流系统中的组成要素 P_i 总是处于一定的关系 R 之中，但同一个 P_i 在不同的关系（如 R 和 R'）中最终会表现出不同的特点和行为（任玉凤 等，2004）。因此，式（2-1）就是用数学方程的形式描述了河流系统各组成部分之间的有机关联性及其整体性的关系。如在某一特定的情况下，保持河流系统中其他要素成分不变，改变其水量要素，就会造成河流系统性态的变化，甚至会决定河流系统的兴亡；反过来这一水量要素的改变也同样受河流系统内其他各要素的制约。例如：我国最大的内陆河流塔里木河，自1972年大西海子水库建成后，水库以下320km河道几乎完全断流，使得下游的原有河流生态系统遭受了巨大的破坏，而且由于缺少上游来水补给，作为塔里木河的尾闾湖——台

特马湖在1974年后彻底干涸。直到2000年以后实施大规模的生态输水，才使得河流受损的生态系统逐步得到修复，塔里木河下游胡杨生长和植被萌发、野生动物数量和种类也在逐渐增多，台特马湖重新成为水鸟栖息的天堂。

2.2.3 发展的动态性

河流系统内部要素之间及内部要素与外部环境之间的有机关联性不是静止不变的，而是与时间密切相关的，是不断发展变化的、动态的有机关联。河流系统本身也会随时间的变化而不断演变和更替，这就是河流系统发展动态性的外在体现。河流系统发展的动态性在微分方程组式（2-1）中是通过时间项 dt 来体现的。由此可以看出，发展的动态性是河流系统得以生存和发展的基本前提保证，同时也是河流系统保持相对平衡和稳定的基础。一方面，河流系统内部的结构组成方式、各要素的时空分布和数量大小不是固定不变的，而是随时间迁移而变化的；另一方面，河流系统在整体上的开放性、有机关联性则强调了系统同外界物质、能量、信息和物种的联系交换，而动态性则保证了这种物质、能量、信息和物种交换是一种持续不断的存在，它们在系统中可以表现为相对的稳态，而这种稳态同时也是系统动态的一种表达。

2.2.4 发展的有序性

系统有序性是指系统要素的有秩序的联系。在系统理论中，描述系统有序性的概念有系统结构、系统秩序、系统层次、系统组织和自组织，它们从不同的侧面反映了系统的有序特性（王秀山，2005）。系统论认为，系统的有序性不是为有序而有序的，而是方向性的有序。不仅如此，这种方向性是由一定的目的性所支配的。就是说，一个系统的发展方向不仅取决于实际的状态（偶然性），而且还取决于一种对未来的预测（必然性），是二者的统一（时新，1991）。河流系统健康的终极目的就是要达到整个人与河流的和谐共处，并实现河流系统的可持续健康发展。

系统从无序到有序标志着系统的组织性或组织度的增长，而系统的组织性既与系统内部因素有机关联性有关，又与其动态过程有关。河流系统中的生物和非生物成分的物质、能量等组成了一个有序的动态系列，该系列中各相关组分间存在着有机联系，这种有机联系决定了河流系统中的生物多样性、物种流动趋势、养分分配、能量流动方向及河流系统演变的变化方式与速率。在河流系统的有序结构中，人类往往是各种有机联系的核心。

2.3 河流系统的功能

河流系统是由其自然生态子系统和社会子系统构成的，因此，其功能也大致可以分为两个方面，即自然生态功能和社会功能。

2.3.1 自然生态功能

河流系统的自然生态功能主要从两个部分来体现：①河流本身的生态功能；②河岸带的生态功能。

2.3.1.1 河流的生态功能

一般常见的河流生态功能包括：栖息地功能、通道作用、过滤与屏障作用、源汇作用等（Brookes et al.，2001）。

1. 栖息地功能

栖息地是植物和动物（包括人类）能够正常的生活、生长、觅食、繁殖及生命循环周期中其他重要组成部分的区域。栖息地为生物和生物群落提供生存所必需的一些要素，如空间、食物、水源及庇护所等。河道通常会为很多生物（例如：鱼类、软体类、甲壳类等）提供适合生存的环境，而这些生物则在河道环境中进行生活、觅食、生长、繁殖等活动，并形成适应河道环境的各种生物群落。

河道栖息地的结构类型一般有两种：内部栖息地和边缘栖息地。所谓内部栖息地就是指栖息地范围仅限于河道内部，并且其生态系统基本只受水域生态系统的影响和作用。内部栖息地相对来说具有更为稳定的环境，其生态系统可以在较长的时期内保持着相对稳定的状态。边缘栖息地的范围虽仍在河道范围内，但该区域处在陆地与水域两个不同的生态系统共同作用的河道边缘地带，导致栖息地环境处于高度变化的状态之中。因此，在边缘栖息地环境中比内部栖息地环境有着更丰富的生物多样性和更多的个体数量，使得在边缘栖息地维持着大量的动物、植物种群。另外，由于边缘栖息环境的高梯度变化，使得不能适应这种环境变化的生物无法通过河道的边缘地区进入河道内部区域，从而使得边缘地区成为内部区域事实上的过滤器和保护屏障。

河道的栖息地功能很大程度上受到河流连通性和河道宽度的制约与影响，连通性的提高和河道宽度的增加都会提高生物把该河道作为栖息地的可能性。河流流域内地形和环境梯度（例如：河道内沉积物的冲刷与淤积、水质的变化、水量的变化、水位的高低、流速的快慢等）的变化都会引起相关植物和动物群落的变化，而河道的连通性则在很大程度上会影响到河流流域内地形和环境梯度的变化。宽阔的、互相连接的且具有丰富多样的本土植物群落的河道能够为不同生物提供良好的栖息地环境，通常也会比狭窄的、单一的且破碎化的河道环境有着更为丰富的生物多样性。

2. 通道作用

河流的通道作用是指河流自然生态子系统以河道作为物质、能量和生物流动的主要通道。河流的通道作用一般都体现在两个方向：横向和纵向。

（1）横向通道作用。陆地上的有机物质和营养成分通过地表水流经河岸高处漫滩流入低洼的漫滩并最终进入河水，不但为沿途的植被、藻类提供营养物质，而且还会影响到水生动物——无脊椎动物和鱼类等生物的食物补给。这种有机物质和营养成分进入河水的过程就是河道横向通道作用的体现。

（2）纵向通道作用。对于依托河流生存的迁徙性或运动频繁的野生动物来说，河道既是栖息地同时也是迁徙通道，而且在迁徙过程中还会促进动物与河流生态系统的其他组成要素之间的相互作用，最典型就是鱼类的洄游现象。例如：北美洲西海岸著名的生态现象——鲑鱼洄游。每年秋季，数以亿计的北美太平洋鲑鱼将离开海洋，展开长达5000km的返乡旅程，并回到出生地的淡水河流中产卵。在鲑鱼们逆流而上深入内陆到达产卵区的过程中，不但为入冬前的熊、狐狸及各种鸟类提供了充足的食物，而且产卵后死亡的鲑鱼也为河流提供了大量的营养物质输入，从而为河流孕育了更多的新生生命。

河流不仅是动物迁徙的通道，同时也是某些植物迁徙的通道，是植物扩大种群分布范围、寻找新栖息地的重要途径。植物利用河道迁移的方式大致可以分为3类：①河岸附近植物成熟后的种子进入河流或是水生植物的种子、孢子等随着流动的水体进行长距离的输移，并在一定条件下沉积；②在洪水泛滥时期，一些成年的植物也可能会被连根拔起并被水流挟带移动，在条件适宜的情况下就有可能在新地区重新沉积并存活生长；③通过野生动物的迁徙把植物种子从一个区域带到另外一个区域。动物携带植物种子的迁移方式主要有两种：一种是随着动物的吞食和排泄；另一种是通过依附着动物的皮毛。在这两种方式下，植物同样会随着动物的迁徙造成重新分布。

另外，河流还以多种形式进行能量的流动和传输。例如：水流从上游到下游的过程中，水流的势能和动能在不停地转换，并在这种转换过程中完成对河势的改造；由于水的比热较高，通过水流可以适当调节外部的能量或热量，使得生活在水中的生物体能得到相应保护，而不会因空气温度的急剧变化而受到致命的伤害。

一般情况下，河流自然生态子系统的自我生产力远远不足以维持生态系统的正常运行，系统所需的物质和能量都是依赖外来输入。进入河流的物质和能量在自然条件下绝大部分都是由周围陆地供应的，因此河流的连通性对于维持河流自然生态子系统的正常运行是十分重要的。宽广的、彼此无障碍相连接的河道可以形成一条大型通道，使得物质、能量、生物都能够沿着河道横向或纵向进行无障碍地顺畅流动。反之，河道的连通性在受到破坏和限制后，会直接影响到河流自然生态子系统的正常运行和发展。

3. 过滤和屏障作用

河流在发挥通道作用的同时，同时也有着过滤和屏障的作用。在通常情况下，河流左右两岸的能量、物质和生物是无法进行直接的交流，此时河流是作为一种屏障存在的；另外，在某些特殊情况下，河流会选择性地允许部分能量、物质或生物通过河道到达对岸，此时河流就体现出过滤器的作用。河流作为过滤器和屏障，一方面可以阻止或减少污染物进入河流而造成水环境恶化、避免或限制外来物种入侵带来的危害、最大程度地限制并降低沉积物的转移范围；另一方面，由于河流的存在也为土地利用、植物群落分布及野生动物栖息地提供了相对稳定的自然边界。

在河流自然生态子系统中，河流的连通性（连通性往往需要结合具体的要素来评价，如河岸的连续性、植被分布的连续等，一般可以通过连通缺口出现的频率、大小等来反映）和河道宽度是影响其屏障和过滤作用的主要因素。河道在横向上宽度越大、在纵向上连通性越好，其越能有效地发挥过滤和屏障作用，其作用影响范围也就越广泛。沿着河流边缘运动、迁移的物质、生物等，在一定条件下会被河流选择性的允许或禁止通过。此时，河流边缘的形状也会成为影响河流过滤功能的一个重要因素。

河岸带的植被在河道发挥过滤和屏障作用的过程中也起着非常重要的作用，例如：植被的根、茎、叶等部位可以分别对进入河流的地下水和地表水流进行过滤。

当河流连通性下降时，就会造成其过滤功能的减弱。如在河流边缘原本完全连接的植被分布突然出现一处缺口，就会降低植被的过滤作用，也会增强通过该缺口进入河流的地表径流，并容易加大河岸坡的侵蚀，从而使得河岸带的陆地沉积物和营养物质进入河流的

概率和数量大大增加，在一定情况下有可能造成河道过滤和屏障功能的漏斗式破坏。

4. 源汇作用

所谓源就是河流为周边环境提供物质、能量和生物；而汇则是河流不断地从周围环境中汇聚物质、能量和生物。

在河流泥沙的冲刷、淤积的过程中，河流流域内的陆地通常是河流泥沙的来源，此时河流是作为汇；当河流中的泥沙由于不断沉积（如河口三角洲、江心洲等）形成新的陆地时，它们又起到源的作用。在流域尺度上，不同类型、大小的斑块栖息地都是通过河道来彼此沟通连接，此时，河道在流域尺度上就成了能够提供原始物质、能量的源。

对于某些水生生物而言，河流还可以是生物和遗传方面的源、汇。例如：就北美洲西海岸鲑鱼洄游的生态特性而言，当成年鲑鱼从大海回归河流产卵时，河流就成为鲑鱼的汇；当鲑鱼的卵孵化后，就会通过河流回归大海，此时河流就成为鲑鱼入海的源。

2.3.1.2 河岸带的生态功能

河岸带通常是指河流水陆交界处的两边陆地，直至河水影响消失为止的地带（Nilsson et al.，2000）。河岸带作为湿地的重要组成部分，在流域生态系统中发挥着重要的作用，对流域内的水文、地貌和生态均有较大的影响，同时也具有很大的社会、经济、旅游和生态价值，并通过廊道、缓冲带、护岸等方面的生态功能体现出来（Miller et al.，1998；张建春，2001），其中河岸带植被在其中扮演了不可或缺的核心作用。

1. 廊道功能

廊道在景观生态学中指景观中与相邻两边环境不同的线状或带状结构，廊道具有生境、传输通道、过滤和阻抑作用及可作为能量、物质和生物（个体）的源或汇的作用（邬建国，2007）。根据河流廊道及其溶解物原理、宽度原理、连接度原理，具有宽且高密度植被覆盖的河流廊道可控制来自景观基底的溶解物质，为两岸内部种提供足够的生境和通道，并能更好地减少来自周围景观的各种溶解性污染物进入河流，有利于保护河流水环境；另外，连续的河岸植被廊道还能维持诸如：低水温、高含氧等一些特殊的水生条件，有利于某些特殊水生生物的生存。沿河两岸覆盖的植被，在有效减缓洪水影响、为水生生态系统中的食物链提供营养物质等有机质的同时，还可以为鱼类和洪泛平原中某些特殊种提供栖息地。由此可以看出，河岸带廊道不但可以增加区域内生物物种的多样性（包括常住和暂住）、促进相邻地区之间物质和能量的交换，还能为该地区的物种提供生存、庇护场所或为生物的运动及迁徙提供通道等（布恩，1997）。

2. 植被缓冲带功能

河岸植被缓冲带的概念首先在欧美等国提出，它是指河道两岸向陆地延伸的、由林地、灌木丛或草地等植被组成的缓冲区域（邓红兵 等，2001）。河岸植被缓冲带实际上仍然属于河流廊道的一部分，该概念的提出旨在突出河岸带植被对河道的缓冲作用。一定宽度规模的河岸植被缓冲带可以利用过滤、渗透、吸收、滞留、沉积等物理、化学和生物效应使进入地表和地下水的污染物毒性减弱或污染程度降低，从而防止或减少相关污染物进入河流（张建春，2001）。

现有的研究表明，非点源污染是河流污染物的主要来源之一。1990 年美国环境保护局（USEPA）研究估计非点源污染占全部流入目标河流河水污染物总量的 65%（Narumalani et al.，1997)。Lowrance 等（1985）在 1979—1980 年对 1571.34hm^2 的河岸带进行了观测，观测结果发现河岸带生态系统中氮和磷的输入输出量，经过河岸带植被的过滤和林地滞留后只有不到15%的氮输出到河流中，而且50%的磷也被植物滞留。据美国农业林业部（USDA）1991年的调查，河岸带植被的过滤功能可以显著减少磷的含量，主要是由于85%的磷是随着包含在沉积物中的细小土壤颗粒迁移的，在此基础上 USDA 还制定了《河岸植被缓冲带区划标准》。Peterjohn 和 Peterjchn 和 Correll（1984）则认为河岸带可滞留89%的氮和80%的磷。我国近年来的研究表明：黄河、长江和珠江水体中营养元素含量有升高的趋势，而河流中氮的主要来源之一就是流域中的非点源污染，而磷则有很大一部分来源于流域的土壤流失（段水旺 等，1999）。由此可以看出，河流中污染物有很大一部分是通过河流附近的陆地以面源污染的形式进入河流水体的，而河岸带植被缓冲带则可以有效减少和削弱进入河流的污染物。因此，对于河流水环境保护而言，河岸植被缓冲带是保护和改善河流生态环境的一个重要环节，保留或建设一条足够宽度的植被缓冲带，对于有效减少和抑制非点源污染对河流水环境的影响是十分必要的。

3. 护岸功能

河岸侵蚀是一个复杂的过程，同时受多种因素的影响，例如：水流流速、流向、水位、泥沙、河岸植被、河岸的土壤性质及其形态等。河岸带植被对河岸的保护主要体现在3个方面：①通过植被的阻水效应减小近岸水流流速；②通过河岸植物根系渗入土层并增大河岸切向力，以减小块体运动和抵御泥沙侵蚀，从而提高河岸的稳定性；③河岸植被利用自身作为防冲垫层可以减轻漂浮物或冰块对河岸的冲击从而保护河岸（Dollar，2000）。

河岸带遭受水流侵蚀的方式不同，植被发挥作用的效应也有所不同。植物覆盖的密度与类型会直接影响对河岸侵蚀的防护效果。Petersen（1986）通过试验观测认为，在条件适宜的情况下，受植物根系作用影响，河岸沉积物抵抗侵蚀的能力有显著的提高。

2.3.2 社会功能

河流系统的社会功能主要体现在为人类社会提供资源与服务的能力方面，主要包括灾害调节、资源利用、净化环境、休闲娱乐、人文景观和文化美学等。

2.3.2.1 灾害调节

所谓灾害，是指能够对人类社会的生存、生活、生产等人类活动造成不利影响的活动或事件。因此，对于人类社会而言，洪水、干旱、水环境恶化等都属于灾害的范畴。由于河流系统对各种干扰变化本身就具有一定的调节能力，因此河流系统同样也就能够对上述灾害进行调节。一般而言，河流系统对灾害的调节作用主要体现在防洪、抗旱、泥沙的冲淤、河岸的水土流失、水环境污染超标等方面。

（1）河流系统中河道本身就具有纳洪、行洪、排水、输沙的功能。而且河流两岸的洪泛区或湿地在洪涝季节还具有蓄水纳洪能力，对洪水过程进行调节，从而减缓水的流速、削减洪峰、缓解洪水向陆地的袭击。另外，洪泛区和湿地在蓄水纳洪的过程中还能促进泥沙的淤积，有利于保持和增强土壤肥力。

（2）在干旱季节，河流可以通过上游来流为本地区提供生产、生活用水来缓解旱情。另外，研究表明洪泛区或湿地在区域性水循环中起着重要的调节和缓冲作用，特别是湿地

草根层和泥炭层具有很高的持水能力，是巨大的贮水库，这些涵养的地下水在枯水期可以对河川径流进行补给（栾建国 等，2004）。

（3）流动的水体和某些水生生物和微生物的存在就能够对水质起到净化作用。另外，湿地也能对水中的污染物进行降解从而达到净化水体的目的。因此，在面临某些水环境灾害时，河流系统的净化、降解能力对于减轻水环境灾害后果、恢复或修复河流水环境具有重要的意义。

2.3.2.2 资源利用

河流所能提供的、能为人类所直接利用的资源主要包括：供水、水能利用、航运、物质生产等。

淡水是人类生存和发展的前提，尽管河水占陆地淡水总量的比例很小，但河流却承担了人类几乎全部的生活、生产用水。不仅如此，流域内的水生生物、大部分的陆生动物栖息繁衍也都依赖于河流淡水。

水能是地球上当前最成熟、最重要的可再生清洁能源之一。河流由于上下游河床地形地貌的落差产生并储蓄了丰富的势能，通过水力发电可以将水流的势能转换为电能从而服务于社会。国际水电协会发布的《2020年全球水电现状报告》显示，2019年全球水电总装机容量达到1308GW，发电量达到创纪录的4306TW·h。中国国家能源局发布的2021年全国电力工业统计数据资料表明，截至2021年12月底，我国水电总装机容量达到39092万kW，水电装机占全国发电总装机容量的16.44%，2021年全国水电发电量约1.3401万亿kW·h，占全国总发电量的16.52%。

由于河流自身就具备通道功能，使得河流航运很早就成为人们运输各种物资的方法之一，同时也成为促进文化交流和经济发展的重要推手。早在隋朝时期修建的京杭大运河不但沟通了长江、淮河、黄河、海河和钱塘江等水系，把华北、江南和长安所在地的关中地区连在一起，而且有力地促进了南北的文化和物资交流，加快了开发南方、支援北方的进程，更为重要的是进一步加强和巩固了国家的统一。

长期以来，河流自然生态子系统一直在生产和提供人们在生产、生活中所需的某些特定物资，例如：淡水鱼、虾、蟹、茭白、芦苇等。在原始社会时期，人们就在河流中捕捞鱼虾以补充由于生产能力低下造成的食物不足；另外，芦苇质地细腻、纤维丰富、韧性强、易获取，是造纸的一种优质原材料。随着社会的发展和人们生活水平的提高，人们对河流自然生态子系统所提供物质的品质要求也在提高。一个健康的河流系统，可以通过自然生产和人工养殖相结合的方法为人类社会提供一定数量、种类的优质水生动、植物等物资产品，以满足人们生活水平日益提高的需求。

2.3.2.3 净化环境

河流系统的社会子系统在运行过程中不但消耗大量的物质、能源，而且产生的大量废弃物还会污染环境。随着社会经济发展水平的提高，人们对生活环境的要求也在不断提高，虽然为消除和减轻污染建立了大量的污水、垃圾等处理设施，但仍无法彻底避免人类活动对环境的污染。河流自然生态子系统天然就具备一定的环境净化和修复能力，而且不会形成二次污染，有利于提高和改善人类社会的生活和生存环境。因此，河流自然生态子系统的这种能力在河流系统功能中的作用日益重要，并逐渐成为人们净化、修复河流环境的重要手段和方法。

河流自然生态子系统对环境的净化作用一般是通过物理的、化学的和生化的过程来实现的，其净化过程从河岸带就开始了。在河岸湿地大量生长的水生植被，不但对很多污染物质具有较强的吸收净化能力，而且湿地植被还能大大减缓地表水的流速，使水流挟带的泥沙、土壤等颗粒得以沉降，并使水中的各种有机和无机的溶解物和悬浮物被截留，使得水体得到净化。同时，某些特殊的植物或微生物通过一定的生化作用还能将许多有毒、有害的复合物转化为无害的甚至是有用的物质，从而进一步改善水质。

当污染物通过河岸带进入河流后，通过一系列的物理和生物化学反应对水体进行进一步的净化：①流动的河水对进入水体的污染物进行稀释，从而改善水环境；②水中的植物、藻类、微生物能够通过生化反应将有机或无机的化合物等营养物质进行有选择地吸收、分解、同化，从而有效改善水环境质量。

外来进入水中的有机体或水中生物死亡后形成的残骸同样也会污染水环境，此时河流生态系统中的分解者和部分消费者可以通过进食对这些有机体进行加工利用、吸收和排出。这样一来，不仅可以保证物质的循环利用，同时也有效地防止由于物质超负荷积累所造成的污染，从而保护或改善河流水环境。另外，某些有毒或有害物质经过特定生物的吸收和降解后，也可以使得对水环境的危害消除或减少。

2.3.2.4 休闲娱乐

随着社会经济的快速发展，人们物质生活水平的提高，人们对精神生活的需求日益增长，休闲娱乐成为人们工作之余享受生活、释放压力、改善精神状况的一种重要方式。

通过对人类行为过程模式研究的结果显示，人类偏爱含有植被覆盖和水域特征并具有视野穿透性的景观（鲁春霞 等，2001）。河流自然生态子系统景观独特，河流纵向上游森林、草地景观和下游湖滩、湿地景观相结合，使其景观多样性明显；横向高地-河岸-河面-水体镶嵌格局使其景观异质性显著，且流水与河岸、鱼鸟与林草的动与静对照呼应，构成河流景观中动与静的和谐与统一（栾建国 等，2004）。在河流上游由于纵向坡度大，水流形成翻滚的漩涡和波涛汹涌的滂沱水势，急流、深渊随处可见，其间还会出现瀑布、深涧，水流变化极其丰富；在河流中游特别容易形成湍流和深渊，河流缓慢向前曲行，是极具魅力的河流景观之一，如黄河上的“九曲十八弯”，就是一个著名的旅游景点；而在河流下游，由于河面宽阔，河道的纵向坡度变缓，其水流的景观特征是流速慢、水流平稳，沿河的风景可在水面形成倒影。

总之，不同河段的河流都有其各自的景观特征，也能够给予人们不同的视觉享受和独特的精神体验。人们不但可以通过划船、游泳、滑水、渔猎和漂流等娱乐活动锻炼身体，也可以通过野餐、露营、远足和摄影等休闲活动释放压力、陶冶情操、改善精神状态，从而提高人们的生活品质。

2.3.2.5 人文景观和文化美学

地球上所有的文明都是依托于河流起源发展起来的，不同的河流系统孕育了不同的地域文化、艺术、宗教等。例如：幼发拉底河和底格里斯河流域孕育的古巴比伦文明信仰多神教，其主神为风神马尔都克，古巴比伦人建造的空中花园被誉为古代世界七大奇迹之一；尼罗河孕育的埃及文明是人类最先产生宗教崇拜的地区之一，其中阿蒙神是古埃及史

上最重要的神之一，巨大的金字塔和神秘的木乃伊都已成为埃及文明的代表；黄河孕育的中华文明，诞生了中国的本土宗教——道教，修建并保存下来的秦始皇兵马俑和万里长城已成为中国的标志之一。由此可以看出，不同的河流生态系统深刻地影响着人们的美学倾向、艺术创造、感性认知和理性智慧，各地独特的生态环境在漫长的文化发展过程中塑造了当地人们特定的、多姿多彩的民风民俗和性格特征，从而直接影响着其科学教育的发展，因而也决定了当地的生产方式和生活水平，孕育了不同的道德信仰、地域文化和文明水平（鲁春霞等，2001）。

欣赏美和创造美是人类物质生活水平发展到一定阶段后的必然产物，也是精神生活需求的产物。河流系统的文化美学特性主要是由河流的自然景观和依托河流形成的人文景观组成的。河流从发源地一路前行直至入海，沿途产生了多种多样的、极具河流特点的河流景观。发源地的潺潺流水、鱼游浅底；上游的急流险滩、瀑布飞泻；中游的峡谷曲流、弯道险滩；下游的烟波浩渺、水天一色，或是独特的江心洲风光，或是舒缓平整的河漫滩景致以及错落有致的河岸林等。这些各具魅力的河流景观通过形、声、色、味等形式，以时空上的变化给予人们不同的视觉及精神享受，同时也给人们带来无尽的美感体验。人们在观赏这些河流景观的同时，也创造出了大量的文学作品，经过时间的沉淀及与河流景观的有机融合，其中的杰出部分往往会形成一定的人文景观，从而进一步丰富了河流的文化美学功能。例如：通过“飞流直下三千尺”人们可以想象出庐山瀑布的壮美、“长河落日圆”给人们描述出日落时分苍凉的大漠景象、“小桥流水人家”则给人们展现一幅宁静温馨的田园风光，而“独钓寒江雪”则寄托了作者一种遗世独立、峻洁孤高的人生境界。

由于河流系统是一个复杂的有机整体，因此，在某些方面其自然生态子系统的功能和社会子系统的功能并不存在绝对的界限，其所展现出的功能往往是在自然子系统和社会子系统共同作用下的产物。

2.4 社会子系统对自然生态子系统的胁迫

从本原看，“人直接地是自然存在物”，是“自然的一部分”；从人的生存和发展看，自然界为生产提供了劳动对象和劳动资料，人与自然的物质交换活动是社会的基础（叔本华，1996）。在人与自然多维的、多向的，甚至是异质的、多重错综复杂的关联中，一直存在着相互交织的两个主题：人对自然的依赖与超越。从人的角度出发，人与自然是一种改造与被改造、认识与被认识的关系；从自然的角度来看，是一种侵入与被侵入、扰动与被扰动的关系。但无论从哪个角度来看，人都是这种关系中主动的一方。从人与自然相互作用的过程和结果来看，人对自然的这种活动强度不能超越自然所能接受和承受的限度，不能长期违背自然规律。如果人类无节制地实施对自然的干扰、改造乃至破坏，不尊重、遵循自然界自身存在和发展的权利和规律，那么就会在导致自然界“人化”的同时，引发自然界的“黑化”，从而使得人类社会遭受到自然界无情的反噬（赵保佑，2009）。正如汤因比所说：“人类如果想使自然正常地存续下去，自身也要在必需的自然环境中生存下去的话，归根结底必须和自然共存”（叔本华，1999）。

在河流系统中，自然生态子系统是整个系统正常运行的前提基础，社会子系统则是依托自然生态子系统建立起来的，自然生态子系统决定社会子系统。但由于人类社会具有强大的、适应自然环境和改造环境的能力，社会子系统在对自然生态子系统实施反作用的同时，还在改变和改造自然生态子系统，而这种改变和改造是通过人类的主观能动性和社会活动来实现的。人类自诞生以来，便一直尝试着影响和改变河流系统的自然元素，使其更加符合人类社会发展的需要，人类通过这种活动对河流的自然元素产生了巨大的影响和作用。特别是进入20世纪中叶以后，随着工业革命的爆发，人类科学技术水平飞速发展，人类活动对河流自然生态子系统影响与改造的范围和强度都日益加剧：水利工程的规模和影响范围不断增大、农业用水需求也在持续提高、城市发展所需的水资源日益增长等，这些人类活动不论是对河流自然生态子系统的结构组成、运行方式还是功能都产生了不同程度的影响，严重的甚至已经超越了河流自然生态子系统自身的调节能力，造成河流自然生态子系统的退化或崩溃。近年来，世界上很多河流都已经出现了流域性洪涝灾害加剧、河流断流、水质性缺水、水污染加剧、生物多样性下降、珍稀物种消亡等严重局面。河流自然生态子系统之所以面临现在的严峻局势，主要是由于人与河流自然生态子系统的关系出现了危机，其实质在于人类活动的主体性效应和反主体性效应同步增强，人类在长期发展中形成的巨大本质力量由于其不合理使用正在转变为巨大的破坏性异己力量（鲁献慧，2005）。例如：流域内人口的急剧增长导致对水资源的需求超过河流的供给能力、大量人口生产和生活产生的各种废弃物污染了河流环境、对河流资源的过度开发利用造成自然资源的枯竭等，这些人类社会行为不但使得河流自然生态子系统的平衡遭受破坏甚至崩溃，而且造成河流系统中社会子系统与自然生态子系统关系的日趋紧张对立，同时也严重制约了流域内社会经济的发展。

目前，河流社会子系统对河流自然生态子系统的胁迫和破坏集中体现在以下几个方面：工农业生产与生活污染、侵占河流过水断面、自然河流的非连续化、自然河流渠道化、生物多样性的下降等。

2.4.1　工农业生产与生活污染

据近年来的中国环境状况公报显示，我国河流水环境总体上处于逐步改善的过程中，但有部分地区的部分河流仍处于不同程度的污染状态。造成这些河流水环境污染的原因是多方面的，但毫无疑问主要是由于人类无节制的活动引起的。河流水环境污染物一般以氨氮、总磷、化学需氧量、高锰酸盐指数和挥发酚等为主。

2.4.1.1　污水总量逐年增加，污水处理设施严重不足

改革开放以来，随着社会经济的飞速发展，涌现了以民营企业为代表的大量非国有企业，其中部分企业受经营成本或技术条件的限制，在生产过程中产生的大量工业废水、污水往往未经任何处理直接或间接排放到河流中，造成河流的污染。另外，随着人口迅速增加和人民生活水平的日益提高，生活污水产生量也大幅度增长。近年来，城市生活污水和工业废水排放量的比例已接近持平，而同时城市污水处理厂的建设和运行管理却远远滞后于社会经济发展的需求。

2.4.1.2　大量的面源污染问题尚未找到有效的解决途径

随着人口的增加和人们生活水平的提高，对粮食生产、畜牧养殖等的需求也日益增

长，但由此也给农村造成了一定程度的环境污染。其中农药、化肥的过量使用已经成为农村污染的主要来源，其形成的面源污染更是尚未找到有效的治理方法。20 世纪 50 年代以来，为消灭和防治农业灾害，我国农药施用量增加了 100 多倍，成为世界上农药用量最大的国家。而我国的农药实际有效利用率较低，农药产生作用时只有 10%～20%附着在农作物上、1%～4%的农药接触到目标害虫，而 80%～90%的农药则是流失在土壤、水体和空气中，在灌溉和降雨的作用下进入地表水及地下水，造成严重的水体污染和土壤污染（訾健康，2012），成为水体面源污染的一个重要来源。另外，为提高农作物的产量，我国农业化肥的使用量也在成倍增加，2015 年化肥施用量已达 6022 万 t，其中 50%～70%会通过各种途径流失，这些流失的化肥大多数又会通过地表水和地下水，进入河流、海洋、湖泊和土壤，成为水体面源污染的另一个重要来源。以浙江省为例，2000 年浙江省总氮排放量 17.88 万 t，主要源于农用化肥流失的计 11.54 万 t，占总氮排放总量的 64.5%；而在总磷流失中，源于农用化肥流失的计 0.76 万 t，占总磷排放总量的 22.5%（罗艳 等，2006）。

2.4.2 侵占河流过水断面

随着城市人口的增加，城市规模也在不断扩大，对土地的需求也日益增长，河流的滩地经常被挤占用来修建住宅、码头。在农村地区，为增加耕地，不但在河流滩地进行围垦挤占过水断面，而且也经常围垦河流两岸的洪泛土地，从而割断河流与两岸陆地的联系，并侵占洪水的蓄泄空间。河流滩地和两岸洪泛区被侵占的同时还会直接影响到相关生物栖息地的环境质量，造成一些两栖、底栖等动物失去生存空间，而河岸一些滨水植被的生存空间也会受到破坏。

2.4.3 自然河流形态的非连续化

所谓河流形态的不连续化是指由于在河流中修建挡水建筑物，造成水流运动连续性的破坏。特别是对河流进行梯级开发时，原本流动的河流就会形成多座水库串联的格局，对水流运动连续性的破坏就更为严重，使得流动的水体在水库中形成相对静止的状态，其流速、水深、水流边界条件等水力要素和水质、水温等水环境要素，甚至是局部气候等都会发生重大变化，主要表现在以下 3 个方面。

2.4.3.1 水文

在河流上筑坝截水或修建渠道会引发河流水文状况的改变，例如：引起不同河段流速、流量和水位的变化；导致不同河段的冲淤趋势发生改变；引发不同河段的季节性断流，形成脱水段；改变河流局部流域甚至是全流域的洪水过程等。

由于库区过水断面和水深都被加大，使得水流流速明显降低，从而增加了库区段的淤积；另外，由于泥沙大量在库区沉降淤积，使得下泄水流中的泥沙含量大为减少，有可能造成河口海岸或江心洲等由于上游泥沙补给减少而加剧冲刷。在河流上修建挡水建筑物后形成的清水下泄还会加剧下游河道的冲刷，当由于挡水发电、上游取水等原因造成下泄流量低于河流的正常流量时，河流下游两岸的地下水位线也将下降，可能导致下游河道生态系统的植物群落向不利方向发展。

2.4.3.2 水质

在河流上修建挡水建筑物后，由于阻水效应使得上游水位升高，并在回水区范围内形成大量的淹没区。库区内的各种有机物和上游来水携带的有机物就会在库区内富集，使库区出现富营养化、污染物滞留等现象，库区的水质也会因之有所改变。特别是在夏季气温较高时，在高温和富营养化的作用下容易造成藻类暴发，形成水华现象。这些大量的藻类蔓延不但会遮盖阳光影响到水生植物的生长和生存，而且死亡后的藻类在分解腐烂的同时还会消耗水中大量的氧气，容易造成水中其他水生生物出现缺氧现象。

另外，由于河流中修建的大多数挡水建筑物都含有发电、取水等功能，因此在枯水期挡水发电会造成下泄流量减少，对于河口地区就有可能造成咸水上溯，从而破坏河口地区原本的水环境状况。

2.4.3.3 改变局地气候

由于库区面积较原有河道的水面面积大，使得下垫面中水面面积增大，造成水陆之间水热条件发生变化，直接影响到局部的水汽循环，从而对局地气候产生一定的影响。一般趋势是全年温差相对变化减少，夏季相对凉爽、冬季相对温和、水雾相对较多。

2.4.4 自然河流渠道化

自然河流渠道化一般是指河流形态在平面布置上直线化、渠道横断面几何规则化、河床材料的硬质化。河流形态渠道化虽然有利于工程设计、建设、施工和管理，但这样一来就大大减少了河流生境的多样性。而且河床材质的硬质化则会阻隔河水与地下水之间联系通道，同时也改变了某些穴居生物和底栖生物的栖息地环境，从而对其生存和生活造成严重的危害。

2.4.5 生物群落多样性的下降

河流连续性的破坏和河流的综合治理都会改变河流的生境，造成河流生境多样性的下降，并最终导致河流生物多样性的下降。

（1）河流非连续化的直接后果就是将上游库区的动水环境转变为静水环境，使得其中的动水生物群落会逐渐被静水生物群落所替代。

（2）筑坝蓄水后会造成上游库区生态系统生产力和连通性的下降。近年来大坝修建得越来越高，使得库区水深特别是坝址区域的水深远远大于正常河流的水深，由于太阳的辐射作用会随水深加大而逐渐减弱，因此在深水条件下，光合作用较为微弱，使得水库生境的生态系统生产力更低。另外，由于挡水建筑物的阻隔效应，使得物质循环、能量流动和物种的迁徙都不如河流生态系统那样通畅。例如，筑坝以后有可能会给洄游性鱼类造成不可逾越的障碍，如果没有建设适合鱼类习性的辅助过坝设施（如鱼道、升鱼机、过鱼的水轮机等），将对这些洄游鱼类造成致命的打击。因此，生产力和连通性的下降都会使得上游库区支撑生物群落多样性的能力减弱。

（3）筑坝蓄水后还会造成库区上游的生境退化。由于水位的抬高，使得原来河流蜿蜒曲折的形态在库区消失，急流、缓流、暗滩、深潭、弯道及浅滩等多种多样的生境被单一的水库生境所替代，由此会引发库区生物群落多样性的下降。例如：在我国西南青藏高原

发源的河流普遍具有水温低、水流急的特点，期间有一些冷水性鱼类做区间性洄游，而且它们的卵也是在激流中孵化的。当在河流上筑坝蓄水后，这些鱼类的鱼卵也随水流进入水库后，由于库区水流流速下降造成这些鱼卵逐渐沉入水底，并因水底缺氧而死亡，从而造成冷水激流性鱼类的减少甚至灭绝。

另外，对河流进行河道整治时，河道的渠道化和裁弯取直等工程也会显著降低工程影响范围内的生境异质性，造成生物群落多样性的下降。例如：河滨植被、河流植物生存适宜面积的减少，微生境的生物多样性降低，鱼类的产卵条件发生变化，鸟类、两栖动物和昆虫的栖息地发生改变或避难所消失，这些生境的改变都会直接造成相应物种的数量减少或某些物种的消亡，如果受影响的是生态系统中的某些关键种群，甚至引起生态系统的退化或崩溃。

2.5 河流系统的功能区划

2.5.1 功能区划的必要性和内涵

2.5.1.1 河流系统功能区划的必要性

河流系统的自然功能和社会功能相互联系、相互影响、相互制约，其中河流系统的自然功能是整个河流系统功能的基础，社会功能则是人类社会在自然功能的基础上，利用科学技术手段实现对河流资源的利用。因此，任何对河流自然生态子系统的伤害，都会影响到河流系统社会功能的发挥，从而都可能造成对河流系统健康的伤害。

我国大多数的河流都发源于山区，并最终汇入大海。河流的上游、中游、下游，其所经历的地理环境、气候、水文条件、人口密度、社会经济发展水平等方面都存在较大的差异，河流的时空变异性较为显著。例如：我国的长江、黄河都发源于青藏高原，最终汇入黄海、东海，其间流经我国的西部、中部和东部地区，沿途社会经济发展、自然气候、地理环境等差异十分明显。因此，河流系统的时空变异性，导致河流系统各属性功能之间及各功能内部的关系在不同区域存在明显的差异性。在河流传统的开发利用方式中，仅仅考虑区域的社会需求而忽略了河流自然生态子系统所承受的压力，往往导致对河流的开发利用接近或超过河流系统区域自然生态系统的承载能力，引发一系列的生态环境问题，并最终影响和制约其社会服务功能的发挥，对区域社会经济和生态环境的可持续发展造成威胁。由于缺乏对河流系统明确的功能划分和保护要求，出现了用水、排污布局不尽合理、开发利用与保护的关系不协调、区域保护目标不明确等问题，影响了对河流自然生态子系统的管理和保护工作的全面开展，也不利于实现人水和谐、共同发展的河流管理目标。

因此，有必要根据河流系统的自然地理条件和区域社会经济发展的需求，对河流系统的功能进行总体区划，明确河流系统中不同区位河段的主体功能定位，并在此基础上对河流系统的开发、利用、治理、保护等活动实施统一有效的协调、控制、监督和管理。同时对河流系统按功能区划实施分区管理和保护，明确管理目标，强化保护措施，促使经济社会发展目标与河流自然生态子系统承载能力相适应，实现河流系统的健康有序发展。

2.5.1.2 河流系统功能区划的内涵

河流系统功能区划是指根据河流系统不同河段的区位条件、自然资源、开发保护现状和社会经济发展的需求，基于保护和利用并举的原则，把河流系统划分为不同类型的功能区，明确不同河段的主体功能属性，并提出有针对性的管理和保护目标，用以维护河流系统健康并引导其发展方向，实现河流系统自然功能、社会服务功能和人类社会经济发展3者之间的可持续协调发展，促进人水和谐。

2.5.2 功能区划的原则与依据

2.5.2.1 河流系统功能区划的原则

河流系统的功能区划分既要反映现实与未来的需求，又要考虑到技术上的切实可行，概括起来包括以下主要原则。

1. 相似性原则

这里的相似性指的是区域自然条件的相似性和社会环境的相似性。

（1）自然条件的相似性原则。自然条件的相似性主要是指河床演变、水生生物组成和分布、周边自然环境状态等的相近性或相似性。河流所处的自然条件不同，河床演变就会表现出不同的演变特性和外在特性。河流物理结构、水文循环和能量输入的变化，会在生物群组成中产生一系列的响应，导致连续的生物学调整。考虑河床演变和河流的生态环境功能，同一功能区应该在水文、地形地貌等物理特征和生态特征等方面具有相似性。

（2）社会环境的相似性原则。河流系统的社会服务功能是与人类社会对河流的开发利用方式相联系的。社会环境的相似性指河流两岸土地利用方式的相似性，对河流水资源和水环境开发利用方式的相似性（包括河流上水工建筑物用途和布置形式的相似性），河流污染现状的相似性和近远期社会发展对河流资源的需求及开发利用方式的相似性。这种相似性有利于在河流管理方面采取统一的措施。

保证自然条件和社会环境的相似性，可以使得在进行河流系统健康预警分析时，同一功能区内指标的选取和取值具有一致性和代表性。

2. 选择性和典型性原则

在具有多种功能的区域，应尽量保护和维持现有的优势功能。当优势功能属于自然生态功能时，在维护河流自然生态系统可持续发展的基础上，控制发展相关的社会服务功能，并优先安排开发利用过程中资源消耗和环境损害小的项目；当优势功能属于社会功能时，仍需在保护和促进区域河流生态自然系统可持续发展的基础上发挥其社会功能；当区域内无明显优势功能时，在不影响水安全的前提下，优先选择对河流自然生态功能实施保护和发展。

为表征河流功能区的特点，应选取具有典型性和代表性的指标来表征功能区的功能属性，以直接体现功能属性的内涵、特征。

3. 统筹安排与重点保护相结合的原则

河流系统作为一个复杂的整体，在实施功能区划时应充分考虑河流不同区段、左右两岸等方面的地理环境差异，以及不同区域经济社会发展需求对于河流系统功能近期与远期需求的差异，同时还应该综合考虑社会经济发展与河流生态环境保护的和谐统一。由于我国目前大多数河流的健康问题根源都在于河流的水质和水量不能满足河流系统的可持续发展要求，特别是无法满足河流自然生态子系统可持续发展的要求。因此，在确定河流系统

功能区的类型和管理目标时，应该把河流的水安全问题列为优先保障对象，把水资源的有序开发利用作为重点考虑对象。

另外，对于某些河流系统，由于在其流域范围内存在特殊的功能区划，如自然保护区、水源保护地等，在实施功能区划时也应该予以单独考虑。

4. 切实可行和便于管理的原则

在对河流系统实施功能区划分时，还应该遵循切实可行、易于操作的原则，这样不但容易被管理者接受，而且也有利于后期管理。因此，在进行河流系统功能区划时，通常都是尽量借鉴或利用现有的功能分区，最常见的就是借鉴水功能区划对河流系统功能进行功能区划。根据水利部、国家发展改革委和环境保护部 2011 年制定的《全国重要江河湖泊水功能区划（2011—2030 年）》，所谓水功能区就是指为满足水资源开发利用和节约保护的需求，根据水资源自然条件和开发利用现状，按照流域综合规划、水资源保护规划和经济社会发展要求，在相应水域按其主导功能划定范围并执行相应水环境质量标准的水域。另外，进行河流系统功能区划分时还需要考虑到行政区划、水文站点、水质监测断面等因素，以方便相关资料的收集，提高后期管理措施实施的可行性和便利性。

5. 前瞻性原则

河流系统的功能区划应建立在客观评估河流自然生态子系统现状和未来区域社会经济与科技发展水平的基础上，对河流系统的开发与保护保持一定的前瞻性，尽可能采用相关领域内最新的、成熟的研究成果，并为社会经济发展和河流系统更重要的功能开发利用留有适当余地。避免对河流系统功能区的区划频繁变动，既便于实现对功能区的开发利用，又有利于功能区保护政策和措施的实施，同时也能有效推动人水和谐共处与河流系统的可持续发展。

2.5.2.2 河流系统功能区划的依据

河流系统的自然属性是维持河流存在和健康发展的基础，因此河流系统功能区划要立足于河流自然功能、生态环境功能的修复和保护，在促进河流自然生态子系统可持续发展的基础上，依据区域社会经济发展的需求对河流系统进行功能区划，实现人与河流的和谐共存。

自 20 世纪改革开放以来，我国先后实施了多种类型的功能区划，包括全国主体功能区划、全国生态功能区划、水功能区划、海洋功能区划、防洪区划等，这些已完成的功能区划都可以作为河流系统功能区划的参考。由于河流系统的存在和发展是依托于河流的水，水是整个系统的一个关键要素，因此河流系统的功能区划应以水功能区划为依托，参考其他功能区划并结合河流系统的实际情况进行功能区划。另外，在进行河流系统功能区划时，还应符合和满足国家、行业、地方的相关法律、法规、行业标准、流域规划和管理办法等方面的要求。

2.5.3 河流系统功能区划体系

河流系统功能区划是以河段作为单元内核，并包含与该河段密切相关的人口数量和社会经济发展状况的功能区域。它是在综合考虑河流系统的自然属性功能和社会服务属性功能的基础上，按照河流河段自然生态功能目标、规划期内经济社会发展对河流资源开发利用的需求目标以及生态与环境保护目标3者协调一致的要求，参照地表水功能区划建立的一种功能区域。与地表水功能区划类似，河流系统功能区划也采用2级体系划分，其中一级功能区包括：保护区、保留区、缓冲区、开发利用区和修复区。通常这5种类型的一级功能区并非简单地沿河流纵向排列，而是根据各个区域的自然生态功能特性和社会功能特性及其之间的相互关系及当地社会经济发展水平来综合评定。为促使水资源开发利用更趋合理，以求取得最佳经济、社会和生态效益，可以根据需要对某些一级河流功能区进行二级区划。常见的二级功能区包括：饮用水源区、工业用水区、农业用水区、渔业用水区、景观娱乐用水区、过渡区和排污控制区。

（1）保护区，是指河流系统的自然生态子系统基本处于自然状态，该区域内基本没有规模性的人类活动或是基本不受该区域人类社会活动的不利影响，其功能主要体现为自然生态功能。在河流系统的中长期规划中，其社会性功能基本不开发利用或处于停滞开发状态。该功能区的主要目标是保护区域内的自然生态环境，并促使自然生态系统进一步向更复杂或更高级的方向发展。如为保护珍稀或濒危物种生存而单独划分的动植物保护区、为保护水源地而划分水源地保护区等。

（2）保留区，是指该区域具有为人类社会提供复杂社会服务功能的潜力和物质基础，自然资源丰富。但由于当前科学技术水平的限制，现有的河流开发利用程度已达到目前河流自然生态子系统承载的极限，或是利用现有科技无法在不严重破坏河流自然环境的同时开展大规模的开发利用。因此，需对当前河流系统社会服务功能的开发利用规模和强度进行限制，在维持适当开发水平和强度的前提下，对河流自然生态子系统进行修复并予以一定程度的保护，促使河流自然生态子系统向更复杂、更稳定的方向发展。由此可以看出，保留区主要目标是以维护和促进河流自然生态子系统发展为主，保留或控制其社会服务功能开发利用的程度，为该区域未来的可持续发展奠定基础。

（3）缓冲区，一般是指将保护区和其他功能区域隔离开的区域，位于保护区和其他功能区域之间，其作用是最大限度地将外来影响限制在生态保护区之外，从而达到将外来影响进行隔离、缓冲的效果。在对生态保护区不会产生明显不利影响的前提下，该区域内可以开展适当的人类活动，如科研、考察、生态旅游等。但这些人类活动必须要与当地的自然生态环境状况相适应，在维护和促进河流系统的系统性和完整性的同时，至少不会导致河流系统的自然生态环境向恶化的方向发展。当保留区与保护区交界时，保留区也可以视作为缓冲区。

（4）开发利用区，一般是指当地人类社会对河流系统的资源需求高、人类活动强度较大的区域，该区域以体现社会功能为主。但该区域内的人类活动强度也不能超过河流系统的生态承载力，同时还必须维持河流自然生态子系统一定的可持续发展能力。因此，该功能区的主要功能定位是：在有效保护河流自然生态子系统并维持其一定可持续发展能力的基础上，充分挖掘和发挥河流系统的社会服务功能，通过科学管理与决策，实现科学、有序和适度的开发利用。

（5）修复区，该区域由于人类社会对区域河流系统资源的过度开发利用，接近甚至已经超越了区域内河流系统的生态承载力，河流自然生态子系统遭受比较严重的破坏，使得河流自然生态子系统向持续恶化的方向发展。一般体现为区域水生生物多样性的下降、水

环境恶化、河流连通性受到破坏（如河道的渠道化、河床的硬质化、河流的不连续化）等。如果不能及时控制或降低区域内的人类活动强度，并对河流自然生态子系统采取有效的修复和保护措施，将会导致区域内河流自然生态子系统进一步恶化乃至崩溃，从而使得河流系统在区域内丧失绝大多数功能。该功能区主要目标是扭转由于该区域的过度开发利用而造成该区域自然生态系统向病态发展的趋势，降低区域内的人类活动强度，有效平衡开发利用与生态治理保护之间的关系。根据河流系统的综合整体性和有机关联性特征，从维持河流系统中生境的连续性及其功能的完整性及促进河流系统的可持续发展出发，利用河流自然生态子系统自身的调节能力结合合理、有效的人工干预，对该区域的河流自然生态子系统进行修复。

对某一特定河流系统而言，其一级功能区区划并不一定会包含上述全部5个一级功能区，有可能只包含部分一级功能区。另外，河流系统功能区的划分也不是一成不变的，随着河流自然生态子系统的发展、人类科学技术的进步和对河流系统认识的进一步深入，人们可以根据社会经济的发展需要，对河流原有的功能区划进行调整和改变。

第3章　河流系统健康预警理论架构

3.1　河流系统健康

3.1.1　河流系统健康的定义

人作为河流系统的主体，河流系统健康是人类对河流状态的一种理解与认知，它与人类社会所处的发展阶段、自然科学技术发展水平及社会科学发展水平息息相关。因此，健康的河流不仅需要健康的河流自然生态子系统，同时也必须能够维持一个可持续发展的社会子系统，也就是维持健康的河流社会子系统，两者缺一不可。其中，健康的河流自然生态子系统是整个河流系统健康的物质基础，而健康的河流社会子系统则是维持河流系统整体健康的保障。也就是说，一个健康的河流系统不仅可以维持和促进河流自然生态子系统的可持续发展，同时也能够满足其社会子系统一定时期、一定人口数量、一定发展水平的适当需求。因此，可以将河流系统健康定义为：在维持或提高河流社会子系统的发展水平、增强人类社会活动强度的同时，对河流自然生态子系统的影响没有超越河流自然生态子系统的自我调节和修复能力，并且仅仅依靠这种自我调节和修复能力就能够快速、有效地恢复河流自然生态子系统的动态平衡，此时的河流系统就认为是处于健康状态（吴龙华，2010）。因此，健康的河流系统在提高人类活动强度或社会子系统发展水平的同时，能够维持或继续提高河流自然生态子系统可持续发展的能力，即健康的河流系统是一个人水和谐、共同发展的系统。河流系统健康集中体现了河流自然生态子系统对社会子系统一定发展强度下的支持与承受能力，以及一定社会子系统发展强度下自然生态子系统维持自身可持续发展的能力。河流系统健康的内涵及其具体体现形式不是固定不变的，它是相对于某一具体的历史发展阶段和社会经济发展水平而言的，主要取决于人们对河流的认知程度。另外，由于地理环境、气候等条件的差异，不同的河流系统，其健康表现形式也会有所区别。

3.1.2　河流系统健康的特征

健康的河流系统不仅意味着能维持河流自然生态子系统自身的完整性和发展的可持续性，而且还能够提供合乎自然和人类需求的服务。因此，河流系统健康的概念具有双重属性：从自然属性上来说，整个河流自然系统是完整的、稳定的、可持续的，对各种不利因素具有一定的抵抗能力和自我调节能力；从社会属性来说，具有可持续提供满足人类一定社会需求水平的能力。因此，作为一个健康的河流系统应该具备以下几个方面的特征。

3.1.2.1　保证资源供给

对人类社会而言，河流自然生态子系统的一个主要核心功能就是满足人类社会在一定

发展水平下的资源需求，能够长期、稳定地为社会生产发展和人民生活提供包括水资源在内的服务。因此，保证有效的资源供给已经成为评价河流自然生态子系统能力最重要的指标之一。一个健康的河流系统能够在自然条件下或在科学有效的管理状态下，可持续地提供稳定、可靠的包括水资源在内的河流自然生态资源，同时还能够使得河流自然生态子系统维持较高复杂程度的动态平衡状态。但在现代社会，人类活动影响已经成为影响河流状态的最主要因素，不合理的开发利用或过度的资源掠夺都会导致河流系统状态失稳，使得河流系统朝着不健康的方向发展，从而导致河流系统的可持续发展和利用能力不断被削弱，资源供给的保证能力也日趋下降。

3.1.2.2 保持水质良好、水组分稳定

众所周知，水是生命之源。河流作为地球上淡水的主要来源，承担了人类社会绝大部分的生活、工业、农业用水。水质的好坏程度不但直接影响着人体健康和流域内社会经济的发展，同时水质也会对系统内其他生物群体的健康、生物种群分布及种群变化造成影响。因此，水质良好、组分能够长期保持相对稳定，是河流系统健康的标志之一。一个健康的河流不仅可以提供充足的水量，还能保证其所提供的水资源化学组分对用途不会产生负面影响。河流水质的恶化、水组分的不稳定，必然会对河流系统中现有的生物种群产生不利影响，甚至会影响到种群的迁移和演变，从而导致河流系统向不健康的方向发展。一般情况下，水质的恶化、组分的变化都是在自然因素和人为因素共同作用下的结果，但在大多数情况下主要还是由于人类活动所造成。水质的恶化不仅会破坏河流中水化学成分的天然平衡，甚至有可能使河流系统丧失其水资源的供给功能。

3.1.2.3 维持与之相关的生态系统结构完整

一个生态系统结构是否完整，主要是体现在其物质、能量的交流和生物的活动路径是否连续和顺畅。而对河流自然生态子系统而言，其物质、能量和生物的流动，基本上是依托水流运动来实现的。因此，能够提供充足的水量、保持水流运动的连续性及维持生境多样性和交流通道的顺畅也是河流系统健康与否的标志之一。

（1）河流的水量必须是充足的。与河流相关的生态系统如河岸带、河道等系统都需要充足的水量来维持其自身的完整性和稳定性。当一个地区的河流在自然因素和人为因素共同影响下，生态需水量供应不足，就容易发生诸如河道萎缩、两岸涉水植被退化、水生动物种群衰退，从而使得生态系统失衡，甚至遭到不可逆转的破坏。

（2）河流的水流运动应该是连续和顺畅的。水流运动连续性的破坏不仅会影响到水中营养物质的迁移和输运，同时对水中生物的迁徙和成长具有重要的影响，特别是对一些特殊的洄游水生生物。如在河流上游修建挡水建筑物，一方面使得泥沙、营养颗粒等在上游沉降淤积，使得进入下游的营养物质减少，不但使得上游库区容易出现富营养化等水环境恶化现象，而且会使得下游生物的营养物质、能量等的来源减少，造成下游生物种群数量减少、物种的迁徙或是替代；另一方面，修建挡水建筑物以后不但会加剧下游河道的冲刷，而且使得下游河流两岸的地下水位线下降，导致下游河道生态系统的植物群落向不利方向发展。如果挡水建筑物不能为洄游性水生生物提供有效洄游通道，将有可能造成这些洄游生物在该区域的生存困境。

（3）河流生境应该是多样化的。自然条件下的河流，河势是蜿蜒曲折的、水流在急流

与缓流之间不断变化、河道在弯道及浅滩之间相间，水深在深潭与浅滩之间交错。总之，河流的生境是多种多样的。但在人类活动的长期影响之下，常常造成河道纵向渠道化和裁弯取直、横向规则化，使得河流生境的异质性降低，造成水域生态系统的结构与功能随之发生变化。特别是导致生物种群的多样性降低，会进一步引起河流生态系统的退化。这种退化常常具体表现为：河滨植被、河流植物的面积减少，微生境的生物多样性降低，鱼类的产卵条件发生变化，鸟类、两栖动物和昆虫的栖息地改变或避难所消失等。因此，河流生境多样性的降低，最直接的结果是造成生物种群分布的变化，再严重的话就会造成种群数量的减少，甚至会导致某些物种在该区域的灭绝。

（4）陆地水域之间的物质、能量、生物交流通道是顺畅的。对于自然河流，从陆地到洪泛区再到河道，相互之间的物质、能量、生物都能够进行无障碍地迁移、运输和交流。但随着对河流人工干预的增多，为了尽快下泄洪水、保证防洪安全，往往对河流的河床、河岸、堤防进行硬质化处理，这样一来不但切断或减少了地表水与地下水的有机联系通道，而且也使得原本在河床、河岸沙土、砾石或黏土中辛勤工作的、数目巨大的微生物的生存环境遭受严重破坏，生活在陆地水域交界带的一些两栖生物、甲壳类、穴居类生物的栖息环境受到严重破坏，原有水生植物和湿生植物也无法正常生长，从而进一步使得依赖原有植被的植食性的两栖动物、鸟类及昆虫失去食物来源。由此可以看出，陆地水域之间物质、能量、生物交流通道的破坏，有可能造成复杂食物链（网）在某些关键种或重要环节上断裂，从而对于流域生物群落多样性造成全局性的破坏。

3.1.2.4　具有较强的自适应和自调控能力，能在人工调节下持续发展

对河流而言，无论是其自然子系统还是社会子系统，其自身都具有一定的适应和自调控能力，并能利用这种能力适应或排除一定程度的干扰，以保持自身的相对稳定；或者促使系统从某一稳定态转化到另一稳定态，以适应新的环境变化。当河流系统一旦遭到某种因素的影响，整个系统都会对这种影响产生反应，系统状态也会随之发生变化，导致系统偏离其初始平衡状态。这时河流系统通过其自身的调节、适应或恢复能力使得河流达到新的平衡和稳定状态，河流的这种自我调节、适应和恢复能力也是判断河流是否健康的一个重要关键因素。在科学合理的人工调节和干预下，维持或增强健康河流系统所具有的弹性和稳定性，使之为人类和生态系统服务。不健康的河流其弹性和稳定性受到破坏或者全部丧失，导致河流的自适应和自调控能力减小甚至丧失，同时也会对人类及其生态环境造成危害。

3.1.2.5　具有较高的人类发展水平

河流系统健康作为人们对河流系统状态的一种认知，人类自身的发展水平就显得尤为重要。人类发展水平愈高，对河流系统健康的认知就更为深刻与全面，也就更能理解人水和谐共生和可持续发展的必要性，也更有意愿和能力去支持和践行对河流系统健康的维护和保护。根据联合国开发计划署（UNDP）公布的人类发展报告，对于人类发展水平的评估目前大都采用人类发展指数（Human Development Index，HDI）来进行。人类发展指数是对人类发展成就的总体衡量尺度，是衡量一个国家（地区）在人类发展的三个基本方面（健康长寿、知识的获取及经济水平）的平均发展水平。其中健康长寿用出生时预期寿命来衡量，对知识的获取采用平均受教育年限和预期受教育年限来评价，经济水平则用人

均国民总收入（GNI）来评估。

因此，对一个健康的河流系统而言，其区域内的人类社会应该处于一个较高的发展水平。这表明区域内的人民能够接受到更高程度的教育，使得人们更容易接受河流系统健康的理念，对河流系统健康内涵的理解也更为深入，也更容易理解和支持各种维护、改善和促进河流系统健康的措施；而且，由于区域内的经济发展水平也较高，使得河流管理者具备相应的经济能力采取各种工程措施和非工程措施去维护、改善和促进河流系统的健康。

3.1.3 河流系统健康的内涵

由河流系统健康的概念和特征可以看出，一个健康的河流系统应该具有的内涵如下。

3.1.3.1 表征了河流对区域可持续发展的支持能力

社会的可持续发展离不开河流对包括水资源在内的各种资源的供给，社会经济的发展也离不开河流系统的参与。河流在满足人类生存的需要和社会经济发展需要的同时还要保障河流自然子系统生态环境的安全。健康的河流系统体现了在一个地区的可持续发展过程中，河流自然生态子系统所能给予的最优支持程度。在水资源日益匮乏和水环境不断恶化的今天，河流越健康它所能提供的支持就越大；反之，则河流提供的支持就越小，甚至还会制约该地区的发展。

3.1.3.2 体现了河流开发利用过程中的科学发展观

在一个健康的河流系统中，其自然生态子系统在为社会子系统提供物质保障、满足社会子系统发展需要的同时，还能够保障该子系统自身的稳定和可持续发展。此时，河流自然生态子系统的结构与功能应处于稳定状态或者是朝着生物种类多样化、结构复杂化和功能完善化的方向发展；另外，包括水循环在内的物质、能量、物种的迁移转换等过程或通道没有遭到破坏等。因此，对河流系统而言，在保障系统健康的前提下对河流自然生态子系统进行开发利用时，其指导思想必将是科学的、可持续发展的，它从一个方面反映了如何在现有的河流状态下，最大程度地保障河流系统的健康安全及开发利用的科学性和可持续性。

3.1.3.3 体现了河流系统的弹性

一个河流系统的弹性，不仅反映在其自然生态子系统的自我调节和抗干扰的能力上，而且还体现在其社会子系统的自我调节能力上面。河流自然生态子系统的调节能力和抗干扰能力体现了它在面对干扰时保持其结构和功能的能力。而河流社会子系统的自我调节能力则体现在人类社会根据对河流现有认知程度的基础上，结合人类社会发展水平等条件对人类自身的活动和社会发展做出适当的调整和改变。一般而言，河流自然生态子系统的自我调节能力属于被动调节，而社会子系统的调节既可以是被动调节也可以是主动调节。

河流系统弹性的概念表达了河流根据自身所受胁迫（如水资源短缺、水环境污染、水灾害、人口密度、社会发展程度及其他生态干扰等）的程度，进行自我调节并重新达到新平衡的能力。河流系统的弹性越大，则河流系统维持健康的能力也就越强。

3.1.3.4 体现了人水和谐共处、协调发展的理念

在河流系统中，不仅河流自身需要发展，系统内部的人类社会也需要发展，不能为了保护河流而限制流域内人类社会的发展，也不能为了人类社会的发展对河流进行无限制的

索取和利用，乃至对河流自然生态子系统造成不可挽回的破坏。而河流系统健康不仅意味着河流自然生态子系统是健康的，同时也表明系统内部的人类社会子系统也是健康的。一方面，健康的河流系统不但可以维持和促进河流自然生态子系统向更为复杂、更为高级的方向发展，同时还能够为系统内部的社会子系统维持一定的发展水平或进一步的发展提供有效的资源和环境支撑；另一方面，一个健康的河流系统意味着系统内人类社会发展到较高水平，人民能够接受较高程度教育，对河流系统健康有较为深入的认知，能够理解和支持为维护、修复和保护河流系统健康所采取的各种措施，同时河流管理者也有足够的经济实力去实施这些措施，从而促进河流自然生态子系统的健康发展。因此，一个健康的河流系统不但能够实现人水和谐共处，而且也能够实现人与河流的可持续协调发展。

3.1.4　河流系统健康的影响因素

从宏观角度来看，健康的河流系统是自然环境、人工环境和人类活动在时空上互相叠加、联合作用的产物，是自然生态子系统和社会子系统和谐共处的有机结合体。其各组成要素之间相互依靠一定的信息或通过人类活动产生相互联系和作用，从而使得各组成要素在时间和空间上形成特定的分布组合，并共同实现和完成河流系统的各项功能。因此，河流系统的健康也就具有双重属性：自然属性和社会属性，这也就决定了影响河流系统健康状态的因素包括自然因素和人为因素。

河流系统在自然和人为这两类因素的单独或联合作用下其健康状态都会发生变化，如果这种变化在系统的弹性调节范围内，那么系统通过与环境的物质、能量和信息的交换及内部的自组织和自调节就可以达到新的稳定态，并使系统向更复杂、稳定和有序的方向发展，即河流系统健康状态的变化是：稳定状态→非稳定状态→健康稳定状态的过程。如果这种变化超过一定的阈值，也就是超过了河流系统的自我调节能力，系统的弹性受到破坏，系统就会展现出环境生产力衰退、系统结构功能失调、物质循环和能量交换受阻甚至发生物种迁移灭绝等现象，最终导致河流系统的歧化、退化甚至崩溃。对河流系统的健康状态而言就是产生健康病变，从健康状态病变为非健康状态，甚至是病危。

自然因素在河流系统中决定了河流自然生态子系统的自我调节能力（弹性能力）和演化进程。而在复杂的河流系统内，人类的任何活动都会对河流系统造成一定程度的扰动。因此，可以从自然因素和人类活动两方面分析影响河流系统健康状态变化的主要因素。

3.1.4.1　自然因素

影响河流系统健康的自然因素主要包括气候、流速、流量、水质、河岸土壤与植被、水生生物、河床基质、河床形态及自然灾害等。总体上看，河流在自然发展条件下，除非发生大规模的地质运动或自然灾害，河流自然环境的演变是一个相对缓慢的连续过程，在这个过程中河流系统有足够的时间和空间来调整适应新的环境。但对于现代河流，由于人类活动对自然地理、气候等环境要素的影响和改变，河流自然环境的变化往往成为一种快速的突变，对河流系统健康的影响变得快速而直接。

自然因素对河流系统健康的影响主要体现在河流系统的基础条件及对各种胁迫的反应两个方面。①河流自然生态子系统各组成要素的时空分布、河流的地形地貌、河流水文条件是河流系统健康的基础，它决定了天然河流所具有的功能；②河岸带土壤与植被、河床

形态、河床基质、水生生物、水流流量、水质、流速条件等因素又是河流自然子系统对外界干预做出响应的基础，它们决定着河流自然生态子系统的弹性、自然生态子系统的自身稳定性以及自身的修复能力。

3.1.4.2　人为因素

随着人类社会的发展和人口数量的不断增长，人类活动对河流的影响越来越深入和广泛，人为因素已经成为当今河流系统健康态势持续恶化的主要原因。在自然条件下，除非出现气候、洪水、地质灾变等极端情况，河流自然生态子系统自身的演变是缓慢的、持续的，其宏观变化只有在很长的时间尺度范围内才能显现出来。但在人类活动的影响和胁迫下，以比自然演变快得多的速度在短时间内改变了天然河流的自然进化进程，从而使人为因素代替自然因素成为影响河流健康的主导因素。人为因素主要包括对水资源在内的、河流资源的过渡开发利用程度，河流资源的利用能力等一系列的科学技术、管理水平等方面的因素。

对河流资源的开发利用压力是由河流系统中社会子系统的经济、社会、生活发展水平所决定的。当处在河流系统中的人类社会发展水平越高、人口数量越多，其对河流资源的需求也就越大，同样对河流系统健康的影响也就越大。河流系统中不同地区由于其人类社会的发展水平不同、人口密集程度不同，其对河流资源的需求也就不同。例如：在河流的上中下游，人类社会对其资源的需要就存在很大的区别。总体而言，在河流的中下游，由于人口的密集，其对河流的资源需求就很大，而在河流的上游则相对较少。

人类对河流资源的利用能力包括两个方面：①对河流资源的单次利用效率；②对河流资源的循环利用能力。河流资源的利用能力是与当地的相关科技、管理发展水平密切相关的。当这些科技、管理水平得到提高以后，首先其对资源的利用效率得到提高；其次还可以通过科学技术实现对河流资源进行循环利用。如通过建立污水处理设施对河流水资源进行循环利用，当提高了水资源循环利用能力，也就降低了对水资源总量需求的压力，也就减小了对河流系统健康的“伤害”程度。反之，当科技、管理水平较为落后的时候，不但对河流自然资源的利用效率低下，造成资源浪费，人为造成对河流资源需求的增加，而且也无法实现对河流资源的循环利用。

3.2　河流系统健康预警理论

河流作为一种需要与周围环境保持密切联系的开放系统，不但是人类赖以生存、发展所必需的淡水的主要来源，而且还能为相关生态环境的运行和发展提供支撑。一条健康的河流可以为区域社会经济的可持续发展提供可靠的物质支持。然而，由于长期以来对科学合理利用河流资源认识的不足，以及相关方法和理论体系的不完善，致使许多河流的健康在人类活动过程中遭到严重破坏。这种破坏常常体现在河流水体污染严重、生物多样性急剧下降、水灾害日益频繁、河岸带植被迅速退化、水土流失加剧等方面，这些问题有的已经严重到影响区域内人类生活的正常秩序。提出河流系统健康的概念是为了解决如何表征河流系统的状态、功能及人类社会与河流自然生态子系统关系的难题。但如何明确河流系统的健康状态和健康程度、准确预报河流系统健康的发展趋势及科学处置引发河流系统健康危机警源，是河流系统健康研究的核心所在。针对上述的问题，可以引入预警的理念来进行分析。由于预警本身就是集目标评价、预测及警源分析于一体的综合概念，因此通过开展河流系统健康预警研究，对河流系统的健康程度进行预警分析，预测、警示河流发展的问题，查证导致河流系统健康恶化警源因素，能够为河流管理部门的前瞻性决策提供更加可靠的科学依据。

3.2.1　河流系统健康预警的含义

最早的预警原本是指在灾害或灾难及其他需要防范的危险发生之前，根据过往总结的规律或观测得到的可能性前兆，向相关部门发出紧急信号、报告危险情况，以避免危害在不知情或准备不足的情况下发生，从而最大程度地降低危害所造成的损失的行为。也就是说，预警一般是对危机与危险状态的一种超前信息警报或警告（李升，2008）。现代预警机制一般是指当预警目标的构成模式接近或超过预警设定标准时，预示着预警目标即将可能面临的危机或危险状态，事前发出信息警报或警告。它是围绕某一特定目标展开的一整套检测和评价的理论和方法体系。预警的基础是对现状的评价和对未来状况的预测，从评价到预测、再到预警的过程也正是人们对预警对象认识上逐步深入的过程。

预警理论的应用实践最早是发生在军事领域的雷达预警及导弹防御系统，随着社会经济的发展，预警理论的应用也逐步扩大到了民用领域。最初是 19 世纪末法国学者在 1888 年巴黎统计学会上应用预警理论对经济进行了气象式的研究，开创了预警理论在经济学领域应用研究的先河（顾海兵，1995）。随着工业的快速发展，一些突发性和事故性的环境污染事件不断增加，20 世纪 70 年代开始预警理论被应用在环境领域，例如早期的莱茵河流域水污染预警系统（Puzicha，1994）及多瑙河流域水污染预警系统在区域污染的控制中都发挥了重要的作用（Gyorgy，1999）。如今预警理论已经在包括宏观经济、气候气象的预测预报、粮食安全供给、医疗、环境监测、工程地质及生态环境等多个领域和行业等到广泛应用。例如：美国环境保护基金会及自然资源保护委员会建立的全球变暖预警系统可以对全球的气温变化及其后果进行预报、美国国际开发运动制作的饥荒预警系统网络则是根据地区或国家的粮食生产情况对其饥荒情况进行预测、Jost borcherding 和 Brigitte Jantzz 1997 年建立的生物预警系统在有毒物质进入水体 30min 后就会发出预警信号（Gyorgy，1999）。预警理论在我国民用领域的应用研究起步较晚，直到 20 世纪 80 年代才开始进行宏观经济预警方面的理论研究，20 世纪 90 年代初步建立了中国特色的宏观监测预警系统（洪梅，2002；佘丛国 等，2003）。随着我国社会经济的迅猛发展，民用预警理论也在环境预测、气象预报、洪水预报、地震预报、农业生产预测、金融预警、企业管理等方面得到了广泛应用。随着世界各国对生态和水环境问题的日益重视，预警理论在生态环境、水环境、水资源可持续发展等领域的应用也迅速成为研究热点，尤其是在水环境预警、水环境安全预警、生态环境预警、区域水资源可持续利用等方面针对相关预警理论和实践开展了大量的研究工作，并取得了不少研究成果。

河流系统健康预警则是指对河流系统可持续发展能力和状态的研究，通过人类活动或自然演变过程对河流系统健康正负两个方面影响的综合分析，确定河流系统健康的演化趋势、速度及状态变化的动态过程，进而实施预测与报警，使得河流管理者能够提前采取针

对性措施，从而避免河流系统进入到不健康状态。通过开展河流系统健康预警理论和方法的研究，评价与预测人类活动对河流的影响，形成河流系统健康的动态响应机制，便于决策者确定和实施科学的管理。在此基础上，查找确认损害或者可能损害河流系统健康的主要影响因素，并据此采取科学的人工干预措施对河流进行系统调控，防止或阻止河流向无序化方向发展，并促进河流向更复杂、更稳定的方向演变。

因此，河流系统健康预警的目的就是建立起一套完整的、适当超前的河流系统健康预警体系，诊断河流系统的健康状态、预报警度、分析警源，为河流的可持续开发利用提供科学依据；并对人们在河流开发利用过程中对河流系统健康造成的不利影响及其程度提出警示，从而调节和规范人类活动的范围和强度。

3.2.2 河流系统健康评价、预测与预警的关系

预警在河流系统健康的研究中还是一个相对较新的概念，但与预警相关的评价和预测的概念却由来已久，它们之间既相互区别，又密切相关。

3.2.2.1 河流系统健康预警和评价的关系

预警和评价之间具有内在的、不可分割的逻辑关联，主要体现在：评价是预测的基础，而预测是预警的前提，预警则是对事物未来发展过程中的评价。从事物发展的宏观层面上看，预警是对研究对象所处状态的现状及未来发展趋势的一种评价，并判断其所处状态是否偏离正常态，然后根据状态偏离的不同程度发出相应的预警信号。

河流系统健康预警与河流系统健康评价两者的共同点在于关注的核心都是河流系统的健康状态。而河流系统健康预警与评价的区别则体现在以下两个方面：一方面，河流系统健康评价的重点是通过评价对河流系统过去或现在的健康状态进行等级划分，而河流系统健康预警则着重于对自然条件和人类活动引发的河流系统健康的变化趋势、变化后果进行预测和评价。另一方面，在常规河流系统健康评价中，并不能对河流系统健康的变化趋势、过程和后果进行持续的关注与分析，它是一种对河流系统已存在健康状态的评价、属于静态的分析评价；而河流系统健康预警侧重于不同时段的动态变化分析，其重点不仅在于明确河流系统健康的状态，而且在于利用先行指标和发展趋势判断未来河流系统健康的发展状况、度量未来河流系统健康风险强弱程度、分析变化结果，是对河流系统健康未来状态的预测、属于跟踪式的动态评价，而且还能根据评价结果查找相关警源、提出有关的警报信息，提前通知相关管理决策人员及时采取措施规避风险，以减少可能带来的损失。

3.2.2.2 河流系统健康预警和预测的关系

预警是在预测的基础上发展而来的，因此预警与预测在某种程度上是一致的，都是根据历史或现状数据资料来预测未来。但预警又不完全等同于预测，在河流系统的健康研究中，预警与预测之间的差异主要体现在以下几个方面。

（1）内涵广度不同：预警的内涵比预测更为宽广。预警的内涵既包含对河流系统健康现状的评价，也包括了对河流系统健康未来状况的预测，同时还能根据预测结果提供预警信息；而河流系统健康预测仅仅是对河流系统健康未来状况的一种估计。

（2）强调的重点不同：河流系统健康预警的一个重要特点就是强调人工干预的超前性与科学性，而河流系统健康预测则强调在时序上的预见性。预警着重对一定时段内河流系

统健康状态的发展变化过程，并根据警兆确定其健康状态的发展趋势，从而为人工干预提供依据；而预测则主要面向河流系统未来可能的健康状态，并不关注河流系统健康状态的发展历程或趋势。

（3）资料数据的要求不同：河流系统健康预警是根据过去和现在来推断将来，其使用的数据必须是对河流系统已发生的健康状态的描述，即数据反映的是河流系统健康状态曾经的实际情况；而预测所用的数据则不必是真实的实际数据，也可以是人为估计和预计的。

（4）预报结果不同：河流系统健康预警预报的结果是提供河流系统健康状态发展变化的态势即警素。一般针对每一种警情，都需给出相应的对策性建议或措施；而对于预测仅仅是一种对未来河流健康状态的一种预报，其预报的结果可以是定量的，也可以是定性的，而且也不需要给出相应的应对策略或措施。

（5）结果反映的含义不同：预测是在对系统变量的自身变化规律或是自变量与因变量之间变化规律研究的基础上，利用特定数学方法构建预测模型，从而对系统变量的变化趋势实施定量估计。而这种估计除了利用相关数学统计检验方法纯粹从数学分析的角度对预测变量的统计可靠性做出优劣的评价外，并不会从主观价值上对变量变化趋势的好坏进行评价分析。而河流系统健康预警除了具备上述的预测功能外，它还需要对预测值给出一个在人类主观价值上进行好坏评价的区间，也就是警限，使河流管理和决策者能够非常直观地把预测值与警限进行对比，从而为后续的人工干预提供决策依据。

由此可以看出，河流系统健康评价、预测、预警的核心都是河流系统健康的状态，三者有密切的关系。只有在完成河流系统健康评价的基础上，才能实现对河流系统健康状态的预测，有了河流系统健康的预测才能实施河流系统健康的预警。评价、预测、预警这三者是相辅相成的，前者是后者的前提和基础，后者是前者的深化和发展。因此，要实现对河流系统健康的科学、准确的预警，就必须实现对河流系统健康状态的准确评价及其发展趋势的科学预测，而优秀的评价、预测模型和算法也会进一步提高河流系统健康预警结果的可靠性。

3.3　河流系统健康预警的内容与特征

3.3.1　预警内容

对河流系统健康进行预警的目的是对河流系统健康的状态进行长期的跟踪与分析，以满足人水和谐共处、可持续共同发展的要求，其实质就是利用预警科学的基本理论和方法对河流系统健康状态的发展趋势进行预判。河流系统健康预警一般是根据目标河流系统的特点，构建其健康预警指标体系，并在对历史数据实施定性分析和定量评价的基础上，结合系统综合评价理论、预警理论和专家经验，确定预警指标的合理警限，通过对河流系统健康现状和未来的测度，及时预报河流系统向不健康方向发展的警情，为河流管理者提供及时、可靠、准确的反馈调控信息，同时也为区域内的人类活动提供指导与建议。

河流系统的健康预警可以分为狭义与广义两种情况。狭义的健康预警仅仅是针对河流

系统健康恶化的演化趋势发出警报；广义的健康预警则包含了发现河流系统健康的警情、查找确认引发警情的警源、分析与辨识警兆、预报警情的警度及排除警患的全过程。

3.3.1.1 明确警义

警义是指河流系统在发展变化过程中其健康状态出现警情的含义，一般通过警素和警度来体现。河流系统健康预警的目的就是要对河流系统发展变化过程中其健康状态可能出现的“危险点”或“危险区”作出预测并发出相应的警报信号，从而为河流系统的科学管理、控制和决策提供依据。这种“危险点”或“危险区”其实是河流系统发展过程中其健康处于一种不正常状态的反映，在预警理论中称之为警素。河流系统健康的警素代表值通常可以由能够体现河流系统健康特征的指标或指标体系结合一定的数学分析方法来计算得到，用以反映河流系统在一定时期内其健康状态出现了什么样的警情。而这些体现河流系统健康特征的指标或指标体系主要从河流自然生态环境、人类活动及人类社会发展等多方面的指标构成，例如：河流流量、水环境质量、河道物理结构形态、相关的生物多样性、河流景观结构、河流社会服务功能等，这些指标或指标体系也称为预警指标或预警指标体系。警素的严重程度被称为警度，警度反映的是河流系统健康的警情处于什么样的状态和程度，也就是警情的大小和严重程度。

对于一些简单对象的预警，一般可以用单项指标进行测度。如雨灾的警情指标是降雨、火灾的警情指标是火势、地震的警情指标是震波等。河流系统健康预警是一个复杂的系统问题，无法用单项指标来全面刻画，因此需要通过一系列的、反映河流系统不同方面的指标体系来衡量河流系统健康状况的警义。

3.3.1.2 寻找警源

所谓警源就是导致警情产生的根源。对河流系统而言，影响其健康的警源是指造成河流系统向不健康方向发展的根源。对于河流系统而言，其健康警源可分为两类：自然因素与人为因素。自然因素是在自然背景条件下所产生的警源，是指自然界中一些容易发生异常变化而导致自然灾害并由此引发河流系统健康警情的客观因素，如降雨导致水土流失、强降雨导致的山体滑坡、地震等；而人为因素是指由于人类活动直接导致河流系统健康产生警情的根源，包括社会、经济及政策等因素，如由于人口的快速扩展、工业生产需水量的增长、污水排放的增加等。警情往往是在自然因素与人为因素相互结合、互相影响下联合作用的结果，就现代河流而言，绝大多数情况下河流系统健康产生警情的根源都在于人类活动强度过大。寻找警源是分析警兆的基础，也是排除警患的前提，寻找警源是预警过程的起点。

3.3.1.3 分辨警兆

所谓警兆就是警情爆发前的预兆。在河流系统的健康预警过程中，如何辨识与分析警兆是其中的一个核心环节，直接关系到河流系统健康状态评价准确与否。只有当警源经过一定的量变积累过渡到质变的时候，才会导致警情的最终爆发，在这一过程中警情先后经历了孕育、发展、扩大并最终暴发等 4 个阶段。警情在暴发前总会在河流系统的不同方面、或多或少展现出一定的先兆迹象，即出现警兆。因此，警兆是一种先导现象，当我们用具体指标来体现时也可以称作先导指标。警兆与警情是休戚与共的，而警兆与警源之间的关系则较为复杂，它们之间既可以是直接关系，也可以是间接关系；可以是明确的显著关系，也可以是隐形的灰色或未知的黑色关系。因此，对河流系统健康的预警不能仅仅停留在对警源的分析上，而应该尽可能充分构建警源与警兆之间的关联。一般来说，不同的警兆对应着不同的警情，但在特定的时空条件下不同的警兆也可能表现出相同的警情。因此，有效的警兆辨识工作是河流系统健康预警评价过程中的关键组成部分。

3.3.1.4 预报警度

河流系统健康预警的一个重要目的就是预报警度，而准确的警度预报就必须全面、科学地分析各种因素对河流系统健康的影响程度，并建立起科学的预警指标体系。在整个河流系统健康预警过程中最为重要的环节之一就是确定一个与预警指标体系相适应的合理尺度，作为河流系统健康发展过程中的参考标准，并借此判断分析河流系统健康的某一警素是否已经出现，以及它的严重程度。

警度的划分方法较多，在相关历史数据资料齐全的情况下大多采用统计方法，按时间序列值的标准差划分预警区间；而对于资料数据空白或不全的情况，则大多采用三分法或五分法进行警度等级划分。在河流系统健康预警中，对于警度的划分采用常见的五分法，即将警度划分为五个级别：无警、轻警、中警、重警和巨警。为便于公众了解和识别，在很多情况下警度也采用五灯制显示系统，即利用绿、蓝、黄、橙和红五种不同颜色的信号灯分别对应不同的警度，而这五种不同颜色的信号灯也就是通常所说的预警信号。然而将警度具体划分为几个等级并不是确定警度的关键，其核心在于如何合理、清晰地确定预警评价指标在相邻警度之间的临界值即警限。警限是为了确定一个与预警指标所代表状况相适应的、科学合理的相对测度，并以此作为评估预测对象运行是否正常的衡量标准，或是用以判别预测对象运行过程中出现警兆或是警情的严重程度。当预警指标值超过其中某一警限时，表示其所代表状况出现了变化，相应的警度也将随之发生改变。与警度五种级别的划分相对应，警限也可以划分为无警警限、轻警警限、中警警限、重警警限、巨警警限。其中无警警限的确定最为关键，因为其代表的是评估预测对象运行是否正常的界限，也是表明是否存在警情的临界线。一般无警警限的设置有三种形式：有下限而无上限、有上限而无下限、既有上限又有下限。对于不同的预警指标而言，其不同警度划分的警限数值域一般情况下是不一样的，或者即使是同样的警限数值域，其代表的警度级别也可能是不一样的。

对于河流系统健康预警而言，科学合理地确定各个预警指标不同警度的警限是非常困难的。一方面河流系统是一个多要素、多层次和多功能的半自然、半人工的复杂系统，不仅要考虑河流自然生态子系统的问题，而且也要考虑区域内的人类社会子系统问题，同时还必须将河流自然生态子系统置于整个流域人类社会环境中进行分析；另一方面河流系统健康警情的严重程度本身就是一个人类的主观认识，“健康”与“不健康”、“有警”与“无警”之间其实都没有明确的分界线，这种主观认识不仅与评价对象有关，而且与评价主体的价值观和对评价对象的认识程度密切相关。在对河流系统健康实施预警时，目前还没有一种放之四海而皆准的确定警限的方法。因此，在针对某一特定的河流系统，在确定其预警指标的各个警限时需要结合具体情况，针对不同的预警指标采用不同的方法，如定量计算法、定性分析法、定量与定性相结合的方法等，最好是能够以一种方法为主、同时结合其他方法在综合多方面意见的基础上加以确定。在确定警限的过程中尤其需要关注相

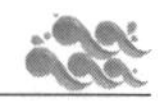

关领域内专家和目标对象所在区域的管理人员和社会公众的观点和意见。另外，警限的确定和警度的划分需要在稳定性和动态性两方面保持平衡。一方面，警限一旦确定应在一定时间尺度内保持相对的稳定；另一方面，警限也不能是一成不变的，需要随着河流系统中主次矛盾的转化、人类对河流系统健康认识的深入和科学技术、管理水平的不断提高进行调整和修正。

在预警理论中，警度预报的方法有两种：①建立关于警素的警度模型，直接由警兆的警级预测警素的警度；②建立关于警素的普通量化数学模型，先做出预测，然后根据警限转化为警度，目前这种方法在预警研究中最为常用。在警度预报过程中，还需要注意及时总结相关的经验方法，以利于进一步提高预警的可靠性。

3.3.1.5 排除警患

在河流系统健康预警过程中，在预报警度并发出预警信号后，河流管理者需要根据预警信号的等级，对目标河流系统及时采取排警调控措施（包括各种工程措施或非工程措施），以避免警情的发生，从而主动引导河流系统步入可持续发展的良性循环轨道。常用的排警调控模式有：①当河流系统处在健康运行的状态时，首要的任务就是维持河流系统原有的动态平衡状态，在适当条件下可以采取措施促进河流系统向更高级、更复杂的平衡方向发展；②当河流系统存在向不健康方向发展的趋势时，就要及时采取措施阻止和改变这种发展趋势使并引导河流系统向健康方向发展；③当河流系统已经处于不健康状态时，需要根据警度的不同采取不同的措施，引导河流从原来的不健康状态向健康状态方向发展，促使河流系统尽可能达到预期的健康状态。

总之，在河流系统健康预警过程中，明确河流系统健康的警义是前提、是河流系统健康预警研究的基础；寻找导致河流系统健康状态恶化的警源是对预警产生原因的分析，也是排除警患的基础；分析河流系统健康的警兆则是对关联因素的分析，是预报警度的基础；而预报河流系统健康状态的警度是排除警患的根据，排除警患则是河流系统健康预警的目的。

3.3.2 预警特征

3.3.2.1 预警的动态性

任何事物都是处在一个不断发展变化的过程中，河流系统健康的预警也不例外。在不同的社会经济发展阶段，由于受科学、文化和技术发展水平的限制，人们对河流健康内涵的认识就不同。最初对河流主要考虑的是其资源供给功能，尤其是水资源的供给；其后由于社会经济的快速发展导致水污染问题日益突出，人们才开始逐步考虑河流开发对河流及其周边生态环境的影响；而近年来，为了应对人口数量快速增长、水资源短缺和生态环境持续恶化的状况，提出了人水和谐共处、实现共同可持续发展的目标。因此，随着对河流系统健康认识的不断深入发展，其研究内容也会发展变化，相应地预警目标也会有所不同。

另外，对河流系统健康的预警具有一定的动态性，用以预测未来一段时间内河流系统健康状态演化的趋势和方向。而且这种预警的取值可以是多维的，不仅可以包含对未来一段时间序列内健康状态变化的预警（包括不同时段），也可以对这种变化速度的预警及出现状态质变点的预警等。

3.3.2.2　预警的专一性

河流系统在空间上可以看作是一个多层次的空间系统，既有规模等级差异，如大型、中型、小型河流等；又有类型的不同，如按人口密集程度划分为城市河流和乡村河流、按地形和坡降划分为平原河流和山区河流等。对于不同类型、不同规模的河流系统而言，即使是同样的影响因子，其在不同河流系统中所能发挥作用的差异性也是非常显著的。因此，针对每个具体的河流系统，在对其实施健康预警时都必须探索适合该河流系统自身特点的健康预警体系和方法，而不宜生搬硬套其他河流系统的预警模式和方法。因此，河流系统健康预警的专一性体现在针对不同的河流系统时，其健康预警的表现形式也会不同，河流系统研究的侧重点也不同，而根据预警结果需要采取的措施也会不尽相同。

3.3.2.3　预警的深刻性

针对河流系统健康的研究经历了从评价到预测再到预警，这也体现了人类对河流系统健康的认识是一个逐步发展和深入的过程。河流系统健康预测是建立在河流系统健康评价的基础上，而河流系统健康预警又是以一般的河流系统健康预测为前提。因此，河流系统健康预警的实现必然要以健康评价和健康预测工作为依托，也只有在对河流系统健康现状及其演化趋势深刻认识的基础上才能实现。在河流系统健康预警过程中揭示的健康问题，能够更为深刻和准确地阐明河流系统的健康本质及其变化规律，在此基础上实施的河流系统保护和管理措施也就具有更强的针对性和科学性。

3.3.2.4　预警的集中性

河流系统健康预警的目的并不仅仅是局限于对河流系统健康状态现状的评价和分析，而是突出其对河流系统健康状况未来发展趋势的预见性和警觉性。即预警主要是体现在某些人类活动对河流系统健康施加负向影响及危害的可能性预测上，并且集中在河流系统健康状态未来的恶化趋势和过程、严重的健康突变或恶化状态分析上，突出警源对河流系统健康可能造成危害的前瞻性警示。

3.3.2.5　警情的累积性

除非河流系统突然遭遇大规模的地质、气候灾害或是突发性的、高强度的人类干扰，河流系统健康状态的变化往往是在经过一定时间的量变积累后产生的质变结果。一方面，河流系统在持续遭受干扰特别是人类活动的干扰后，其健康状态的变化通常在短时间内并不会表现出来或表现不明显，但是这些系统健康隐患一旦累积到一定程度就可能会突然暴发，从而对河流系统健康造成某些不可预料的危害。另一方面，河流系统健康在遭受多种影响共同作用时，同时也存在着时间上的间断或是连续叠加作用的影响。也就是在上一次影响还未结束时，下一次的影响可能又在冲击河流系统的健康，现代河流系统所遭遇的健康问题多是在此类影响作用下产生的。因此，河流系统健康预警的不仅仅是取决于一次或几次影响作用、一类或几类影响作用的后果，而是多类影响、多次作用、长期累积的后果。

3.3.2.6　警兆的滞后性

由于警情的累积性特征，对河流系统干扰产生的后果大多数情况下都会相对滞后一段时间才能显露出来，也就是产生警兆。但问题在于当河流系统健康的警兆显露出来以后，

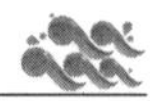

也就表明河流系统健康警情的危害性已经处于相当严重的程度了。因此，在对河流系统健康进行预警分析时，在预警指标体系中要相应地设置一些先验性指标，才能保证河流管理者能够根据预警结果采取有效措施。

3.3.2.7 警源的复杂性

当前的河流系统大多属于复杂的、开放性的、半自然、半人工系统，影响河流系统健康的因素之间常常存在替代、共生、此消彼长等复杂的关联，即使是对某一警源进行预警分析，也必须同时考虑到它与其他警源之间可能存在的种种联系。另外，人类对河流系统健康认知的局限性和科学技术发展水平的限制也是警源分析复杂的一个重要原因。

3.4 河流系统健康预警的分类

河流系统健康预警就是对河流系统健康状态的退化、恶化等逆化演替情况及时发出预警信号，并在查找警源的基础上采取科学合理的措施排除警患。因此，根据不同的需求与目的可以将河流系统健康预警分为不同的类型与层次。

3.4.1 按预警的内涵分类

按河流系统健康预警的内涵可将预警分为：非健康状态预警、健康状态恶化趋势预警、健康状态恶化速度预警、健康状态临界点预警和健康状态灾变预警 5 种类型。

(1) 非健康状态预警。对已处于非健康状态的河流系统做出预警。非健康状态预警还可进一步区分为亚健康状态预警和病态预警。

(2) 健康状态恶化趋势预警。河流系统的健康状态虽未达到恶化或病态的程度，但在不采取有效人工干预措施的情况下，河流系统的健康状态会持续向恶化或病态方向发展。此时就需要对河流系统健康状态的恶化趋势做出预警。

(3) 健康状态恶化速度预警。当河流系统健康状态从比较好或不坏的状态向恶化方向发展时，如果其恶化趋势迅猛，极有可能在短时间内就使得河流系统健康状态发展到恶化或病态，甚至病危的程度时，就需对河流系统健康状态的恶化速度进行预警。

(4) 健康状态临界点预警，是指河流系统健康状态尚未达到非健康状态，但在向恶化的方向发展，对其何时达到非健康状态的临界点或警戒线问题进行预警。

(5) 健康状态灾变预警，指由于河流系统在遭受大规模的自然灾害（包括地质灾害、气象灾害等）或由于人类活动造成的突发性灾害，可能导致河流系统的健康状态在极短时间内越过健康状态临界点而进入非健康状态，甚至还有可能进入病变、病危状态。这种由灾变性的自然因素或人类活动对河流系统健康造成的严重后果不可轻易忽视。

3.4.2 按预警对象分类

在河流系统健康预警中，按预警目标对象的不同可将预警分为单因子预警、子系统预警和全系统预警 3 种类型。

(1) 单因子预警，仅就河流系统中某一特殊因子的演化趋势、速度和后果实施预警，最为常见的有洪水预警、河床演变等。

（2）子系统预警，就是对河流系统中的某一子系统健康状况的演化趋势、速度或后果实施预警，例如水环境健康预警、河流生态系统健康预警等。

（3）全系统预警，在对整个河流系统的健康状态作出全面综合研究分析的基础上，对河流系统整体的健康演化趋势、速度或后果实施预警。

3.4.3 按预警的区域范围分类

在河流系统健康预警中，根据预警区域设置范围的不同可将预警分为全流域预警和区域预警。

（1）全流域预警，就是对河流系统流域范围内的整个系统、子系统或因子实施预警。

（2）区域预警，对河流系统中某一相对独立区域内的河流系统的健康状态实施预警。

3.5 河流系统健康预警尺度

尺度是考察事物（或现象）特征与变化的时空范围或时空频率，尺度的选择也标志着对研究目标细节需要了解的程度。在河流系统健康预警过程中所涉及的尺度主要是时空尺度，也就是空间尺度与时间尺度。尺度选择的不同，在一定程度上会影响到对系统中各影响因子间相互作用规律的正确认识，从而影响预警结果的科学性或实用性。尺度选择过大会降低健康预警指标的敏感性，而尺度选择过小则会淹没健康预警指标的真实影响并大幅度增加相关资料收集的成本。因此，选择适宜的时空尺度是实施河流系统健康预警的一个关键环节。

3.5.1 空间尺度的选取

在河流系统内开展的任何人类活动都首先需要明确一定的空间范围，也就是确定空间尺度。因此，只有建立在一定空间尺度上的河流系统健康预警才是切实可行的。对一般的河流系统而言，河流系统健康预警通常会涉及河流系统、流域、河段等几种空间尺度类型。

河流系统是以流动水体为媒介的、自然环境和人口、社会经济的综合融合体，河流系统的演变状态和各项功能的健全与否，主要取决于流域面积上的气候、地质地貌等自然条件和人口数量、社会经济发展状态。以河流系统为目标实施健康预警研究，有利于从系统、全局的高度出发综合考虑河流的健康问题。例如对于洄游性水生动物，在其生命史的不同阶段往往需要不同的栖息环境，这在北美著名的鲑鱼洄游上得到完美的体现。太平洋鲑鱼在每年的 7—10 月就会开始一场轰轰烈烈的洄游之旅，从海洋顺着河流向它们的淡水河流出生地进发，在抵达出生地产完卵后便死去，而鱼卵会在水中孵化成鱼苗后又顺流而下进入大海，直到性成熟时再回到原出生地产卵。河流从发源地到上游、中游、下游、尾闾乃至到河口区，地理环境的差异十分明显，对于一些大型的河流甚至在不同区段其气候特征的差异也很显著，使得在不同的河流区段都会有适应各自环境的水生生物存在，而且某些水生生物只能在特定的环境中生存，从河流全系统的角度出发也有利于维护河流的生物多样性。另外，在不同的河流区段内，人口密度和数量也不尽相同，当地的社会经济发展水平也有差异，对河流自然环境资源的需求和压力也不同。因此，从河流系统的角度出

发来综合考虑其健康状况是十分必要的。

流域通常是指由分水线所包围的河流地表集水区，其各个组成部分如干流、支流、通江湖泊和湿地之间具有一定的关联性特征，每一组成部分产生的健康问题都有可能扩散到河流系统的其他部分。另外，流域范围在时间上比较稳定，空间边界范围明确，通常情况下流域往往是河流系统的地理范围。

河流从发源地起源直至河口会流经一些不同的区域，特别是类似长江、黄河等大型河流更是会流经过很多不同的区域，这些区域间的自然环境状态、人口数量和社会经济发展水平差异较大，河流系统的空间变异性特征十分明显。因此，可以根据这些差异把河流系统视作是由一系列的区段河流系统组成的整体系统，这些区段就称之为河段。河段作为河流系统的一个组成单元，其空间尺度相对较小，但都具有各自的独特特征。以河段为单位对河流系统健康实施预警，可以详细、准确地把握河流系统在不同区域的健康状况、发展趋势、产生健康问题的具体原因及对相邻河段健康状态的影响，从而能够为河流系统健康维护提供准确有效和更具针对性的对策与建议。同时也可以为河流管理提供更为翔实的数据资料，有利于实现人水和谐共处、携手共同发展的管理目标。

对河流系统进行科学合理的河段划分，可以有效地提高河流系统健康预警的可靠性和准确度。河段的划分需要综合考虑河流系统中河床演变特征、水功能区划、珍稀动植物的保护、河流的开发利用、社会经济发展水平和行政区域划分等众多因素，在大多数情况下可以利用已有的河流功能区划为基础并结合预警的具体要求进行河段划分。科学合理的河段划分将使表征河流系统综合特性的因子更为准确和更具代表性、能更好地反映不同区域内河流结构和功能特征的变化趋势、能更精准揭示整个河流系统健康问题产生的原因，也有利于后续警源的查找和警患的排除。

3.5.2 时间尺度的设定

为了对河流系统健康状态实施预警，还需要确定预警的时间范围，也就是时间尺度。在我国，河流的建设与管理通常都是以河流规划为依据，管理部门一般都会提前对河流未来一段时间内的建设与管理工作提出发展规划，例如流域规划、防洪规划、水环境治理规划、河流景观规划等。这些河流规划的周期往往都是与当地的社会经济发展规划周期相适应，通常是以 5 年或 10 年作为一个周期。

因此，对于河流健康预警的时间尺度的选取，最好能以河流的这些计划或规划周期为依据并尽可能保持一致，这样一来无论是从相应的项目立项、资金安排还是人员调度、管理措施的调整都能够得到最大限度支持。另外，在某些特殊情况下（如针对单一因子实施预警时），预警时间尺度的选取还需要考虑空间尺度的效应。例如：在河流的流域管理范围内针对某个单一物种的管理与面向全流域系统的管理，在时间尺度上就会面临着不同的选择。对单一物种可以选择其生命周期或活动周期为时间尺度，而对流域系统的管理则需根据实际情况的不同来确定时间尺度。

由于河流系统健康预警是在已有的、历年河流系统健康状况评价资料的基础上进行的，已有健康评价资料的连续时间序列越长，则预测的准确性就越高，则其可靠预警的时间也就能相应延长。

3.6 河流系统健康预警体系

3.6.1 河流系统健康预警的霍尔三维结构

1969 年美国系统工程专家霍尔（A. D. Hall）为解决大型复杂系统的规划、组织、管理问题提出了一种三维结构图，称之为霍尔三维结构或霍尔的系统工程。与软系统方法论相对应，霍尔三维结构分析法有时也称之为硬系统方法论。霍尔的三维结构模式为解决大型的复杂问题提供了一种统一的思想方法，因而在各个领域都得到了广泛应用。霍尔三维结构的分析方法首先是将一个系统工程的整个活动过程分为前后紧密衔接的不同阶段和不同步骤，然后再考虑为实现这些阶段和步骤所需要的各种专业知识和技能，这样就形成了由时间维、逻辑维和知识维所组成的三维空间结构。其中，时间维表示该系统工程活动从开始到结束按时间顺序排列的全过程，如规划、拟订方案、研制、生产、安装、运行、更新等时间阶段；逻辑维是指时间维的每一个阶段内所需要完成的工作内容和应该遵循的思维程序，包括明确问题、确定目标、系统综合、系统分析、优化、决策、实施等逻辑步骤；而知识维则是列出完成各个阶段工作任务所需要运用的各种知识和技能，如工程、医学、建筑、商业、法律、管理、社会科学、艺术等学科知识。三维结构体系形象地描述了系统工程研究的框架，对其中任一阶段和每一个步骤，又可进一步展开，形成了分层次的树状体系（吕永波，2005）。

河流系统健康预警的研究对象是一个巨大的、半自然、半人工的复杂系统，因此它始终是以影响河流系统健康的自然、社会、经济等各个方面已存在和将来可能出现的问题为核心和导向。将霍尔的三维结构分析图引入河流系统健康预警体系的构建过程中，可以得到河流系统健康预警的三维结构图（图 3－1）。

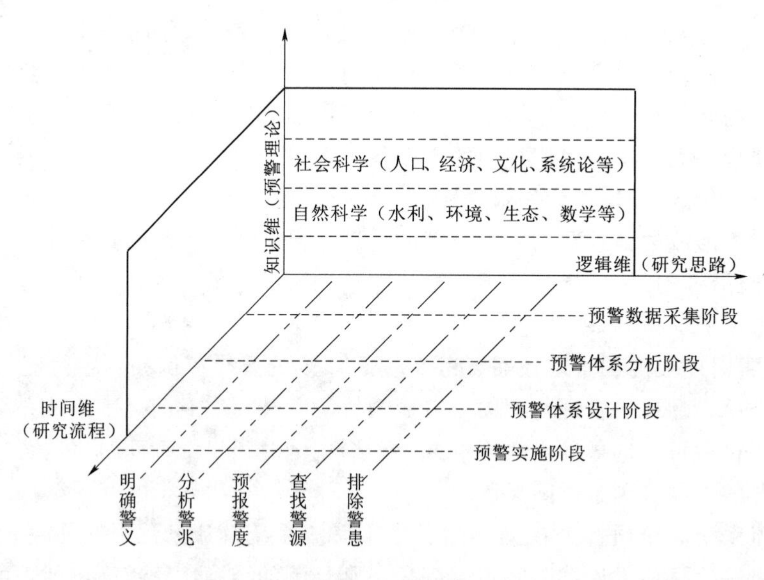

图 3－1 河流系统健康预警的三维结构图

在河流系统健康预警的三维结构图中，其时间维的组成要素主要有：预警数据采集阶段、预警体系分析阶段、预警体系设计阶段和预警实施阶段；逻辑维的组成要素主要有：明确警义、分析警兆、预报警度、寻找警源和排除警患。知识维的组成要素主要有：自然科学（包括水利、环境、生态、数学等）、社会科学（包括人口、经济、文化、系统论等）。

如果我们仅仅考虑河流系统健康预警三维结构图中的逻辑维，则可以得到河流系统健康预警的一维逻辑过程图，如图3-2所示。

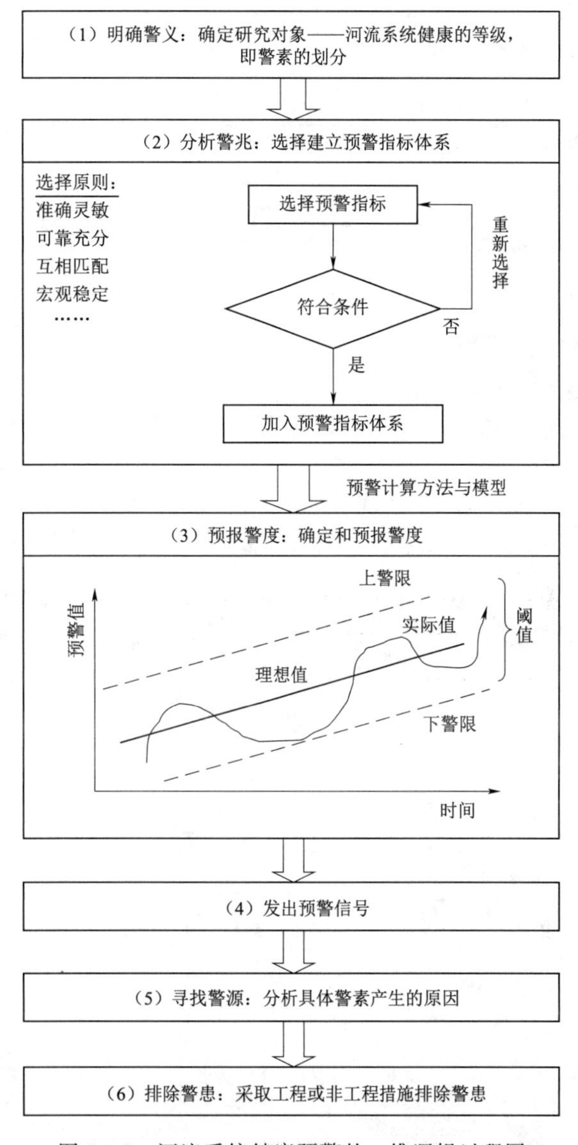

图3-2 河流系统健康预警的一维逻辑过程图

3.6.2 河流系统健康预警体系的构造

从河流系统健康预警的霍尔三维结构可以看出，一个完整的河流系统健康预警体系一般包含评价及预测、预警信号、警源查证与分析及排除警患等模块。其中评价及预测与预警信号模块共同完成河流系统健康的评价、预警分析及警度判断和预警信号的输出；警源查证模块是对导致河流系统健康报警的警源进行查找和分析，并确定导致河流系统不健康的主要警源；排除警患模块则是根据警源查证分析的结果对警源进行排除，同时利用工程措施或非工程措施对河流系统进行修复，并在修复后进行反馈以判断警患是否消除，各种措施是否合理有效。河流系统健康预警体系结构示意图如图3-3所示。

在整个预警体系中，评价与预测过程是其中的核心环节，它是整个体系实现预警功能的关键，它将解决河流系统健康评价及其健康状态未来演化趋势的问题，也是排除河流系统健康警患的基础。由于河流系统是一个复杂的、多变的、非线性的系统，因此利用预警指标体系结合评价算法、预警算法组成评价与预测模块，三者联合运行的结果就提供了河流系统未来一段时间的健康状态变化情况。其中河流系统健康预警指标体系是河流健康评价与预测模块的核心。

评价与预测模块采用的是“输入→计算→输出”的运行模式。因此，河流系统健康评

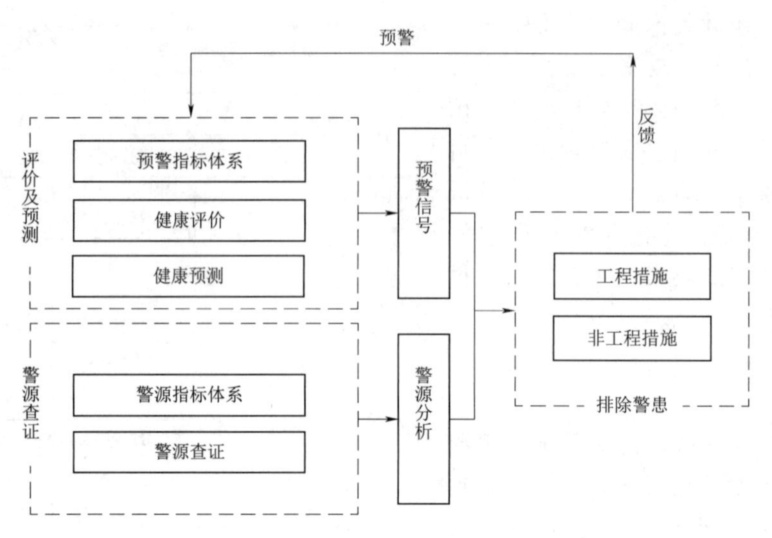

图 3-3　河流系统健康预警体系结构示意图

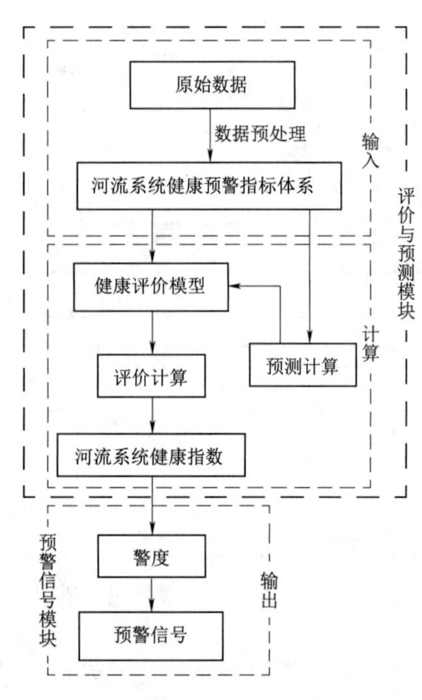

图 3-4　河流系统健康评价与预测模块结构示意图

价与预测模块的具体运行步骤为：首先通过河流系统健康预警指标体系接受输入的原始数据；然后利用河流系统评价及预测计算方法对输入的数据进行分析计算，并得到评价或预测结果；最后是将河流系统健康评价或预测结果输出至预警信号模块中完成警度预报。在这个过程中，河流系统健康预警指标体系是评价预测模块计算分析的基础，直接决定了整个模块的可靠程度；评价、预测计算方法是计算工具，决定着评价或预测结果的准确性；结果输出是目的，其输出的清晰程度则是由建立的数字与信号关联性能来决定。河流系统健康评价与预测模块结构示意图如图 3-4 所示。

从图 3-4 可以看出，数据输入部分重点是建立起能科学的、全面的、能够反映河流系统健康程度的预警指标体系，同时对原始数据进行处理，消除量级和单位的影响；对数据进行分析计算则是评价与预测的重点，其中算法的选取尤为关键。对于已输入的各指标数据，通过计算，评价、预测河流系统健康程度并报告警度；数据输出部分则是对结果的表征，计算结果进入预警信号子模块，发出预警信号。然后再利用输出的预警结果结合警源查证与分析子系统，确定导致河流系统不健康的主要警源因素，通过针对性地人工调控处理，进行警患排除。

当通过河流系统健康评价与预测模块判断河流系统健康出现问题并发出预警信号后，预警体系下一步的重点就是查证导致河流系统健康出现问题的警源，并对其进行分析判

别，确定导致河流系统健康报警的主要警源。此时，警源查证模块中警源指标体系的构建就是其中的关键。

3.6.3 河流健康预警体系的功能

对河流系统健康进行预警，不但可以为河流管理部门的科学决策提供超前的科学建议，而且还能够协助更高决策层对河流系统自然资源未来的开发利用与保护、区域社会经济发展的速度、水平及人口规模等制定切实有效的发展规划路线。同时也能够向区域内的公众解释和宣传河流保护的重要性，并引导公众参与到河流系统健康保护的过程中去，从而把对河流健康的科学管理和公众的积极参与完美结合起来，为促进人水和谐共处、携手共同发展创造良好的环境。

开展河流系统健康预警，其最直接的作用就是使得河流管理者能够对河流系统在现有状况下其健康状态的未来发展趋势提前进行分析判断，以利于对河流系统的发展实施中长期规划。另外，通过调整河流系统健康预警体系的输入输出过程也能够反映出系统结构中的反馈效应，即首先依据河流系统健康预警体系的输出状态来进行决策控制，然后把采取措施后的河流系统健康状态作为输入，再次进行系统的输入输出的评判，其运行机制示意图如图 3－5 所示。

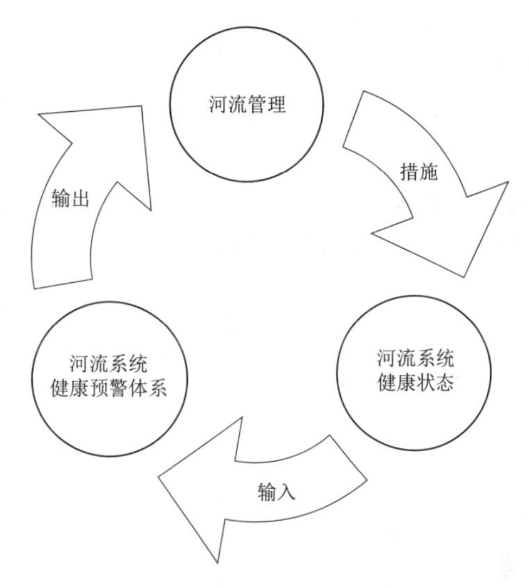

图 3－5　河流系统健康预警体系运行机制示意图

通过这种反馈方式，河流管理者可以及时准确掌握河流系统健康状态的变化，一旦发现河流系统健康状态及输出结果与预期目标有较大程度的负偏离，就可以提前采取纠偏措施来引导系统的发展，使系统的运行状态和输出结果与原有目标尽可能保持一致，确保河流系统健康管理目标的实现。

通过这种反馈，河流管理者还可以提前判断将要采取的措施是否有利于改善河流系统的健康状态，从而为促进河流系统向健康方向发展提供最优化的方案。另外，也能够提前分析人类自身活动对河流系统健康可能造成的影响，如可以提前判断新增的水资源开发利用、工农业生产等活动对河流系统健康可能造成的影响，如果这种影响属于负面且超过河流系自身的弹性（调控能力），则有必要对人类这种活动的强度、范围进行限制或者修改，直至取消。

河流系统健康预警体系的主要目的就是预防、纠正河流系统向不健康方向发展的趋势。将河流系统健康状况时刻处于管理者的有效管理之下，随时关注河流系统健康的演化趋势，以求达到人水和谐共处、可持续发展的目的。具体而言，河流系统健康预警体系的主要功能如下。

（1）评价预报功能。河流系统健康预警体系可以同步实现对河流系统健康状态的判断和发展趋势的预测。通过判断河流系统健康受损的程度，及时反映河流系统健康的状态，这是河流系统健康预警体系的评价功能。掌握河流系统健康未来的演化趋势，警示河流系统健康状态发展的可能变化，有利于提前采取干预措施，阻止河流系统向不健康的方向发展，这是预警体系中的趋势预报功能。及时准确地掌握河流系统健康的现状和未来的发展趋势，是实施河流系统健康预警的前提和基础。

（2）警告及警源回溯功能。通过河流系统健康预警体系不仅可以实现对河流系统健康的评价和预报，还具有相应的警报功能。它能警告管理者河流系统健康状态正在向不健康方向发展或未来可能要向不健康方向发展，识别导致河流系统出现不健康症状的原因，协助河流管理者通过人工干预措施，缓解或避免河流系统各种不健康的症状。通过对河流系统健康影响因素的全面分析，确定导致河流系统状态向不健康方向发展的警源，进而寻找形成警源的自然因素或人类活动因素，以便予以适当干预，这就是预警体系中的警源回溯功能。

（3）预控功能。河流管理者根据预警体系的分析结果，就可以针对可能发生的警情，提前实施人工调控措施以排除警患。由于采取的措施是针对河流系统未来的健康状态，因此预控措施的科学性、可行性与合理性将决定着河流系统健康未来的发展趋势，从而使得对河流系统健康的研究从静态分析转变为动态调控，这也就是预警体系所谓的超前性调控。

总之，河流系统健康预警就是以预警理论为主体理念，以河流系统健康为目的，把预警本身具有的各种功能与河流系统健康概念相结合，从而实现河流系统健康的可控性和预控性。

第 4 章　河流系统健康预警指标体系

4.1　当前常用预警方法

对河流系统的健康进行预警，其实质是在对河流系统状态客观评价的基础上，根据流域经济、社会的发展需求及河流自然生态子系统的发展趋势，对河流系统未来某一时段的健康状况进行预测，并判断其是否处于警戒区间。如果处于警戒区间则在给出警度的同时，发出相应的预警信号。在发出预警信号后，通过一定的程序和方法查找并确定导致报警的警源，然后河流管理部门可以提前采取科学的调控措施（包括工程或非工程措施）对其进行人工干预以消除警源，以避免河流系统未来的健康状况出现恶化，从而保障河流系统在健康状态下的可持续发展。由于河流系统的复杂性、河流系统健康预警的综合性，不可能通过单一因子完成河流系统健康状态的预警，应从系统论的角度综合分析、实施河流系统健康的预警。

在预警理论应用到不同领域后，根据不同的需求逐渐发展出很多不同类型的预警方法。人们通常按颜色对已有的预警方法进行分类，一般可以分为：黑色、红色、黄色、绿色和白色预警等五种类型。每一种类型的预警方法都有各自完整的预警步骤和流程，只是在具体应用时在某些方面会有所差别（顾海兵 等，1992；陶骏昌，1994）。

4.1.1　黑色预警方法

所谓黑色预警方法就是利用预警对象的某一代表性指标的时间序列变化规律对目标未来一段时间内的发展趋势进行预警分析，属于单因子预警的范畴。这种方法在预警过程中不需要引入警兆等因子作为自变量，仅仅考察警情指标按时间序列变化的规律，即循环波动特性。采用这种预警方法时，其选取的代表性指标一般都具有按时间周期性变化的特点，例如：流域内某个水文站测得的月降水量、河水位在一年内的波动等都可以采用黑色预警方法进行预警。

4.1.2　黄色预警方法

黄色预警有时也被称为灰色分析。它是根据警情预报的警度，是一种由因到果逐渐预警的过程，也是目前最为常用的预警方法（李升，2008）。在实际应用中最为常见的预警方式如下。

（1）指数预警：通过建立预警指标体系，利用反映警情的一些指标进行预警，即利用某种反映警级的警兆指数进行预警。由于对应某一个警情往往有若干个警兆指标，因此就需要对警兆进行综合。

（2）统计预警：就是通过对一系列警兆与警素之间的相关关系进行统计处理，然后根据警兆的警级，预测警情的警度。其具体流程包括：①对警兆与警素进行时差相关分析，确定其先导长度、先导强度；②依据警兆变动情况，确定警兆的警级，并结合警兆的重要性进行警级综合；③根据警级预报警度。

统计预警强调对入选警兆指标的统计显著性检验，其综合方法则不求规范；而指数预警对入选警兆指标的条件较为宽泛，其综合则比较程序化、规范化。

（3）模型预警：即在指数预警或统计预警方式基础上对预警的进一步分析，其实质是建立以警兆为自变量的滞后模型进行回归预测分析，目前常见的经济、环境等领域的预警多采用这一方法。根据河流系统健康预警的特点，其预警方法也将采用黄色预警方法中的模型预警方式。

4.1.3　红色预警方法

红色预警方法是一种将定性和定量分析相结合、但偏重定性分析的预警方法。这种方法首先对影响警情指标变化的各种因素进行全面分析，然后再通过对不同时期的结果进行对比分析，最后结合预测者的直觉、经验及其他相关专家、学者的估计进行预警。因此，红色预警方法大多应用于系统特别复杂、暂时无法掌握其内在运行规律的对象。

4.1.4　绿色预警方法

绿色预警方法依赖警素的生长态势，特别是农作物生长的绿色程度（绿色指数）预测农业、农田生态系统的未来状况，通常需要借助遥感技术获得资料。

4.1.5　白色预警方法

白色预警方法是在基本掌握警因的条件下用计量技术进行预测，目前仍处于探索阶段。

无论什么预警方法都必须以预警理论为基础，没有逻辑上合理的理论性假设条件，任何预警方法及预警模型都不可能得到正确的预警结果。另外，随着时间的变化，预警方法也应跟着相应调整。具体问题应该具体分析，应当采用最适合实际情况的预警方法。上述 5 种预警方法都有其各自的适用范围和领域，也有各自的优缺点。常见预警方法及其比较见表 4 - 1。

表 4 - 1　常见预警方法及其比较

预警方法	黑色	黄色	红色	绿色	白色
分析内容	定量	定量	偏定性	定量	定量
预警范畴	纵向	纵向与横向	纵向与横向	纵向	纵向
选取指标	关键指标	多种指标	综合指标	成长指标	警因指标
分析方法	波动分析	统计分析	模型分析	趋势分析	因素分析

从表 4 - 1 可以看出，上述所有 5 种预警方法其预警方式都是以预警指标为基础再结合相关分析方法来完成预警。通过预警指标或指标体系来实施预警具有简单、实用、易于

理解、操作快速的特点，因此选取合适的预警指标、构建科学合理的预警指标体系就成为预警研究的核心问题之一。

对于河流系统健康预警而言，其警情指标、警源指标和警兆指标是密切相关的。首先，警情指标是预警研究的对象，是用以表征河流系统中已存在或可能存在的健康问题。其次，警情产生于警源，但只有警源发展到一定程度后才会产生警兆。根据警兆指标的变化情况并结合警兆的报警区间，依据警素不同警度和警限的设置，就可以对警素的严重程度进行预报，也就是预报警度。最后，根据警素的警度对警源指标进行分析排查，确定导致河流系统健康恶化的主要因素，然后采取针对性的措施排除警患。因此，河流系统健康预警指标体系就是由一系列相互联系的、能灵敏反映河流系统健康次序与状况的、不同类型的统计指标有机结合所构成的整体。这个预警指标体系在河流系统健康预警过程中承担了描述河流系统健康现状的功能、评价功能和对河流系统健康未来发展趋势的预警导向功能。

4.2 河流系统健康预警指标体系构建原则与方法

指标是反映目标在一定时间和条件下某种特性或现象的概念和数值，如规模、大小、高低、程度、好坏等。指标一般由指标名称和指标值组成，指标名称反映的是目标对象的某种特性或现象，而指标值则是对这种特性或现象的具体体现，可以是具体的数值，如人口的增长率、经济发展的速度、河流的水位等；也可以是抽象的相对比较程度，河流风景的好与坏、河流的健康与病变、身高的高与矮、胖与瘦等。因此，指标可以分为定量指标与定性指标两种类型，但在实际运用过程中，对定性指标往往需要在量化后再使用。

对于某研究对象 **O** 而言，能够反映其中某个特征或某种属性的统计指标记为 $m_i(i=1,2,3,\cdots,N)$，则研究对象 **O** 可以表示为表征所有特征或属性的指标的集合体，即

$$\mathbf{O}=\{m_1,m_2,m_3,\cdots,m_N\} \tag{4-1}$$

式中：N 为研究对象 **O** 所有特征或属性的总数。

但在实际工作中，由于对研究对象认识可能存在的局限性，有些特征或属性还未被人所发现与认知；另外就是基于研究成本效应的考虑，是不可能把代表对象特性或属性的所有指标都完全集合起来。在绝大多数情况下都是根据研究对象的实际情况和研究需求，把研究对象中与研究目标有若干联系的指标结合在一起，围绕研究目标尽可能地从多方面认识和说明研究对象的特征及其规律性，这些围绕特定目标的指标也就组成一个特定的指标体系。因此，指标体系就是围绕特定目标、依据相关知识与理论、采取科学方法建立的、由一系列相互联系与相互制约的指标组成的集合。而河流系统健康预警指标体系就是围绕实现对河流系统的健康状态预警这个特定目标来构建，使所选用的全体指标能够形成一个层次分明、具有内在联系的、能够充分反映河流系统健康状态的指标系统。

4.2.1 预警指标体系的构建原则

由于河流系统健康涉及的学科领域众多，既包括了自然科学领域，也涉及了社会、人文科学领域，因此其预警指标体系必然是一个复杂的层次系统。由于河流系统同时具备自

然属性与社会属性特征，使得在河流系统健康预警指标体系中必然会同时包含自然属性和社会属性指标；对于某些社会属性指标无法采用量化数据直接表示而只能抽象的表达，如河流风景的好与坏、对河流管理是否满意等，因此预警指标体系中也会同时包含定性指标和定量指标。在河流系统健康预警指标体系中，预警指标数量越多，就会使得整个预警过程变得更加复杂，实施预警的难度也就越大，乃至无法完成预警任务。为降低河流系统健康预警指标体系的复杂程度，顺利实施河流系统健康预警，在预警指标体系构建的过程中，选取指标时既要尽可能完善指标体系的完备性，使其能够充分满足河流系统健康预警的要求，同时也要考虑到指标间反映河流系统健康特性的非重复性，尽可能使所建立的预警指标体系为河流系统健康预警指标集中的最小完备集。因而在选取河流系统健康预警指标形成体系时，需遵循以下几个主要原则。

4.2.1.1　科学性

河流健康预警指标体系构建过程中的科学性原则主要体现在三个方面：依据的理论科学、采用的方法科学并能够科学客观地反映现实。

科学的理论指导是构建合理、高效河流健康系统预警指标体系的前提。在河流系统健康预警指标体系构建过程中，必须充分依据相关的河流、生态环境、水利工程、系统论、健康及预警等众多领域的科学理论，科学合理地选择预警指标，使得构建的预警指标体系逻辑结构严密、科学高效，不但能科学地度量河流系统的基本特征，而且能够充分、客观、真实地反映河流系统的健康状态。

科学、切实可行的指标体系构建方法是构建合理、高效河流系统健康预警指标体系的重要手段。构建指标体系的方法有很多，如何选取最适合目标对象的方法尤为重要。其中最为关键的是要与目标对象的实际情况相结合，使得构建的河流系统健康预警指标体系可以实现对河流系统健康状况的客观、抽象描述，能够抓住河流系统中对健康最为重要、最本质和最具代表性的特征或属性。对河流系统健康状况的客观实际抽象描述得越清晰、越精炼、越符合实际，所构建的预警指标体系科学性也就越强。

4.2.1.2　系统性

构建的河流系统健康预警指标体系，其选取的预警指标必须能够系统覆盖健康预警所涉及的所有方面，而且还能够系统性地反映河流系统的健康状况。因此，河流系统健康预警指标体系的系统性不仅表现在预警指标选取的过程中，以系统论的思想为指导，从众多的影响因子中提取既能全面反映河流系统某种状态和功能的本质特征、又可以衡量在河流系统中与其他影响因子联系的紧密程度及其整体效应的指标；而且也体现在建成后的预警指标体系能够系统地剖析河流系统的整体健康状态、功能及其演化趋势。

4.2.1.3　代表性

在建立的河流健康预警指标体系中，各个预警指标都必须是能够充分表征河流系统健康某一方面本质特征的最主要变量，每个指标应能从不同的侧面度量河流系统健康的特征。指标的数量并不是越复杂越全面越好，确定指标时要适当取舍，既能抓住主要因素，又具有普遍代表性，并尽量减少指标的数量。

4.2.1.4　可行性

河流系统健康预警指标体系的构建应该围绕健康预警这个核心问题来进行，不但要求

在理论上是可行的，而且要求在技术上也必须是可行的，同时在实践中也是切实可行的。选择河流系统健康预警指标时，应该在尽可能简化的前提下选择易于获取、容易计算并且能在要求水平上反映河流系统健康状况的指标，也就是说指标应在度量技术、投入和时间上是可行的。另外，河流系统健康预警指标的数据采集应尽量节省成本，即利用最小的投入获得尽可能多的信息量。因此，河流系统健康预警指标的设置应尽可能利用现有的相关统计指标，同时也要适应河流所在区域的地方监测力量和技术水平，尽量与已有统计指标保持一致或两者之间存在显著的关联性。

4.2.1.5 准确敏感性

为了保证河流系统健康预警指标体系能够准确、及时地反映目标河流系统在自然演变和人工开发干预过程中出现的各种健康问题及其健康状况的变化发展趋势，要求预警指标必须对其所反映的特征或属性变化具备足够的灵敏性，也就是说预警指标要在其代表数值上能够及时、准确地显示出这种变化，尽可能降低由于时间滞后性带来的影响。

4.2.1.6 时空差异性

河流系统健康预警指标体系并不是放之四海而皆准、永恒不变的，它会随着地域、时间的差异发生改变。所谓的时空差异性是指对于不同地区的河流系统或是同一河流系统在不同的时间段，都会导致同一预警指标的指标值有所不同。因此，预警指标体系中的预警指标及其警限标准都应该根据河流系统所在区域或是在不同时间点做出相应的调整，从而符合特定区域、特定时间范围内河流系统的实际健康程度。

4.2.1.7 独立性

在构建河流系统健康预警指标体系的过程中，一些待选预警指标在反映河流系统的某些特征或属性时，相互之间不可避免地会存在一些信息上的重叠。在全面、准确反映河流系统健康状态的基础上，为了降低后期预警分析的难度、提高预警的准确性和可靠性，应尽量减少预警指标的数量。为此，在选取预警指标时应尽可能选择相对独立的指标，以减少指标之间的相互干扰和影响，从而增加河流系统健康预警的科学性和可靠性。

4.2.1.8 目标导向性

河流系统健康预警的目的不是单纯地对河流系统健康做出预报，更重要的是引导河流管理者的管理水平向更加科学的方向和目标发展，同时鼓励系统内的公众能够积极参与到河流系统健康的维护和保护，促进人与河流的可持续协调发展。因此，河流系统健康预警指标体系要体现出与河流系统健康总体战略目标一致的策略，以规范和引导河流系统未来发展的行为和方向。

4.2.2 预警指标体系构建方法

河流系统健康预警指标体系在构建过程中应充分考虑河流系统健康的不同方面，以保证预警指标体系的全面性和可靠性。为达到这个目标，预警指标体系中可以允许预警指标之间存在部分重复，也可以允许预警指标的难操作性，但要避免预警指标的不可操作性，也绝对不允许存在与河流系统健康无关的指标和内涵不明确的指标。一般常见的指标体系构建方法有：分析法、德尔菲（Delphi）专家咨询法、综合法和指标属性分组法等，各方法简介如下（刘仁 等，2013）。

（1）分析法就是将评估对象中对评估目的不同方面的影响因素，划分为不同的组或不同的集合，并明确各个组或集合所反映问题的内涵和外延及与评估目的之间的联系，然后对每个组或集合分别选择一个或几个指标来反映评估对象在评估目的上的特征。

（2）德尔菲专家咨询法的本质是系统分析方法在价值判断上的延伸。该方法是专家利用其经验和智慧，在对目标对象充分了解的基础上，经过抽象、概括、综合、推理后得出各自的指标集结果，然后针对不同专家的各自见解，再经汇总分析而得出最终指标集。在使用该方法时，选用合适的专家是成功的关键。

（3）综合法是指对现有的指标体系进行综合归纳，并对综合后的指标进行聚类分析，找出其中最具代表性的指标，从而形成新的指标体系的方法。综合法通常适用于对现有的评估指标体系进行完善与发展。

（4）指标属性分组法是根据指标本身就具有许多不同属性和有不同的表现形式，在初建评估指标体系时，可以从指标属性的角度构建指标体系中的指标。

初建指标体系的方法很多，在指标体系构建过程中还是需要紧密结合具体情况，针对目标对象的具体特征，在权衡各方法优缺点的基础上进行选择，也可采取多种方法相结合，以达到取长补短的目的。

4.3　河流系统健康预警指标体系的构建

4.3.1　河流系统健康预警指标体系的构成

根据河流系统健康预警的含义和内容，河流系统健康预警指标体系主要由三种指标组成，分别是警情指标、警兆指标和警源指标。

4.3.1.1　警情指标

所谓警情就是指事物在发展过程中打破了原有的平衡、偏离其正常的状态并导致事物向负向发展而显现出的异常情况。对于河流系统健康而言，其警情就是河流系统健康状态由于已存在或未来可能出现的问题，导致河流系统的健康状况偏离了正常的健康状态并向病变的方向发展。而这种用来描述和刻画健康状况的统计指标就称为警情指标，有时也称之为警素。

4.3.1.2　警兆指标

所谓警兆就是警素发生异常变化导致警情暴发之前出现的先兆，而用来描述和刻画警兆的统计指标就称为警兆指标。在预警指标体系中警兆指标又称先导或先行指标，它是预警指标体系中的主体，是唯一能够直接提供预警信号的指标。警情与警兆之间并不存在一一对应的关系，不同的警兆既可能产生不同的警情，也有可能导致相同的警情；而同样的警情有可能有同样的警兆出现，但也不排除有不同的警兆产生。

在河流系统健康预警指标体系中，警兆指标涉及河流系统的自然生态环境、社会经济活动及人类发展水平等多方面的因素或目标，这些因素或目标之间既互相影响又互相制约。因此构建的警兆指标体系是由不同方面、不同层次指标构成的具有层次性和结构性特征的有机整体。

在河流系统健康预警指标体系中，警情指标和警兆指标承担了对河流系统健康进行评估和预测的主要功能。

4.3.1.3 警源指标

警源就是警情产生的根源，而用以描述和刻画警源的统计指标就称为警源指标。对河流系统而言，根据警源发生或产生的根源可以将警源指标分为两大类：一类是自然环境因素引发的警源即自然警源指标，如地质运动（地震、火山爆发、塌方等）、气象因子（温度、降雨、风速等）、河岸植被状况（植被覆盖度、本土植被状况等）、河流水文（流量、水位、泥沙含量等）等；另一类是由于人类活动造成的警源，如长距离引（调）水、修建涉水建筑物破坏河流的连通性、工业污染物排放、农业污染物排放、生活污水排放等。从上述警源产生的根源可以看出，对于绝大多数的自然警源而言，在短时间内都是无法进行人工直接调控的，而对于人类活动造成的警源则基本都可以根据发展需要进行人工调节。

4.3.2 警情指标

河流系统健康的警情指标可以用河流系统健康指数（River System Health Index，RSHI）来表示，该指数采用百分制。根据河流系统健康内涵和预警理论，结合有关规范和标准，将 RSHI 指数利用五分法将河流系统的健康等级划分为：健康、亚健康、轻度病变、重度病变、病危，其相应的警度也分为五级：无警、轻警、中警、重警、巨警；对应的预警信号则分别为：绿色、蓝色、黄色、橙色、红色。河流系统健康等级及警度划分见表 4-2。

表 4-2　河流系统健康等级及警度划分

健康指数（RSHI）	健康等级	河流系统健康状态描述	警度	信号
[80～100]	健康	河流自然生态子系统稳定，河流在维持其各项生态环境功能正常运转的同时，向更加多样化、复杂化的方向发展。河流不但能够满足当前人类社会经济对其资源、环境的合理要求，还能够支持其流域社会经济的进一步发展	无警	绿色
[60～80)	亚健康	河流自然生态子系统基本稳定，能够维持其大部分生态环境功能的正常运转，基本能够满足当前人类社会对其资源环境的要求。但自然生态子系统的自我调节能力已经接近其极限。如果不对河流系统实施有效的人工干预，进行保护和修复的话，对河流自然生态子系统较小程度的破坏都会导致河流系统健康向病变的方向发展。此时的河流系统是处于健康和疾病之间的一种状态	轻警	蓝色
[40～60)	轻度病变	河流自然生态子系统的稳定已经受到破坏，部分功能也受到损坏，无法继续维持流域社会现有的社会经济活动水平。如果不对河流系统及时采取强有力的干预措施，保护和修复河流自然生态系统的话，会导致河流系统健康状况向重度病变方向发展	中警	黄色
[20～40)	重度病变	河流系统的自然生态子系统受到重大破坏，其健康状态继续恶化。河流能够为流域社会提供的资源、环境和其他功能极其有限，不但无法为流域人类社会提供有效的支持和帮助，反而会制约现有社会经济活动。如不实施大规模的人为干预，其自然生态子系统必将走向崩溃	重警	橙色
<20	病危	河流系统的自然生态子系统基本崩溃，无法为流域的当前社会提供有效的资源和环境，作为河流的各项功能基本丧失。基本丧失通过人工干预的方式恢复河流系统健康的可能	巨警	红色

4.3.3 警兆指标

河流系统健康预警的警兆指标主要由三个方面的指标组成：自然生态环境、社会服务功能和人类发展水平。

4.3.3.1 自然生态环境

河流自然生态子系统和其他生态系统一样也是由生物群落和无机环境两大部分组成的，其主要特征、功能和属性可以通过其结构组成来反映和体现。通常可以将河流自然生态子系统看成由河流物理结构形态、水文要素和河流生物三类要素组成，通过这三类要素间卓有成效的相互作用与相互影响，才使得河流自然生态子系统得以正常运行。因此，针对上述三大要素分别构建各自的评价指标集，使其能够准确有效地反映河流生态系统特征。

1. 河流物理结构形态

河流的物理形态和构造是河流自然生态子系统非生物环境的物质基础之一，直接影响到生态系统中生物的多样性、种群数量及河流系统所展现出来的社会属性。河流物理结构形态一般包括河流的空间形态、空间连通性及河岸带状况等方面。

（1）河流空间形态。河流从起源地到河口的过程中，由于沿途地理、气候、水文等条件的差异，使得河流基本都是蜿蜒前行。在蜿蜒前行的过程中使得河流沿途形成了急流与缓流、深潭与浅滩、沙洲、沼泽和湿地等丰富多样的生境，从而为促进和维持河流生物群落的多样性提供了必要的环境基础。对于河流的这种蜿蜒特性可以通过河道的蜿蜒度来反映，蜿蜒度大小为河道在平面上的直线距离与河道中心线的实际曲线长度之比，计算公式为

$$C_{SR}=\frac{L_c}{L_l} \tag{4-2}$$

式中：L_c 为河道中心线的实际曲线长度；L_l 为河道起点到终点的直线长度。

蜿蜒度 C_{SR} 的值越大，表示河段越弯曲。在自然情况下不同的河流类型有不同的蜿蜒度，Rosgen（1994）曾对此做了详细地描述，不同类型河流对应的蜿蜒度如表 4-3 所示。

表 4-3　不同河流对应的蜿蜒度

河流蜿蜒度（C_{SR}）	1.00	1.20	1.40	>1.40
河道类型	顺直河段	低度蜿蜒	中度蜿蜒	高度蜿蜒

蜿蜒度可以体现河流结构在平面上的多样性水平，因此对比河流蜿蜒度在某一时期内的变化程度，就可以反映出人类活动对河流蜿蜒性的影响程度。河流蜿蜒度的变化程度越大，意味着人类活动对河流物理形态结构的自然性和多样性的改变也就越大，也就表明河流自然生态子系统受到的影响也就越大。

河流蜿蜒度变化度的计算如下：

$$\Delta C_{SR}=\frac{|C_{SRO}-C_{SRP}|}{C_{SRO}}\times100\% \tag{4-3}$$

式中：C_{SRO} 为河流的初始蜿蜒度，可以利用河流已有的最早记录资料计算的蜿蜒度代替；

C_{SRP} 为河流的当前蜿蜒度。

河流蜿蜒度变化度的评分设置见表 4-4。

表 4-4　　河流蜿蜒度变化度评分表

ΔC_{SR}	≤1%	1%～3%	3%～5%	5%～8%	8%～10%	>10%
评分	100	80	60	40	20	0

（2）空间连通性。河流的空间连通性主要是指河流结构在三维空间上的连通程度，包括横向、纵向和垂向连通性，主要体现在河流是否能够在空间三维方向上进行无阻碍的物质、能量和生物的交流，这种空间连通性在很多情况下都体现在水流运动的连续性上。因此，保持河流中水流运动的连续性不但有利于维持河流的正常演变、水生生物的生活栖息环境和物种的遗传特性，而且对于保持生物自由迁移通道和营养物质输送通道的畅通、维持河流系统的整体性都具有重要的意义。

人类对河流自然生态子系统的利用、改造等活动都有可能对河流的空间连通性造成不利影响，特别是在河道上修建的各种涉水建筑，如水电站、拦河坝、护岸工程等都会在不同程度上对河流连通性造成不利影响。另外，人类的其他一些活动也会间接影响到河流的连通性，如水功能区中的排污控制区，由于水体质量较差，不但会影响到该区域内的生物生活栖息和生存，而且容易通过水环境对上下游的生物形成阻隔效应。在此主要研究人类活动所造成的物理阻隔对河流空间连续性的影响，用连通性指标来反映这种影响程度。

1）横向连通性。河流横向连通性反映的是主河槽同洪泛区或周围湿地之间的连通状况。通过河流的横向连通不仅可以对洪水进行适当调蓄，而且也是河流许多生态过程完成的重要途径。人类为预防洪水而修建的堤防、护岸等设施破坏了自然河流与周边陆地生态环境的这种连通性。

河流横向连通性指标用于表征人类活动对河流横向连通的干扰程度，通过河流两岸修建的人工硬质堤防长度占河流总岸线长度的比率来表示，即河流横向连通程度为

$$C_C=\frac{L_B}{L_0}\times 100\% \tag{4-4}$$

式中：L_B 为河流两岸修建硬质堤防的总长度；L_0 为河流两岸岸线的总长度。

河流横向连通性的评分计算公式为

$$C_{Cr}=(1-C_C)\times 100 \tag{4-5}$$

2）垂向连通性。河流的垂向连通性反映的是河道范围内地表水与地下水之间的连通、交换程度。河流修建的现代堤防（往往采用混凝土、浆砌石之类）及河道的衬砌都会破坏河流垂向水流过程和生物过程（如原河床微生物与土壤内的微生物之间的交流、穴居生物及两栖生物栖息环境等）的连续性，引起地下水位下降及河床生物破坏等不良后果。为表示人类活动对河流结构在垂向上的干扰程度，可用河道透水性来表示，即

$$C_V=\frac{S_{NA}}{S_A}\times 100\% \tag{4-6}$$

式中：S_A 为多年平均流量下的河道总面积；S_{NA} 为多年平均流量下的河道透水总面积。

河流垂向连通性的评分计算公式为

$$C_{Vr} - C_V \times 100 \tag{4-7}$$

3）纵向连通性。河流的纵向连通性反映的是河道上所修建的人工建筑物对水流在纵向上连续运动的影响程度。

河道上所修建的人工建筑物会直接改变水流的连续运动状态，一方面影响泥沙的输移，从而改变河势的演变趋势；另一方面，也会影响到水中营养物质的运输及鱼类等水生生物物种的迁徙。河流上最为常见的阻水建筑物一般有为闸、坝两种，因此对河流的纵向连通性可以通过闸/坝的阻隔评分（G_r 或 D_r）来进行评价，见表 4-5。

表 4-5　河流闸/坝阻隔评分表

鱼类迁移阻隔特征	水量及物质流通阻隔特征	评分（G_r 或 D_r）
无阻隔	对径流没有调节作用	0
有鱼道且正常运行	对径流有调节，下泄流量满足生态基流	−25
无鱼道，对部分鱼类迁移有阻隔作用	对径流有调节，下泄流量不满足生态基流	−75
迁移通道完全阻隔	部分时间导致断流	−100

河流纵向连通性（C_L）的评分采用的计算公式为

$$C_L = 100 + \min[(D_r)_i, (G_r)_i] \tag{4-8}$$

式中：$(D_r)_i$ 为评估断面下游河段大坝阻隔评分，（$i=1,\cdots,N_D$）；N_D 为下游大坝座数；$(G_r)_i$ 为评估断面下游河段水闸阻隔评分，（$j=1,\cdots,N_G$）；N_G 为下游水闸座数。

（3）河岸带状况。对于河岸带的定义目前存在广义和狭义两种解释。广义的河岸带是指靠近河边群落包括其组成、植物种类多度及土壤湿度等与高地植被明显不同的地带；而狭义的河岸带是指从水边到改变土地用途的陆地区域，连接河流与周围的集水区并覆盖有一定的植被，是陆地与河流之间的过渡地带。目前在河流健康研究中，大多数研究者都采用狭义的河岸带定义。

由于河岸带所处的特殊位置，使得该区域成为同时受水生和陆生环境强烈影响的陆地生境，因此形成了独特的空间特征和生态功能。已有研究表明，河岸带通过过滤和截留沉积物、水分及营养物质，允许或阻止特定生物通过等来协调河流横向（河边高地到河流水体）的物质、能量和物种流。另外，河岸带同时还能为两栖动物提供栖息地。因此，河岸带的健康是河流系统健康的一个不可或缺的组成部分。对河岸带的评价主要从以下几个方面实施：河岸带宽度、河岸带的岸坡稳定性、河岸带植被的纵向连续性、河岸带植被覆盖的垂向结构完整性、河岸带本土植被的覆盖状况、河岸带人工干扰程度等。

1）河岸带宽度。河岸带纵深的大小与生物栖息地有着密切的联系，像蜻蜓与萤火虫的羽化过程、在河岸穴居生物（如蟹、螯虾、蛤仔等）的生活生存及青蛙等两栖动物都离不开河岸带的存在。另外，河岸带也是河流中营养物质的主要来源之一，枯萎的树枝、树叶与某些掉落到水中的昆虫等都可以成为水生动物的食物来源。而河岸带植被通过对阳光的遮蔽可以使近岸水温保持季节性的恒温，同时近岸植被对途经河岸带进入水体的某些营养元素的吸收和吸附，可以有效地防止水藻的生长。由此可以看出，河岸带为河流水生态系统的正常运行提供了许多重要的生态支持，包括食物、物种、生物成长和栖息环境等，

是河流生态系统中不可或缺的重要组成部分。

如何判断河岸带是否有可能为河流水生态系统提供足够的生态支持，澳大利亚的 ISC 方法提供了一种从河岸带宽度的角度来进行判断的方法。ISC 根据河流宽度将其分为两个等级，小规模的河流（河宽小于 15m）和较大规模的河流（河宽不小于 15m），不同规模的河流及其对应的河岸带宽度指数可以由表 4-6 获得（Ladson et al.，1999a，1999b）。

表 4-6　　河岸带宽度指数

河岸带宽度（单边）		河岸带宽度指数	评分
小河流（<15m）	大河流（≥15m）		
≥40m	≥$3W_B$*	4	100
30～40m	$(1.5\sim3)W_B$	3	75
10～30m	$(0.5\sim1.5)W_B$	2	50
5～10m	$(0.25\sim0.5)W_B$	1	25
<5m	<$0.25W_B$	0	0

* W_B 为基础流量宽度，是多年平均流量时的河道平均宽度。

河岸带宽度指数越大，表明河岸带为河流水生态系统提供生态支持的潜力也就越大。

2）河岸带的岸坡稳定性。河岸带的岸坡稳定性直接关系到区域内的生态安全和行洪安全。一个稳定的河岸带不但可以为河流水生态系统提供稳定的物质、能量和生物流，而且也为河岸带内生活的动植物提供安全可靠的栖息地环境，同时也为区域内的人类社会提供了洪水安全保证。对河岸带岸坡稳定性评估采用河岸带稳定性指标来表示，评估主要从以下几个方面进行：岸坡的角度（坡角）、岸坡的高度（坡高）、河岸基质、河岸带植被覆盖、岸脚冲刷程度等，具体评分赋值标准见表 4-7（Ladson et al.，1999a，1999b）。

表 4-7　　河岸稳定性评分赋值标准

岸坡特征	评分分值				
	4	3	2	1	0
坡角（*BA*）	≤15°	15°～30°	30°～45°	45°～60°	>60°
坡高（*BH*）	≤1m	1～2m	2～3m	3～5m	>5m
河岸基质（*BM*）	基岩	岩土河岸	黏土河岸	壤土河岸	沙土河岸
岸坡植被覆盖度（*BV*）	≥75%	40%～75%	25%～40%	10%～25%	<10%
岸脚冲刷（*BT*）	无冲刷迹象	轻度冲刷	中度冲刷	重度冲刷	极度冲刷
总体特征	河岸无侵蚀，没有破坏。植被覆盖很好；对河岸结构和植被没有明显的威胁，没有堤脚暴露	河岸植被覆盖良好，有零星的侵蚀，河岸结构和植被没有连续的破坏，有些部位堤脚暴露	河岸植被覆盖非常不连续，河岸结构和植被有一些明显的损坏，河岸坡坡趾总体稳定，堤脚中度暴露	仅有少量的有效植被覆盖，近期河岸松动，河岸坡趾大多不稳定，大量的堤脚暴露在外	河岸受到快速、不可抑制的侵蚀，无有效的植被覆盖，河岸坡趾非常不稳定

河岸带岸坡稳定性的评分计算如下：

$$BKS_S=\frac{1}{5}(BA_s+BH_s+BM_s+BV_s+BT_s)\times 25 \tag{4-9}$$

式中：BKS_S 为河岸带岸坡稳定性指标赋分；BA_s 为岸坡坡角分值；BH_s 为岸坡坡高分值；BM_s 为河岸基质分值；BV_s 为岸坡植被覆盖度分值；BT_s 为岸脚冲刷分值。

对于式（4－9）中岸坡植被覆盖程度的计算可以用岸坡范围内所有植被的根、茎、叶等不同部位在地面投影所占的面积与河岸带面积的比值来确定。

3）河岸带植被覆盖度。复杂多层次的河岸植被是河岸带结构和功能处于良好状态的重要表征。植被覆盖度相对良好的河岸带能够对河流邻近陆地给予河流的胁迫压力具有较好的缓冲作用。河岸带植被覆盖度用河岸带区域内所有植被的根、茎、叶等不同部位在地面投影所占的面积与河岸带面积的比值来确定，其赋分标准见表4－8。

表4－8　　河岸带植被覆盖度赋分标准

植被覆盖度	说　明	赋　分	植被覆盖度	说　明	赋　分
＜20%	植被稀疏	＜20	60%～75%	重度覆盖	80
20%～40%	轻度覆盖	40	≥75%	极重度覆盖	100
40%～60%	中度覆盖	60			

4）河岸带植被的纵向连续性（Ladson et al.，1999a，1999b；White et al.，1999）。沿河岸分布植被的连续性与生物廊道有着密不可分的关系，很多动物都必须依托一定程度的连续植被覆盖来达到迁徙与觅食的目的。植被的纵向连续性被用来表征河岸带沿河岸方向植被覆盖的连续性，并评估其中存在的非连续间隔段的数量。河岸被认为是植被覆盖需要满足两个条件：①植被覆盖的河岸宽度不小于5m；②在覆盖的植物中，乔木和灌木联合所占的比例不低于20%。而对植被覆盖显著不连续的定义则是指植被覆盖出现明显的缺口或间隔，这种间隔缺口的形成可以是由于植被覆盖的河岸宽度小于5m形成的、也可以是由于覆盖植被中乔木和灌木所占的比例低于20%而造成的。当这个缺口沿河岸方向的长度足够大时就能够有效阻隔或影响动物的安全移动。但对不同的动物种类或不同生长期的动物而言，要能有效阻隔或影响到其安全移动，所需要的缺口或间隔长度会有很大不同。例如：有一种蓝鹪鹩能安全穿越的植被覆盖缺口间隔长度要比一个小型有袋类哺乳动物要大得多。因此，这种能够形成有效阻隔效应的植被非连续覆盖间隔长度并没有一个确切的、固定的数值大小。目前，ISC在评估河流纵向连续性时，对一个显著的、植被非连续覆盖的间隔长度通常被要求是植被覆盖的缺失或稀疏长度至少达到10m或者更大。

为便于比较分析，显著的、植被非连续覆盖间隔数量一般是以每千米河岸带内的非连续间隔数量来统计，并以纵向连续性指数来表示。纵向连续性指数（V_{LC}）可以由表4－9计算获得（Ladson et al.，1999a，1999b）。

下面用两个示例来说明如何评价河岸带植被覆盖的纵向连续性，如图4－1所示。

例一：

河岸带植被覆盖度为：[(430－45－20)/430]×100%＝84.88%。

表 4-9　　河岸带植被的纵向连续性指数

植被沿堤长方向的覆盖比例	不同有意义阻隔段数下的纵向连续性指数			
	0～2 段/km	3～5 段/km	6～20 段/km	>20 段/km
95%～100%	4	3	NON	NON
80%～94%	3	2	1	NON
65%～79%	2	1	1	0
40%～64%	1	1	0	0
0～39%	0	0	0	0

注　表中 NON 指不可能出现的情况。

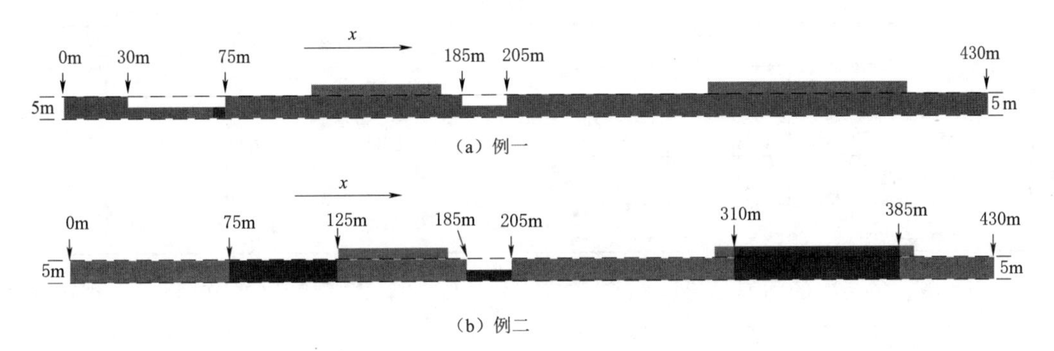

图 4-1　河岸带植被纵向连续性分布分析示意图

显著的不连续间隔数：430m 的长度内有 2 个。

转为单位长度内的不连续间隔数为：5 个/km。

查表 4-8 可以得到该河岸带的植被纵向连续性指数为 2。

例二：

河岸带植被覆盖度为：[(430－50－20－75)/430]×100%＝66.28%。

显著的不连续间隔数：430m 的长度内有 3 个（图中所示部分）。

转为单位长度内的不连续间隔数为：7 个/km。

查表 4-8 可以得到该河岸带的植被纵向连续性指数为 1。

河岸带植被的纵向连续性的评分计算如下：

$$V_{LCr}=V_{LC}\times 25 \tag{4-10}$$

5）河岸带植被覆盖的垂向结构完整性（Ladson et al.，1999a，1999b；White et al.，1999）。河岸带覆盖的植被按高度可以分成 3 个层次：5m 以上的乔木层、5m 到 1.5m 的灌木层和 1.5m 以下的地被层。乔木层通常是一些单主茎的树木如桉树、樟树、刺槐、柳树等。灌木层包括两个部分：①5.0m 以下并无明显主茎的木本植物，通常在基部或基部附近出现许多分支，如 5.0m 以下的千层菊、黑莓等；②1.5m 以下的非木本植物。地被层通常都是 1.5m 以下的草本植物，如莎草等莎草科植物、芦苇等禾本科植物、盐灌木、蕨类植物、草地等。

河岸带植被结构的完整性是指植被在垂向上的分布问题。由于地理环境的不同、不同物种对生存环境需求的不同，这种环境中植被各层次之间的组成是以一概括性的比例存在，因此讨论具体的比例是毫无意义的。对河岸带植被覆盖的结构完整性评估主要是针对人类活动对原有这种结构完整性的破坏，也就是河边植被在垂向尺度上的破坏程度。在此利用河边植被结构完整性指数来表征，其计算公式为

$$SI_t=\frac{2}{3}(SI_{tree}+SI_{shrub}+SI_{ground})\times 25 \tag{4-11}$$

式中：SI_{tree}、SI_{shrub}、SI_{ground} 分别为乔木、灌木、草木层的结构完整性指数，其各自指数通过表 4-10 确定（Ladson et al.，1999a，1999b）。

表 4-10　　河岸带植被结构完整性指数

天然情况（覆盖率）	实际情况（覆盖率）		
	≥80%	20%～80%	<20%
>80%	2	1	0
20%～80%	1	2	1
<20%	0	1	2

复杂的、多层次的河岸植被是河岸带结构和功能处于良好状态的重要表征。植被覆盖相对良好不但可以提高河岸的稳定性，而且这些植被还可以为河流水生态系统提供充足的营养物质，较好地缓冲邻近陆地给予河流水生态系统的胁迫压力。

6）河岸带本土植被情况（Ladson et al.，1999a，1999b；White et al.，1999）。植被的种类与栖息的动物有相当密切的关系，不同种类的植被群落组合只适合相应的动物生存。外来植物种所带来的可能影响主要包括4个方面：①对陆生动物，外来的植物种可能会导致食物、栖息地和巢穴的减少，并阻碍其出行、迁徙；②一些外来种在秋天会落下巨大的树叶，本地生态系统无法与其进行竞争或加以利用，导致成为优势种；③外来的草本植物由于缺少天敌，具有完全的竞争能力，因此会阻碍或阻止本土植物的再生；④某些外来种植物产生的巨大木块屑，其腐烂的速度可能比本地另外一些种要快得多，从而会减少了其他本地生物的利用程度。

因此，通过对河岸带外来种植被的覆盖情况进行评估，可以确定河岸带本土植被的生长情况。在此通过外来植被覆盖指数 CEV_t 来进行评判，其计算公式如下：

$$CEV_t=\frac{1}{3}(CEV_{tree}+CEV_{shrub}+CEV_{ground})\times 25 \tag{4-12}$$

式中：CEV_{tree}、CEV_{shrub}、CEV_{ground} 分别为外来种的乔木层、灌木层、草木层的覆盖指数，其各自指数通过表 4-11 确定（Ladson et al.，1999a，1999b）。

在上述评估河岸带宽度和有关河岸植被时，如果河流的河床是基岩，且河流两岸的环境条件完全没有人为的改变，例如岸边的木屑覆盖物等仍保持着自然条件下的状态，那么河岸带的这几项相关指标的等级都应该设定为最好。

表 4-11 **本土植被覆盖指数**

外来种的覆盖率	本土植被覆盖指数	外来种的覆盖率	本土植被覆盖指数
0	4	41%～60%	1
1%～10%	3	≥60%	0
11%～40%	2		

7）河岸带人工干扰程度。由于区域内人类的活动，会给河岸带的生态环境带来一定程度的干扰。对河岸带及其邻近陆域典型人类活动进行调查评估，并根据其与河岸带的远近关系区分其影响程度，重点调查评估的人类活动包括：河岸硬性防护、采砂、沿岸建筑物、公路（或铁路）、垃圾填埋场或垃圾堆放、河滨公园、管道、采矿、农业耕种、畜牧养殖等。河岸带人类活动赋分标准见表 4-12。

表 4-12 **河岸带人类活动赋分标准**

编号	人类活动类型	所在位置		
		河道内（水边线以内）	河岸带	河岸带邻近陆域*
1	河岸硬防护（混凝土、浆砌石等）		−5～20	
2	采砂	−30	−40	
3	沿岸建筑物（房屋、厂房等）	−15	−10	−5
4	公路（或铁路）	−5	−10	−5
5	垃圾填埋场或垃圾堆放		−60	−40
6	河滨公园		−5	−2
7	管道	−5	−5	−2
8	农业耕种		−15	−5
9	畜牧养殖		−10	−5

* 小河河岸 10m 以内，大河河岸 30m 以内。河流规模按表 4-6 中标准划分。

河岸带免人工干扰程度得分计算：

对评估河段内每出现表 4-12 中的一项人类活动，就根据其所出现位置扣除相应的分值，直至 0 分。如果河段内没有出现表 4-12 中所述的人类活动，则赋分 100 分。表 4-12 所列出的只是在河岸常见的人类活动，如果在目标河流系统范围内出现了其他类型的人类活动也会对河岸带造成一定程度的胁迫，则应该把该项人类活动添加到上述列表中去，并根据胁迫程度予以相应的分值扣减。

根据河岸带人工干扰程度得分情况，利用河岸带免人工干扰指数对其进行分级评价，见表 4-13。

表 4-13 **河岸带免人工干扰指数**

河岸带免人工干扰程度得分	免人工干扰指数	河岸带免人工干扰程度得分	免人工干扰指数
>90	4	25～50	1
75～90	3	≤25	0
50～75	2		

另外，当河流系统中存在的水源地保护区和自然生态保护区时，对其所在河段进行评估时，对河岸带的评估应包含上述全部指标。通常对河岸带的评分可以取所有子项评分的算术平均值来代替。

2. 水文要素

水文要素是河流系统的关键组成部分之一，不但是河流系统正常运行的载体，而且直接关系到河流系统功能的实现和发挥，例如：维持河流湿地（洪泛区）生态系统、保持河流物理结构形态的稳定、维持和促进河流生物多样性、促进生物种群数量的增长、维持生物的自由迁徙、改善河流水环境、维持和增强河流供水能力等。当前在河流上修建人工建筑物（水库、发电站等）及社会发展过程中对流域土地利用方式的调整等人类活动都直接影响到河流的水位、流量、水流流速、泥沙等水文参数，同时也改变了洪水频率、洪水演进等水文过程。目前，国外学者在研究河流健康状况时都将描述河流水文特征的参数和指标作为河流健康评估一个不可或缺的组成部分。

（1）流量。

1）生态需水量。在河道物理形态结构确定的情况下，流量的大小就成为河流水生态系统的核心。只有在河道中维持一定的流量和水位才能维持河道形态结构的稳定、为水生生物提供足够的生存空间、为河流中的物理化学和生物过程提供必需的保障，才能维持河流生态系统的正常运行，因此该流量也称为河流生态需水量。近些年来国内外对河流生态需水量开展了大量的研究，也提出了很多河流生态需水量的计算方法，但对于如何明确定义河流的生态需水量，目前尚无统一标准。Montana 法是其中应用较为广泛的一种方法，该方法是美国人 Tennant（1976）在 1964—1974 年对美国 3 个州的 11 条河流实施了详细野外调查研究的基础上于 1976 年提出的一种利用流量评估河流栖息地状况的一种简便方法，并在 21 个州过去 17 年的监测资料中得到证实。Montana 法认为河流要为大多数水生生物维持短期生存栖息地所需的最小瞬时流量要达到年平均流量的 10%，当来流流量低于 10%时，大多数水生生物的栖息环境就会急剧恶化；当水流流量达到年平均流量的 30%时，河流就可以为大多数水生生物生存提供良好的栖息环境，也能提供一定的休闲嬉戏用途，这一流量也被推荐作为河流的基础流量；而当水流流量达到年平均流量的 60%时，则河流可以为大多数水生生物在其生长的初级阶段提供极好的甚至是超好的栖息环境，也能实现大多数的娱乐用途。

在利用 Montana 法分析来流流量是否满足河流的生态需求时，通常根据鱼类是否产卵、育苗将一年分为 2 个不同的时期：一般用水期和产卵育苗期，并对这两个不同时期分别进行判别分析，分别取其最小评分值作为该时期的评分值，最后取这两个时期评分值的最小值作为河流生态需水量保障程度的评分值。

河流生态需水量保障程度 EF 的计算如下

首先计算每年 10 月至次年 3 月中，实测月径流量占多年平均径流量比例的最小百分比 $EF1$：

$$EF1=\min\left\{\frac{q_m}{\overline{Q}}\right\} \tag{4-13}$$

式中：m 为月份，是每年的 10 月至次年 3 月；q_m 为实测月径流量，m^3/s；$\overline{Q}$ 为多年平

均径流量，m^3/s，我国大多数的河流采用的是1956—2000年平均值。

然后计算4—9月月径流量占多年平均径流比例的最小百分比 $EF2$：

$$EF2=\min\left\{\frac{q_m}{\overline{Q}}\right\} \tag{4-14}$$

式中：m 为月份，是每年的4—9月；其余符号意义同式（4-13）。

最后，根据表4-14分别获得 $EF1$ 和 $EF2$ 的评分值。为最大限度保护河流系统的生态环境，取 $EF1$ 和 $EF2$ 评分值中的最小值作为河流生态需水量保障程度指标的最终评分（Tennant，1976）。

表4-14　Montana法中不同时期基流标准与评分

分级	流量及栖息地的定性描述	推荐基流标准（多年年平均流量的百分数）		评分
		$EF1$：一般用水期（10月至次年3月）	$EF2$：鱼类产卵育幼期（4—9月）	
1	最大	200%	200%	100
2	最佳	60%～100%	60%～100%	100
3	极好	40%	60%	100
4	非常好	30%	50%	100
5	好	20%	40%	80
6	一般	10%	30%	40
7	差	10%	10%	20
8	极差	<10%	<10%	0

在生态需水量保障程度评价的过程中，根据鱼类是否产卵、育苗将一年分为2个不同的时期只是针对河流中渔业资源比较丰富情况下的一种划分方法，在实际应用时，可根据目标河流的具体情况进行划分。如对河流年际流量分布差别十分显著的河流，可根据河流每年不同时期来流量的大小分为：平水期、丰水期和枯水期，或是分为汛期和非汛期，然后再对不同时期分别进行评价分析。

Montana法不仅适用于有水文站点的河流（通过水文监测资料获得年平均流量，并通过水文、气象资料了解汛期和非汛期的月份），而且也适用于缺乏水文站点的河流（可以通过水文计算来获得）。由于其仅仅使用历史流量资料就可以评价来流是否满足河流生态需求，操作简单易行，而且也便于将分析结果和流域的水资源综合规划相结合，对于河流管理具有明确的指导意义。另外，鉴于我国大多数河流都缺乏足够的生态资料，也使得Montana法成为我国河流生态径流研究中的一种常用方法。

2）流量过程变异。人们为了满足防洪、发电、航运等需求在河流上修建水库、水电站、船闸等挡水建筑物，这些设施在运行过程中都会对其下游的径流过程造成显著影响，并会直接影响到下游河流的生态系统。例如：为保证机组正常发电，通常需要对上游库水位进行日调节，就会导致在其下游河道出现日调节波，从而改变下游水流原有的水动力过程，有可能会对下游某些水生生物的生活栖息带来不利影响；而水库为调节洪水而进行的库容调节乃至区域水库群的联合调度，更是显著改变河流原有的水动力过程，不但会影响到期间生活的水生生物，而且也会严重威胁到河岸的地质稳定，从而对区域的生态环境造成不利影响。因此，对于在河流上修建的挡水建筑物，必须要综合考虑其运行时的流量、水位调节对下游水动力过程和生态环境造成的影响。

为反映上游涉水建筑物在流量、水位调节过程中对目标河流（河段）水文情势的影响程度，利用目标河流（河段）一定时间内实测月径流过程与天然月径流过程的差异即流量过程变异指数（C_{PFD}）来评价，其计算公式为

$$C_{\mathrm{PFD}}=\left[\sum_{m=1}^{12}\left(\frac{q_m-Q_m}{\overline{Q_m}}\right)^2\right]^{1/2} \tag{4-15}$$

式中：q_m 为实测月径流量；Q_m 为天然月径流量；$\overline{Q}_m$ 为多年平均月径流量（可采用1956—2000年的统计平均值）。

而不同流量变异指数对应的流量过程变异程度评分见表4-15（Ladson et al.，1999a，1999b）。

表4-15　　河流流量变异指数

流量变异指数（C_{PFD}）	流量过程变异程度评分	流量变异指数（C_{PFD}）	流量过程变异程度评分
<0.1	100	2.0	40
0.2	90	3.0	30
0.3	80	4.0	20
0.5	70	5.0	10
1.0	60	>5.0	0
1.5	50		

（2）泥沙。泥沙及其输移是河流中重要的水文现象，对河流发育和河床演变起着不可或缺的作用，同时也会影响水位、流量等其他水文要素的变化。另外，泥沙在很多情况下还是河流运输营养物、污染物的介质。对于处于自然条件下、未受人工干扰的河流，其河床演变基本处于缓慢、有序变化的过程，不会对河流生态系统产生巨大的冲击。但当人们为满足社会、经济发展的需要在河流上开展各类活动时，就有可能破坏河流原有的水沙平衡，使得河势在短时间内发生巨大的变化，从而对原有的河流生态系统造成强烈的冲击。例如：在河流上修建挡水建筑物或破坏河岸带的植被等，都会导致河流的含沙量发生显著变化，从而引起局部地区的河床发生不同程度的冲刷或淤积。因此，可以利用目标河流（河段）一定时间内实测月输沙量与天然月输沙量的差异即输沙量变异指数（C_{SPFD}）来评价，该值越大表示河流受到的人为影响越大。其计算公式为

$$C_{\mathrm{SPFD}}=\left[\sum_{m=1}^{12}\left(\frac{s_m-S_m}{\overline{S_m}}\right)^2\right]^{1/2} \tag{4-16}$$

式中：C_{SPFD} 为输沙量变异指数；s_m 为实测月输沙量；S_m 为天然月输沙量；$\overline{S}_m$ 为多年平均月输沙量（可采用1956—2000年的统计平均值），天然状态下的输沙量包括控制站的实测输沙量及水库淤积、农灌引沙、引洪淤灌、河道冲淤等各项还原计算沙量。

而不同输沙量变异指数对应的输沙过程变异程度评分标准见表4-16。

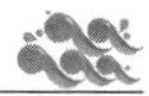

表 4 - 16　　　　河流输沙量变异指数

输沙量变异指数（C_{SPFD}）	输沙过程变异程度评分	输沙量变异指数（C_{SPFD}）	输沙过程变异程度评分
＜0.1	100	2.0	40
0.2	90	3.0	30
0.3	80	4.0	20
0.5	70	5.0	10
1.0	60	＞5.0	0
1.5	50		

对于不同类型的河流，推移质输沙量和悬移质输沙量在总的输沙量中所占比重各不相同，在不影响评价结果的情况下，可以根据实际需要只选择悬移质输沙量或是推移质输沙量进行评估。

3. 水环境质量

由于河流的规模及所处区域不同，有的河流在不同的河段有着不同的水功能区划，而有的河流则并无明确的水功能区划。因此，对于不同河流的水环境质量评价方法和手段也有所不同，但基本都是以《地表水环境质量标准》（GB 3838—2002）为基础，采用水体中的理化、非金属无机物、金属无机物等三类指标进行水质评价。

（1）无功能区划河流。对于无功能区划的河流，根据中国环境监测总站《地表水环境质量评价有关问题的技术规定（暂行）》（总站综字〔2004〕72 号文）进行河流（包括河段、水系）整体水质状况的评价，其评价步骤和标准有：①首先计算出各断面上的水质情况，并统计各类别水质的断面；②如果某一类别水质的断面比例不小于 60%时，则以该类水质作为河流水质，并按表 4 - 17 所示标准对河流水质进行评价；③如果没有任何类别水质的断面比例不小于 60%，则根据各水质类别断面数占评价断面总数的百分比情况，以表 4 - 18 所示的标准对河流水质评价。

表 4 - 17　　　　河流水质评价标准一

水质类别	水质状况	水质类别	水质状况
Ⅰ～Ⅱ类水质	优	Ⅴ类水质	中度污染
Ⅲ类水质	良好	劣Ⅴ类水质	重度污染
Ⅳ类水质	轻度污染		

表 4 - 18　　　　河流水质评价标准二

水　质　类　别	水质状况
Ⅰ～Ⅲ类水质比例≥90%	优
75%≤Ⅰ～Ⅲ类水质比例＜90%	良好
Ⅰ～Ⅲ类水质比例＜75%，且劣Ⅴ类比例＜20%	轻度污染
Ⅰ～Ⅲ类水质比例＜75%，且 20%≤劣Ⅴ类比例＜40%	中度污染
Ⅰ～Ⅲ类水质比例＜75%，且劣Ⅴ类比例≥40%	重度污染

（2）水功能区划河流。对于已经实施水功能区划的河流，如果水功能区内的水质满足水体规定的水质目标，则认为水质能够满足该水功能区规划功能的要求。水功能区水质评价的重点在于评估区划内河流的水质状况及区划水体规定的功能，例如生态、环境保护和资源利用（生活、生产用水及景观娱乐用水等）等的适宜性。在对河流的某一水功能区进行水质评估时，通常利用水质单因子指数评价法进行评价，具体步骤如下：

1）计算所有水质因子指标的单项指数：

$$P_i = \max_{1 \leqslant j \leqslant N} \frac{C_{i,j}}{S_i} \tag{4-17}$$

式中：P_i 为第 i 种水质因子指标的单项指数，$i \in [1, M]$；M 为评价时采用的水质因子指标总数；$C_{i,j}$ 为第 j 号监测（采样）断面第 i 种水质因子的实测浓度平均值，mg/L；S_i 为第 i 种水质因子在目标河段内规划的某类水质标准，mg/L；N 为水功能区划内的水质监测（采样）断面总数。

2）计算各单项水质因子指数的评分。根据该水功能区水质各项指标的目标限值进行评估，若 $P_i \leqslant 1$，则该项水质因子的评分为 100，否则计算：

$$P_{i2} = \max_{1 \leqslant j \leqslant N} \frac{C_{i,j}}{S_{iV}} \tag{4-18}$$

式中：S_{iV} 是第 i 种水质因子的Ⅴ类标准值水质标准。

若 $P_{i2} \geqslant 1$，表明该项水质因子已经低于Ⅴ类水标准值，则该项水质因子的评分 0；若 $P_{i2} < 1$，则需利用 P_i 和 P_{i2} 进行插值计算评分。注意，对于溶解氧的评分则需要对上述计算过程中的运算设置进行调整。

3）水质总体评分。在获得所有选取的水质因子评分结果后，取其中的最小值作为水功能区划的水质评分结果。

4. 水生生物

20 世纪 80 年代以来，人们在研究河流水生生物的过程中逐渐发现生物种群的演化及分布特征与不同时间尺度上的物理、化学及生物过程息息相关，由此产生了利用水生生物来评估人类活动对河流生物种群影响的方法。通过河流中生物种群的变化及分布范围的改变来分析河流退化的原因，并逐步发展成为评估河流健康的一个关键组成部分。对水生生物而言，水环境是其赖以生存的关键要素，水环境变化导致的生态效应快速而且直接，不但会影响到生物个体、种群、群落，甚至会影响到整个水生生态系统。因此，在分析人类活动对河流水生生物的影响时，理论上应该从生物个体、种群、群落结构等方面来构造相应的生物指标，使其能够尽可能地全面反映河流水生生物的状况。河流的生物指标早期是作为独立指标对河流健康状况进行评估。后来随着对河流健康研究的深入与发展，河流生物指标往往与水文、水质、河流物理结构、社会服务等方面的指标相结合，组成河流健康评价指标体系并结合相关数学方法来评估河流的健康状态。

在河流自然生态系统中常见的水生生物种群包括：浮游植物、浮游动物、底栖动物、大型水生植物及鱼类等，人类任何与河流有关的活动都有可能对这些水生生物的生长发育、生活栖息、种群分布、群落结构等造成影响。因此，如果能够充分掌握河流中所有水生生物的种群、数量、分布及其变化等特征，就可以准确反映出河流的健康状态。然而在

短时间内对河流中所有的生物种群进行监测取样既不经济也不现实，一般都是选取河流中的标志性物种、关键物种或是珍稀物种等进行代表性的评价分析。目前在河流健康研究中，浮游生物、底栖大型无脊椎动物和鱼类是较为常用的种群。

(1) 浮游生物。浮游生物是水生生态系统的重要组成部分，特别是浮游植物是河流生态系统的主要生产者。浮游生物大多处在河流生态系统食物链的起始端，已有研究表明某些浮游生物的群落结构和功能与特定水环境因子之间存在较高的关联性。因此，针对特定河流可以利用其浮游生物中的某一特定种群的数量、分布及其群落结构来表征该河流的水环境状况（如营养状况、污染水平等），同时也可以将其作为该河流健康状况的指示种群之一，从而为河流健康状况评价提供生物依据。目前利用浮游生物评估河流的健康状况已经发展出 Palmer 指数、Shannon－Veavers 多样性指数等方法（Washington，1984）。

(2) 底栖无脊椎动物。河流的底栖无脊椎动物作为河流水生生态系统的一个重要组成部分，其种群特征与河流的状态密切相关，处于某一状态的河流都必定存在与之适应和对应的底栖无脊椎动物群落。另外，有些底栖无脊椎动物的群落特征与河流水环境的某些特定因子密切先关，因此这些底栖无脊椎动物也可以作为河流水环境的指示生物。英国的河流无脊椎动物预测和分类系统（River Invertebrate Prediction and Classification System，RIVPACS）及澳大利亚的河流评估系统（Australian River Assessment System，AUSRIVAS）等都是利用河流中某种大型无脊椎动物及其群落特性构建的河流健康状况评价模型。我国也于 20 世纪 80 年代初开始研究底栖无脊椎动物群落与水环境之间的指示关系，曾在长江流域的某些支系河流与湖泊、珠江水系、京津地区的部分河流中发现某些底栖无脊椎动物种群对水质具有一定的指示作用。

但是利用硅藻等浮游生物或无脊椎动物作为监测目标来评估河流健康存在很大的不足。例如：它们需要专门的分类学知识，它们的取样、分类和识别既困难又费时，许多物种和群体往往缺乏生活史背景资料，硅藻等浮游生物和无脊椎动物的实验结果很难转化为对公众有意义的信息等。

(3) 鱼类。鱼类在河流水生态系统中处于营养级的顶端，鱼类种群的数量和分布状况能够直接反映出整个水生态系统中水生生物群落的质量状态，同时鱼类相对于其他生物种群作为生物监测对象的指示生物也具有许多优势。

1) 大多数鱼类的生活史资料都很丰富。例如我国曾于 20 世纪 80 年代开展了全国范围内的渔业资源调查，得到了各地大多数河流中的鱼类种群资料。在大多数情况下，这些鱼类资料可以作为鱼类种群变化的初始对照值。

2) 维持一个正常的鱼类种群通常需要一系列代表各种营养水平的物种（包括杂食动物、食草动物、食虫动物、浮游动物、鱼类）及水陆起源食物的支持。它们与硅藻和无脊椎动物相比处在水生食物网的顶端，也有助于从流域环境整体的角度来看待河流水生生物种群的特征。

3) 鱼类相对浮游生物和无脊椎动物而言还是比较容易辨认的，技术人员需要的培训也相对较少。事实上大多数鱼类样本在现场就可以完成分类和鉴定，从而可以及时放生避免对样本鱼类造成不必要的伤害。

4) 与其他水生生物种群相比较而言，公众对于鱼类更为熟悉，也容易对有关鱼类群落状况的声明产生共鸣，有利于加强公众对河流生态环境修复与保护措施的认同。

5）可以对鱼类在急性中毒（可能导致类群缺失）和胁迫效应（可能导致成长率和繁殖成功率低迷）等特殊情况下的生物种群特性实施评估。因此，通过对鱼类种群多年的自然增长及增长动态的深入研究，有助于确定对鱼类施加异常胁迫的准确时间。

6）鱼类在河流里广泛存在，是河流的代表性水生生物，除了污染最严重的水域即使在很小的河流都会有鱼类的生存。

美国人 Karr（1981）年提出了一种利用鱼类群落中与物种组成和生态结构有关的一系列属性来评价水生生物群落质量的评估体系，并通过生物完整性指数（IBI）来反映鱼类群落及其相应生境的状况。由于该方法主要是针对鱼类，IBI 指数有时候也称为 FIBI 指数。FIBI 指数方法最初被应用于美国中西部的溪流和河流，由于该方法能够通过鱼类群落的生物状况较为全面准确反映所在河流的整体状况，目前鱼类生物完整性指数（FIBI）在国外已被广泛应用于河流生态保护、水资源管理、河流健康状况评价及河流政策和法律的制订。但由于河流鱼类种群具有鲜明的地域特性，在使用 FIBI 方法时，其评估指标体系需要根据区域河流鱼类种群的生物特点，进行地区性的调整和校正。

我国长期以来受经济、科学技术发展水平等方面的限制，在日常河流管理中一直忽略了对河流水生生物的监测与保护，造成我国大部分河流都缺乏系统的水生生物监测资料，这使得在河流系统健康评价中对水生生物指标的选取和使用受到一定的限制。在河流水生生态系统中处于营养等级越高的生物越能代表整个系统的状况，因此在针对具体的河流系统健康研究时，其生物指标的选取应尽量针对鱼类进行。如果鱼类的监测资料缺失和不够完整，可以采取一种简单的替代方法，通过分析河流中鱼类种数现状与历史参考系鱼类种数的差异状况来评估河流中水生生物的状况。另外，针对目标河流中存在特有或珍稀鱼类，是否为这些鱼类提供适宜的保护措施也是评价该河流水生生物的一个重要方面。

1）鱼类损失指数。通过鱼类损失指数来反映流域开发利用后，河流生态系统中顶级物种的受损失状况。

鱼类损失指数指标计算公式如下：

$$C_{\mathrm{FOE}}=\frac{FE-FO}{FE}\times 100\% \tag{4-19}$$

式中：C_{FOE} 为鱼类损失指数；FO 为评估河流现阶段调查获得的鱼类种类数量；FE 为 20 世纪 80 年代评估河流的鱼类种类数量。

不同鱼类损失指数对应的鱼类损失程度评分标准见表 4-19。

表 4-19　　鱼类损失程度评分标准

鱼类损失指数/%	≤5	20	30	40	50	>60
鱼类损失程度评分	100	80	60	40	20	0

2）珍稀鱼类的保护。针对珍稀鱼类保护的评估主要通过现场调查、走访、资料收集、专家咨询等方式完成。对珍稀鱼类的保护主要评估针对河流中的珍稀鱼种是否采取了必要的保护措施，如是否设立了相应的鱼类保护区，是否开展了人工增殖放流，是否设立了鱼类洄游通道，是否开展了相关保护性监测等。

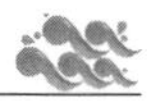

针对洄游性鱼类：设立鱼类保护区、开展人工增殖放流、设立鱼类洄游通道、开展相关监测每项各25分，合计100分。每项按实际开展效果评分。

针对非洄游性鱼类：设立鱼类保护区（50分）、开展人工增殖放流（25分）、开展相关监测（25分），合计100分。每项按实际开展效果评分。

珍稀鱼类保护指数指标计算公式如下：

$$C_{\mathrm{FDP}}=\frac{\sum_{i=1}^{N}\sum_{j=1}^{M}FP_{i,j}}{N\times 100}\times 100\% \tag{4-20}$$

式中：C_{FDP} 为珍稀鱼类保护指数；$FP_{i,j}$ 为第 i 种珍稀鱼类在第 j 类保护措施上所获得的分数；N 为河流系统中需保护的珍稀鱼类种类数；M 为保护每种珍稀鱼类采取的措施总数，在此按上述3～4种保护措施计算。

不同珍稀鱼类保护指数对应的珍稀鱼类保护程度评分标准见表4-20。

表4-20　珍稀鱼类保护程度评分标准

珍稀鱼类保护指数/%	≥95	80	60	40	20	<10
珍稀鱼类保护程度评分	100	80	60	40	20	0

4.3.3.2 社会服务功能

河流系统中的社会子系统不但包括了人类本身也包括了维持人类社会正常运行及发展所需的、提供众多有形和无形服务功能的下级子系统，如防洪、水资源开发利用、生物资源利用、水能利用、航运运输、休闲娱乐、河流生态景观、文化美学资源等。另外，公众作为河流系统中的主体，其对河流系统健康状态的满意程度也是表征河流系统社会服务的一个重要组成部分。

1. 防洪能力

由于河流的防洪能力直接关系到系统内人类自身的生命和财产安全，因此防洪能力也是影响河流系统是否健康的一个重要因素，河流的防洪能力与河流系统的健康这两者之间常常相互影响、相互促进、相互制约。如果在一个河流系统中，其防洪能力无法满足保护社会子系统安全的要求，则整个河流系统是无法称之为健康的。对河流防洪能力的评价一般是对照目标河流所规划设计的防洪标准来进行的，但世界各国所采用的防洪标准也不尽相同。例如：日本对特别重要的城市的防洪标准是能够防护200年一遇洪水、对于重要城市的防洪标准是能够防护100年一遇洪水、一般城市的防洪标准则是50年一遇洪水设计；印度对重要城镇堤防的防洪标准是按50年一遇洪水设计。我国在过去并没有统一的国家防洪标准规定，直到1995年才首次颁布了中华人民共和国国家标准《防洪标准》（GB 50201—94），后根据实际应用情况在2014年修订并颁发了新的《防洪标准》（GB 50201—2014）。该标准规定了城市、乡村、工矿企业、交通运输设施（包含铁路、公路、航运、民用机场、管道工程、木材水运工程等）、水利水电工程（包含水库、水电站、灌排工程、供水工程、堤防等）、动力设施、通信设施、文物古迹和旅游等设施在不同规模、不同情况下应采用的防洪标准及处理有关问题的原则。

另外，防洪标准的设定还与工程本身或防洪保护对象的重要性、洪水灾害的严重性及其影响直接有关，同时也与国民经济的发展水平密切相关。在防洪工程的规划设计中，通常都是按照规范要求来选定工程的防洪标准。但针对某些特殊情况，如洪水泛滥可能造成大量人口死亡、重大经济损失、重大生态环境灾难等严重后果时，在经过充分论证后可采用比规范规定更高的标准。

在对河流防洪能力进行实际评估时，通常都是以现有防洪能力是否达到目标河流的防洪规划标准为依据。因此，对河流防洪能力采用防洪堤防达标率（C_{FLD}）来表征，其计算公式如下：

$$C_{FLD}=\frac{L_{RIVB}}{L_{RIV}}\times 100\% \tag{4-21}$$

式中：L_{RIV} 为目标河流两岸堤岸需要防护的总长度；L_{RIVB} 为目标河段两岸防洪堤防标准达到防洪规划要求的河岸堤防总长度。

2. 水资源利用

水不但是生命之源，也是维持人类社会系统正常运行和发展必不可少的基础资源。河流作为是人类社会获取淡水资源的主要来源，对河流水资源的开发利用一直是人类开发河流的核心目标之一。但人类对河流水资源的开发利用能力不但与人类科学技术的发展水平有着直接的关联，同时也与人类对河流的科学认识程度密切相关。人类社会几千年来对河流水资源的开发利用大体经历了水量满足、水质满足、生态满足等阶段。目前，我国大部分地区对河流水资源的开发利用都进入了生态满足的阶段，即需要在满足河流自身生态需求的前提下开展河流水资源的开发利用，其主要目的是恢复或保护河流系统中自然生态子系统的健康和安全，维持河流自身可持续发展的要求。

对地表水资源开发利用的评估通常是通过水资源开发利用率来进行，其定义为

$$W_R=\frac{W_U}{W_T}\times 100\% \tag{4-22}$$

式中：W_R 为目标对象的水资源开发利用率；W_U 为目标对象水资源的净消耗量；W_T 为目标对象所具有的水资源总量。

对于地表水的合理开发利用率，目前国际上公认的是不超过 30%。当目标对象的水资源开发利用率达到或者超过 30%时，“人水和谐”的关系就会遭到侵蚀乃至彻底破坏（刘昌明 等，2004）。据统计，我国大多数的河流在一般情况下枯季径流仅占全年径流的 30%左右，汛期径流占全年径流的 70%左右（刘昌明 等，2001）。根据表 4-14 中 Montana 法对河流枯水期生态需水量的评估，河流枯水期维持多年平均径流量 30%的水量是维持河流生态环境的最低要求，低于该流量便会对河流的生态环境造成不可逆转的伤害。但国内也有部分学者认为，在我国北方地区由于水资源短缺，地表水资源开发利用率应维持在 60%～70%，而对于生态环境相对更为脆弱的西北干旱地区，其水资源开发利用率不应该超过 50%（钱正英 等，2001）。目前对于河流水资源开发利用率的研究大多是从河流的水量出发，而忽略了水质的影响。王西琴等（2007，2008）和 Wang 等（2007）认为由于水资源的连续性、循环性等特点，对河流水资源开发和利用的限制不仅取决于水量，同时也会受到水质的约束，并在自然水循环和社会水循环（二元水循环）的基础上综合考虑水量与水质要求，提出了一种计算河流水资源开发利用率阈值的方法，其计算过程

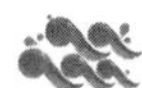

如下。

1）在不考虑水质要求的情况下，水资源开发利用率为

$$W_R=\frac{1-E_a}{1-r}=\frac{1-E_a}{k} \tag{4-23}$$

2）考虑水质要求的水资源开发利用率为

$$W_R=\frac{b_w}{1+k(b_w-1)},b_w\leqslant C_{aeo} \tag{4-24}$$

式中：W_R 为水资源开发利用率；E_a 为河流生态需水比例；r 为回归系数，是河道回归水量与从河流取水量的比值，表示从河流中取出的水重新回到河道水量的程度；k 为消耗系数：$k=(1-r)$；C_{aeo} 为回归水的污染物浓度与地表水水质标准中污染物浓度的比值；b_w 为污径比，即一定污水排放量与径流量的比值。

3）综合考虑水量、水质情况下的水资源开发利用率。从表 4-14 可以看出，当河道生态需水量达到多年平均径流量的 60%时，就可以为河流生物提供良好的栖息环境，能够满足生物种群正常的生长、繁殖和发育的需要，同时也足以维持河流的各项功能。此时，根据式（4-23）式就可以得到不同消耗率下水资源开发利用率曲线，如图 4-2 所示（王西琴 等，2008）。

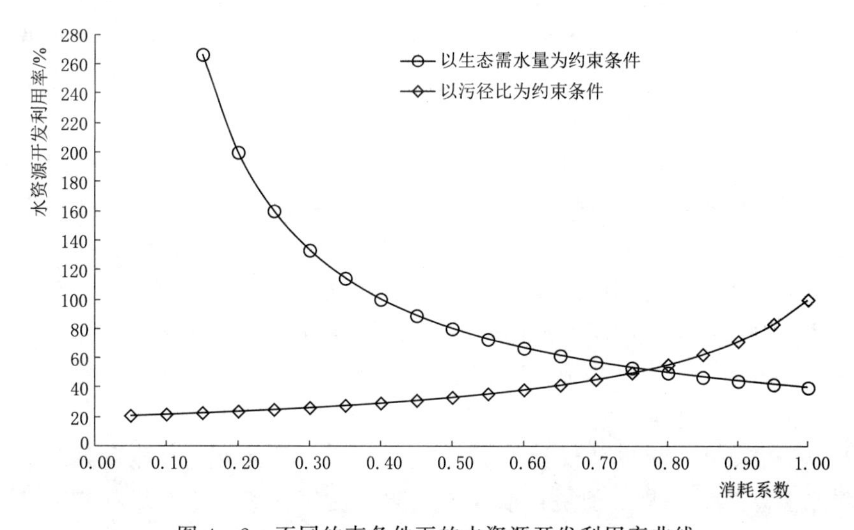

图 4-2 不同约束条件下的水资源开发利用率曲线

为保证河流水体的生态功能，我国对河流水质的要求是至少达到Ⅲ类水质标准，但目前我国对回归河流水中的污染物浓度要求是按国家污染物排放一级标准限定，两者之间存在一定的差异。以目前我国水环境中常用的 COD 指标为例，假设回归河流的废污水是按国家一级排放标准（100mg/L）排放，地表水Ⅲ类水质对 COD 的要求是 20mg/L，则 $C_{aeo}=\frac{20}{100}=\frac{1}{5}$。由此，根据式（4-24）就可以得到不同消耗系数下以污径比作为约束条件的水资源开发利用曲线，如图 4-2 所示。在实际应用中可以针对废污水各种水质指标分别计算 C_{aeo}，并取其中最小值，这样可以最大限度保证河流生态需水的水质。

图 4-2 显示了分别以生态需水量为约束条件和以污径比为约束条件下水资源开发利

用率阈值的变化情况。从图 4-2 中可以看出，只有在两条曲线下方的共同区域，河流水资源开发利用率才能够同时满足生态需水量和水质的要求，这也就表明只有在这种情况下才有可能实现人水和谐和可持续发展的目标。从该区域河流水资源开发利用率阈值的变化可以看出，随着消耗系数的增大水资源开发利用率阈值先是逐渐增大、达到峰值后又逐渐减小，其阈值波动的范围为 20%→50%→40%。由此表明，随着消耗系数的变化，水资源开发利率的阈值也会有所变化，但对于河流水资源开发利用率在任何情况下都不应该超过 50%（王西琴 等，2008）。因此，对河流水资源开发利用率的评分标准 W_{Rr} 可按表 4-21 设置。

表 4-21　　河流水资源开发利用率的评分标准

W_R/%	≤20	30	40	50	>50
W_{Rr}	100	75	50	25	0

3. 水能的开发利用

水不仅作为一种资源可以直接被人类社会所利用，同时它也是能量的一种载体，其所蕴含和携带的能量通常包括动能、势能和压力能等，这种河流水体能量称河流潜在的水能资源，或称水力资源，也就是俗称的水能。水能是一种可再生的绿色能源，在落差越大、流量越大的地区，其水能资源越丰富。人类很早就开始了对水能的利用，例如我国东汉的杜诗在公元 31 年就发明了一种水力鼓风装置用作冶铁，俗称水排；后来随着生产生活的需要又有人陆续发明了用于舂米磨面的水碓、水磨和潮汐磨，以及用于灌溉的筒车、水车和排水等。这些水能的利用都是通过一定的机械装置将水能转化为机械能，直到 19 世纪初，随着电工学、电机学等学科技术的发展，人们才逐渐开始把水能转化为电能。随着高压输电技术的逐渐完善及水力交流发电机发明以后，水能才真正得到大规模的开发利用。目前水力发电已经成了水能利用的最主要方式，水电也几乎成了水能的代名词。

由于利用矿物燃料发电所产生的环境污染及受矿物资源总量的限制，水能作为一种重要的、绿色的可再生能源，已经成为各国能源发展的重要组成部分。据最新综合评估显示，我国水能资源理论蕴藏量达 6.76 万亿 kW，占常规能源资源量的 40%。其中经济可开发容量近 4 万亿 kW，年发电量约 1.7 万亿 kW·h，是世界上水能资源总量最多的国家，占世界水能总量 16.7%。但是目前我国水能开发利用率偏低，开发利用量约占经济可开发量的 30%，远远低于发达国家 60%的平均水平（张超，2014）。

因此，可以利用水能资源开发利用率来表征水能开发的状态和程度。水能资源开发利用率为河流实际已开发的水能装机容量与经济可开发容量的比值，计算公式如下：

$$W_P=\frac{P_R}{P_T}\times 100\% \tag{4-25}$$

式中：P_R 为河流实际已开发的水能装机容量；P_T 为河流经济可开发容量。

对水能开发程度的评估，目前国内外并没有一个统一的评价标准。国际上的通常看法是开发程度越高越好，世界上已经有许多国家超过了 90%，最高的卢森堡曾达到 150%（张博庭，2006）。因此，该指标值越大意味着对河流发电功能的开发利用程度越高。

国家能源局 2016 年发布的《水电发展“十三五”规划（2016—2020 年）》对水能开

发程度提出了规划目标，见表 4-22。

表 4-22 “十三五”常规水电站发展布局

地　　区	开发规模/万 kW	占全国比例/%	开发程度/%
西部地区	24000	70.6	44.5
中部地区	6300	18.5	90.4
东部地区	3700	10.9	72.1
合计	34000	100	51.5

因此，对于水能的开发利用可以通过目标河流是否达到规划目标进行评价，水能开发目标实现程度 C_{WP} 计算公式为

$$C_{WP}=\frac{WP_R}{WP_P}\times 100\% \tag{4-26}$$

式中：WP_R 为河流实际的水能开发率；WP_P 为河流水能开发率的规划目标。

根据水能开发目标实现程度 C_{WP} 对水能开发进行评价，其评分标准见表 4-23。

表 4-23 水能开发目标实现程度评分表

C_{WP}/%	100	80	60	40	20	<10
水能开发的评分	100	80	60	40	20	0

4. 航运运输

对河流的通航能力，《内河通航标准》（GB 50139—2014）中已有明确规定。针对不同的河流航道等级，其航运运输功能的评估采用河流实际适航率来进行。所谓实际适航率是指一年内适合通航的实际天数与全年天数的比值，其计算公式为

$$C_T=\frac{T_B}{T_S}\times 100\% \tag{4-27}$$

式中：C_T 为实际适航率；T_B 为河流一年中实际适合通航的天数；T_S 为一年中的总天数，以一年 365 天来计算。

根据实际适航率 C_T 对航运运输功能进行评价，其评分标准见表 4-24。

表 4-24 航运运输功能评分标准表

C_T/%	≥95	80	60	40	20	<20
评分	100	80	60	40	20	0

5. 休闲娱乐

当社会经济发展到已经能够满足人们的物质生活需求时，对精神生活的追求就会成为人们生活的目标之一，而休闲娱乐就是人们追求精神享受的一个重要方式。河流的自然生态子系统不但与人类文明的起源密切相关，而且也是人类社会发展过程中必不可少的要素之一，因此人们在潜意识里对河流自然生态子系统就具有天然的亲近感。特别是在处在河流系统中的人类社会，在工作生活之余的休闲娱乐活动很大一部分都是围绕河流自然生态子系统进行的，并逐渐成为人们生活的一部分。根据人们在河流自然生态子系统中进行休

闲娱乐活动场所的不同，人们的休闲娱乐活动类型也有所不同，见表 4－25。

表 4－25　　利用河流的休闲娱乐活动

活动场所	活　动　类　型	活动场所	活　动　类　型
水面为主	划水、漂流、冲浪等	高河滩	散步、放风筝、运动、露营等
水面和高河滩	水上饭店、钓鱼、游泳、戏水等	高河滩和堤防	摄影、绘画写生等

这些围绕河流开展的休闲娱乐活动在强身健体的同时也可以释放、减轻人们的精神压力，改善人们的精神健康状况。因此，河流自然生态子系统所能提供的休闲娱乐资源，也是河流为人类社会提供的重要服务内容之一。为此，可以通过休闲娱乐资源指数来表征河流休闲娱乐设施的数量、分布及质量状况，如休闲项目类型多样性、规模、数量和等级等。休闲娱乐资源指数主要表征民众对河流休闲娱乐设施整体状况的满意程度，可以通过对流域内的居民进行问卷调查的方法进行确定。

6. 河流景观

河流景观不单单是指河流本身的景物景观，通常还包含着更大范围的外延扩展，其常见的景观元素包括：水面的波纹、岸旁的芦苇、河岸的植被、河边的建筑物、街道及附近的一些远景（远处的地标建筑、山峦等）等。因此，河流景观一般认为是由水域、水陆过渡带及周边陆地 3 部分的景观共同组成，其中水域景观包括河流的平面尺度、水深、流速、水质、水生态系统、地域气候、风力、水面的人类活动等要素；水陆过渡带的景观基本是指从水边直到土地利用性质改变范围内的景观；河流周边陆地景观则主要是由区域地理景观确定，但是在人口稠密区则更多的是受人类活动及人文景观的影响。

河流通过流动的水体把不同类型和风格的景观元素有机连接起来，从而形成了独特的河流景观：水体-陆地的镶嵌格局增强了河流景观的异质性；上游的山地、森林、草地，中游的峡谷、河曲和下游的湿地等不同类型景观元素的组合，极大地丰富了河流景观的多样性；而流动的河水和稳固的河岸两者之间的和谐共处则体现了河流景观中动与静的完美结合。因此，河流在流经不同的地理环境和人口聚集区时，其所营造出的景观特色予以人们的情感和精神体验也是不同的，具体见表 4－26（日本土木学会，2002）。

表 4－26　　河流景观类型及其情调

周围空间 / 河流空间 / 地形 / 位置		疏（没有、零星）	← 城镇化程度（小村庄） →	密（城镇、街区）
位置	地形	河流空间（情调）	河流空间（情调）	河流空间（情调）
上游（山谷、河岸阶地）	山地	溪流、溪谷（清闲、宁静、幽深、自然、神秘）	清水楔河（寂静、寂寞）	山间村落（偏僻、寂寞）
	平原	细流（寂静、优雅、汇流）	小河（寂静、寂寞、悠闲）	温泉村落、矿山区（偏僻、寂寞）
中游（扇形地带河段）	山地	山清水秀（娴雅、宁静、和谐、美丽）		
	平原	原野溪流（闲暇）水源（雅静、和谐）	村中河（闲暇、雅静、和谐）	城市河流（快活、华丽、人工景、典雅）

续表

位置 / 地形 / 河流空间 / 周围空间		疏（没有、零星）	← 城镇化程度 →（小村庄）	密（城镇、街区）
		河流空间（情调）	河流空间（情调）	河流空间（情调）
下游（自然堤防带和三角洲河段）	山地			
	平原	河口（舒畅悠然茫茫无际）	大江大河（宽阔、苍茫、茫茫无际、舒畅悠然）	水乡、水城、运河（浪漫、人工景、明朗、快活）

人们在研究人类的行为过程模式中发现，人类在情感和心理上更愿意亲近含有植被覆盖和水域特征并具有视野穿透性的景观。因此，一个能够被人们广泛认可和接受的河流景观可以为人们提供良好的美学享受和精神体验。例如：河流从发源地直到汇流入海，沿途的急流险滩、峡谷曲流、瀑布飞泻、河岸疏林、河流漫滩景致、江心洲风光及湍湍流水等景观通过形、色、声、味等在时空上的动态变化为人们带来视觉及精神上的享受与满足，也带给人们无尽的美感体验。另外，河流景观还能够激发人们的文学艺术创造灵感，人们通过这些文学艺术作品就能够感受到庐山瀑布“飞流直下三千尺”的壮美、体验黄河“长河落日圆”的宁静，也能够享受乡村“小桥流水人家”的田园风光和冬日里“独钓寒江雪”的幽远意境，从而达到身临其境的感觉（鲁春霞 等，2001）。

对于河流景观的评价本质上是人们对河流景观的一种心理感受和喜好程度，属于一种主观认知。因此，对于河流景观的评价主要通过对公众（包括流域内居民和外来游客）进行问卷调查的方式进行，调查公众对河流景观的认可程度及欣赏的意愿。

7. 公众满意度

为了增强公众对河流系统健康的认识、提高参与河流系统健康保护的意识，在进行河流系统健康评估时也需考虑公众对河流系统健康状态的总体看法。一般可以通过问卷调查（可以结合现场调查和网络调查）的方式来收集公众对目标河流生态、环境、娱乐休闲、景观、社会服务等方面的认可程度。为增强问卷调查结果的代表性，将面向目标河流所在区域的民众、政府机关、群众团体、河流一线管理机构、相关企事业单位等的人员进行问卷调查。通过对调查结果的统计分析，评估公众对河流系统健康状态的综合满意度。问卷调查可以根据目标河流系统的特点和当地的具体情况进行针对性的设计，但应该要能够反映当地民众对河流系统的认知和期望。

根据有效调查问卷的统计结果，按参与调查公众类型（包含沿河居民、河流管理者、河流周边从事生产活动者、休闲娱乐者 4 类）分别进行统计评分，并按式（4-28）计算最终的公众满意度指标评分：

$$PPr = \sum_{i=1}^{4} a_i \overline{P}_i \qquad (4-28)$$

式中：PPr 为公众满意度综合评估分数；$\overline{P}_i$ 为每类公众评分平均值；a_i 为每类公众评分权重，其中沿河居民、河流管理者、河流周边从事生产活动者、休闲娱乐者 4 类公众的评分权重可根据其在河流系统中的相对重要程度进行设置。

4.3.3.3 人类发展水平

人类发展水平会直接关系到人们对河流系统健康的认知、对人水和谐共生和可持续发展的理解，从而影响到对河流系统健康的维护和保护。因此，河流系统健康作为人们对河流系统状态的一种认知，人类自身的发展水平就显得尤为重要。根据联合国开发计划署（UNDP）公布的人类发展报告，对于人类发展水平的评估目前大都采用人类发展指数（Human Development Index，*HDI*）来进行。人类发展指数是对人类发展成就的总体衡量尺度，是衡量一个国家（地区）在人类发展的3个基本方面：健康长寿、知识的获取及生活水平上的平均发展水平。

人类发展指数（*HDI*）的所包含的3个指标的含义如下。

（1）健康长寿：用出生时预期寿命来衡量。

（2）知识的获取：用成人识字率（2/3权重）及小学、中学、大学综合入学率（1/3权重）共同衡量。

（3）生活水平：用人均实际GDP（实际购买力PPP，美元）来衡量。

为构建*HDI*指数，每个指标都设定了最小值和最大值：①出生时预期寿命：25岁和85岁；②成人识字率为0%和100%，综合毛入学率为0%和100%；③人均实际GDP（PPP美元）：100美元和40000美元。

对于*HDI*的任何组成部分，各个指标的数值都可以用式（4－29）来计算：

$$\text{指数值}=\frac{\text{实际值}-\text{最小值}}{\text{最大值}-\text{最小值}}$$

则预期寿命指数为

$$C_{H}=\frac{LE-25}{85-25} \tag{4-29}$$

式中：*LE*为预期寿命。

教育指数为

$$C_{E}=\frac{2}{3}ALI+\frac{1}{3}GEI \tag{4-30}$$

成人识字率指数*ALI*为

$$ALI=\frac{ALR-0}{100-0} \tag{4-31}$$

综合毛入学指数*GRI*为

$$GEI=\frac{CGER-0}{100-0} \tag{4-32}$$

式中：*ALR*为成人识字率；*CGRR*为综合毛入学率。

生活水平指数为

$$C_{G}=\frac{\lg GDP_{PC}-\lg 100}{\lg 40000-\lg 100} \tag{4-33}$$

然后将这3方面的指数进行算术平均，即为人类发展指数。

$$HDI=\frac{1}{3}(C_{H}+C_{E}+C_{G}) \tag{4-34}$$

*HDI*的取值在0～1之间，指数越接近1，说明这个国家经济和社会发展程度越高。

在上述*HDI*计算过程中，*HDI*在构建及各变量最大值、最小值的选择上，还在不

断完善和变化。2010年开始，对知识的获取采用平均受教育年限和预期受教育年限来代替，人均GDP则被人均国民总收入（GNI）所代替，并且相关指数的计算方式也发生了改变（UNDP，2010）：①出生时预期寿命最大值和最小值分别为20岁和83.2岁；②平均受教育年限最大值和最小值分别为0和13.2，预期受教育年限为0和20.6年；③人均国民总收入GNI（按购买力平价计算PPP，美元）最大值和最小值分别为163美元和108211美元。

则预期寿命指数：

$$C_{\mathrm{H}}=\frac{LE-20}{83.2-20} \tag{4-35}$$

教育指数：

平均受教育年限指数：

$$MEYI=\frac{MEY-0}{13.2-0} \tag{4-36}$$

式中：MEY 为出生时预期寿命，年。

预期受教育年限指数：

$$GEYI=\frac{GEYR-0}{20.6-0} \tag{4-37}$$

式中：$GEYR$ 为预期受教育年限，年。

则

$$C_{\mathrm{E}}=\frac{\sqrt{MEYI\cdot GERYI}-0}{0.951-0} \tag{4-38}$$

人均国民总收入采用收入指数来表示：

$$C_{\mathrm{IN}}=\frac{\ln GNI_{\mathrm{PC}}-\ln 163}{\ln 108211-\ln 163} \tag{4-39}$$

式中：GNI_{PC} 为人均收入（经PPP调整，以美元表示）。

则最终的人类发展指数为

$$HDI=\sqrt[3]{C_{\mathrm{H}}C_{\mathrm{E}}C_{\mathrm{IN}}} \tag{4-40}$$

根据UDNP的《2014年人类发展报告》，利用 HDI 指数可以将人类发展水平分为不同等级，见表4-27（UNDP，2010）。

表4-27　　不同 *HDI* 指数对应的人类发展水平

HDI 指数	≥0.800	0.700～0.799	0.550～0.699	<0.550
人类发展水平	极高	高	中等	低

4.3.4 警源指标

警源是警情产生的根源。由于警源的存在，使得河流系统的健康始终存在着病变的可能，警源的异常变化可能会破坏河流系统正常的外部交流或内部运行机制，从而导致河流系统的健康状况出现警情。对于河流系统而言，其健康警源一般来自两个方面：自然因素与人为因素。自然因素是指不以人的意志为转移的、在自然背景条件下所产生的警源，包括自然界中一些容易发生异常变化而导致自然灾害并由此引发河流系统健康警情的客观因素，如暴雨、山洪暴发、洪水、暴风雪、干旱、台风等。人为因素则是由于人类不当或过度活动所形成的警源，主要是由社会、经济活动产生的，如区域内人口数量的过度增长引发的水资源供给紧张、工农业生产及人们生活所产生的污废水等。而引发河流系统健康警情则往往是自然因素与人为因素相互影响、共同作用的结果。

河流系统健康的警源指标是用来标识诱发河流系统健康出现异常变动的各种指标，它包括表征自然演变和活动的自然警源指标和表征人类活动的警源指标。警源指标将有助于我们从本质上把握河流系统健康问题产生的根源，为维护河流系统健康、排警调控提供依据。

4.3.4.1　自然因素

影响河流系统健康的自然因素主要包括气候、流域内的地质条件、地形地貌等。一般在正常情况下，地质条件、地形地貌等因素的演变对河流系统健康产生作用所需的时间尺度都远大于河流系统健康研究的时间尺度。因此，在分析自然因素的警源时，对一些大时间尺度的影响因素或河流正常演变过程中的自然因素和现象将予以排除，例如：①流域范围内，自然情况下地质条件及地形地貌的演变；②太阳活动、酸雨、温室气体、臭氧层破坏等大尺度的天文、气候效应，在短时间内也不会对河流系统的健康有直接的影响；③河流系统中自然形成的污染源，一般只在有限的区域内发生，不会对河流系统的整体水环境有明显的影响。

因此，气候因素成为目前影响河流系统健康最直接的自然因素警源。常见的气候因素包括降雨量、降雨强度、气温、湿度和风向等。其中降雨量是最为重要的因素，它决定了河流的径流量的大小及季节性分配，会影响到水生生物的生存环境、河势的演变、水资源的利用等，对河流系统健康有着直接的影响。以此为基础构建的常见自然因素警源指标见表4-28。

表4-28　　常见自然因素的警源指标

警源指标	指　标　含　义	资料来源
降雨量	指从天空降落到地面上的雨水，未经任何损失而在水平地面上积聚的雨水深度，一般以毫米（mm）为单位	气象资料
降雨强度	指在某一历时内的平均降落量，一般用单位时间内的降雨深度表示	气象资料
年最高气温	—	气象资料
年最低气温	—	气象资料
蒸发量	指在一定时段内，水分经蒸发而散布到空中的量，通常用蒸发掉的水层厚度的毫米数表示	气象资料
干旱指数	为年蒸发能力和年降水量的比值，反映气候干旱程度	气象资料
日雨量50～100mm的暴雨次数	—	气象资料
大于100mm的暴雨次数	—	气象资料
洪水灾害次数	年内发生超防洪标准洪水次数	水文资料

4.3.4.2　人类活动

一方面河流系统中现有的生物都是与周围环境长期协同进化的产物，生物已经适应了

现有自然环境的演变规律，除非发生大规模的自然地质灾害，如地震、特大暴雨、山洪、特大洪水、长期干旱和河流袭夺等，才有可能在短时间内造成河流自然生态子系统发生不可逆的巨大变化。在大多情况下，河流自然生态子系统依靠其对正、负反馈的自我调节能力可维持河流自然生态系统的平稳有序发展。另一方面，从河流系统演变的时间尺度上看，一般自然因素对河流系统健康的影响需要经过较长时间才能体现出来，在小时间尺度范围内其影响作用不是很明显。因此，对于河流系统健康预警研究这种小时间尺度，人类活动将是河流系统健康胁迫的主要来源，也即是主要警源。

现代河流都是历经人类长期影响和不断改造后的河流，人类活动对河流的干扰常常在短时间内就对河流造成不可逆转的改变，如水资源的利用、污染物排放、涉水工程建设、水土保持等，甚至区域内的人口数量、社会经济的发展水平、河流的管理水平都会在不同程度上影响到河流系统，并在一定条件下诱发系统的健康问题。人类活动的这种影响大体是从三个方面实施的：河流的径流量、水流的输沙量和水质。

1. 影响河流径流量的因素

对于河流的径流量可以利用水量平衡方程来表示：

$$W_R = W_P - W_E + \Delta W_S + \Delta W \tag{4-41}$$

式中：W_R 为河流的径流量；W_P 为降水量；W_E 为蒸发量；ΔW_S 为某一时间内河道的蓄水量；ΔW 为河道与外界的交换水量。

式（4-41）中 W_P、W_E 属于自然气候条件，ΔW_S、ΔW 则属于下垫面因素。人类活动主要通过影响下垫面因素来改变河流的径流量，分为直接和间接影响两种途径。其中直接影响途径不仅直接影响河流径流量的大小，同时还会改变整个径流过程，如为保障社会正常运行从河流中提取的工农业用水、生活用水及作为备用或应急水源的水库蓄水及其附加损失（蓄水附加的蒸发和渗漏），对目标河流实施的跨流域调水等。另外，为保证防洪、航运、发电等社会服务功能而实施的水库调节、清淤、开挖、裁弯取直、堤岸防护等河道工程等也都会改变河流的径流过程。

有些人类活动虽然不会直接影响河流的径流过程，但由此带来的后果也会对河流径流形成和发展过程产生一定程度的影响。例如：流域内人口数量的变化、城镇化程度的提高、土地利用方式的改变、水土流失的治理、水土保持措施的实施与完善、农业耕作技术的进步、农业生产结构布局的调整、植被覆盖度的改变、与河流开发利用相关的科学技术水平的进步等。另外，国家、流域、地方的相关政策、法律、法规的制定或变动造成对河流开发利用方式的改变等也会影响河流的径流过程。

2. 影响河流输沙的因素

对于目标河段某一时段内的泥沙输移平衡过程可表示为

$$\Delta S_R = S_{in} - S_{out} + \Delta S_{net} \tag{4-42}$$

式中：ΔS_R 为河段内泥沙的变化量；S_{in} 为上游断面的来沙量；S_{out} 为下游断面出沙量；ΔS_{net} 为河段上的净出入河沙量。

由于河流中泥沙的输移是依靠水流运动展开的，因此河道的输沙能力与其径流量密切相关，径流量变化的同时也会引起输沙量的变化。因此，影响河流径流量的各种因素在影响河流径流量的同时也就影响到河流泥沙的运输。例如：从河道中引水（工农业生产生活用水）也会引走一定的沙量、泥沙在运动过程中自身的淤积也可减少河道输沙量、土地利用性质的改变、水土保持及水土流失等都会改变流域的入河泥沙量，而河道中修建的挡水建筑物则会导致泥沙在建筑物上游淤积从而影响下游河道的来沙量。

3. 影响河流水质的因素

对河流的水质而言，水体中包含的离子盐含量可用式（4-43）表示：

$$\Delta I_C = C_{in}Q_{in} + C_{un}Q_{un} + \Delta I_{RC} - C_{out}Q_{out} \tag{4-43}$$

式中：ΔI_C 为河段内的离子含量的变化量；C_{in} 为上游来流的离子浓度含量；Q_{in} 为上游来流量；C_{un} 为与地下水交换的离子浓度含量；Q_{un} 为地下水交换量；ΔI_{RC} 为河段内进入河流的净离子含量；C_{out} 为下游出流的离子浓度含量；Q_{out} 为下游出流量。

从式（4-43）可以看出：上游来流携带的污染物总量、下游出流所排出的污染物总量、与地下水所进行的物质交换强度、区域内进入河流的净污染物总量等都会对河流的水质造成不同程度的影响。一般而言，河流水体中外来污染物根据其进入河流的方式不同可以分为点源污染和面源污染。其中点源污染是指在污染物通过集中的方式进入河流水体，如工业废水、城镇生活污水和矿井水等的集中排放。而面源污染则是指污染物通过分布的方式进入河流水体，面源污染的来源包括农业生产、城市地面、矿山采矿等。面源污染物进入河道水体存在两种途径：①通过地表途径进入河道水体，通常是通过地表径流的方式汇入河流水体造成污染；②部分污染物通过地表水渗透进入土壤后，随着地下水的运动在水陆交界带通过地表水和地下水的交换进入河道水体。

河流中流动的水体会具有一定的自净能力，通过在水体中发生的物理、化学和生物过程使溶解或悬浮于水中的物质得到稀释、转化和降解，从而达到净化水体的目的。另外，河流自然生态系统中的某些水生生物（包括水生植物、某些动物和微生物）也能吸收、固化、降解某些特定的污染物。但人类的很多活动都会直接弱化河流水体的自净能力，如河道中修建的各类挡水建筑物，在降低了水体流速的同时也弱化了水体的自净能力；另外，河流中水量的减少，也会降低河流的纳污能力和自净能力。

综上所述，常见人类活动因素的警源指标见表4-29。

表4-29　常见人类活动因素的警源指标

类别	警源指标	指标含义	资料来源
水资源利用	工业用水量	流域（区段）内的年工业用水量	社会经济统计资料
	农业用水量	流域（区段）内的年农业用水量	
	生活用水量	流域（区段）内的年生活用水量	
	生态、景观用水量	流域（区段）内的年生态用水量	
	工业用水重复利用率		
	第三产业用水量	流域（区段）内第三产业的年用水量	
	地下水位	会直接影响地下水与地表水之间的互补关系	国土资源管理部门
	地下水水质		
	地下水开采量		
	地下水开发利用程度	地下水年开采量与地下水年补给量的比值	

续表

类别	警源指标	指　标　含　义	资料来源
污染	城镇生活污染排放量	流域（区段）内城镇生活污染年排放量	环境监测主管部门
	工业污染排放量	流域（区段）内工业污染年排放量	
	矿山企业污染排放量	流域（区段）内矿山企业污染年排放量	
	第三产业污染排放量	流域（区段）内第三产业污染年排放量	
	规模化、集约化养殖场污染排放量	流域（区段）内养殖场污染年排放量	
	污水处理率	污水处理量和污水排放量的比值	
	耕地面积		农业主管部门和国土资源管理部门
	耕地指数	表示区域内耕地的变化情况，为耕地面积和土地总面积的比值	
	水浇地面积		
	有效灌溉面积		
	化肥施用量		
	载畜量变化率	现状年或规划年载畜量与基准年载畜量之差与基准年载畜量的比值	
涉水工程	水利工程投资指数	水利工程投资与地区国民生产总值GDP的比值	水行政主管部门
	年外调水量比例	年调水量占多年平均径流量的比值	
	河岸侵占率	指河岸被用于农民耕作、商业区、住宅区等占用河岸的总长度占河岸总长度的百分比	
	河岸硬质化程度	硬质化河岸长度/河岸总长度	
	鱼类洄游通道设置率	河道中所有挡水建筑物中设置鱼类洄游通道的比率	
	水库调节系数	为水库库容与地表径流的比值	
	水库蓄水量	水库在正常运行水位下的蓄水量	
水土保持	水土保持综合治理面积	流域内完成水土保持综合治理的总面积	国土资源管理部门，遥感影像资料
	水土流失面积比率	流域内水土流失面积和土地总面积的比值	
	土地严重退化指数	指严重侵蚀的土地面积和土地总面积的比值	
	森林覆盖率	森林覆盖面积和流域土地总面积的比值	
	草地覆盖率	草地覆盖面积与流域土地总面积的比值	
	潜在荒漠化指数	潜在荒漠化土地面积与土地总面积的比值	
	荒漠化指数	荒漠化土地面积与土地总面积的比值	
社会、经济发展水平	常住人口	流域内常住总人口	社会经济统计资料
	GDP/万元	流域内的社会总产值	
	城镇化水平	流域内城镇人口占总人口的比例	
	第一产业总值/万元		
	第二产业总值/万元		
	第三产业总值/万元		

续表

类别	警源指标	指　标　含　义	资料来源
社会、经济发展水平	万元 GDP 用水量		社会经济统计资料
	路网密度	指单位面积上的公路长度	交通部门
河流管理水平	国家、地方、流域政策法规完善程度	指国家、地方、流域等相关机构制定的、与河流相关的法律、法规、政策、条令等是否满足河流管理、保护的需求	河流主管部门
	管理投入力度	河道管理费用占河道总投入经费的比例	
	违规事件查处力度	年内查处违规事件数占违规事件总数的百分比	

河流系统不但具有鲜明的地域特性，而且自身也处在不断演变发展的过程中。因此，河流系统的功能、特点及系统健康的具体表现等也不是一成不变的，甚至是影响河流系统健康的主要因素——警源也是各不相同的。在表 4 - 28 和表 4 - 29 中所列出的常见警源指标体系只是表明河流系统中可能存在的常见健康警源，在针对具体河流系统时，由于每个河流系统所面临的健康威胁不尽相同，需要结合目标河流系统的具体情况选取或增添可能的警源指标，然后再通过对警源的查证确定影响目标河流系统健康的主要警源，为河流系统的科学管理和决策提供理论支撑。

4.4　河流系统健康预警指标的筛选

4.4.1　预警指标筛选的原则

在构建河流系统健康预警指标体系时，最为理想的状况是各指标既能相互完全独立又能够全面反映河流系统的健康状况，这样构建的预警指标体系不但指标数量最少，而且也最为完整，但在实际工作中很难同时满足这两个条件。因此，为了能够全面地反映系统特征，一般在构建指标体系时都会尽可能多地选取指标，从而首先满足指标体系构建的全面性原则。但由此也带来了指标相互间的独立性较差、指标内涵相互重叠的问题。而且，初建的指标体系中还可能存在这样一些指标，其代表数值的变化对最终结果的影响不是很明显。因此，在实施正式的评价分析前需要对初建指标体系进行筛选，这样不但可以减少工作量提高效率，同时也能够更加突出河流系统健康的主要表征因素。根据河流系统健康预警的特点，其预警指标的筛选可以遵循以下原则实施。

(1) 相关性与独立性相结合。在进行多指标的筛选时，相关性考察和独立性分析是主要的筛选手段之一。在河流系统健康预警指标的筛选过程中，一般是根据各指标已有的相关数据，分别计算各指标之间的相关系数，并将各指标间的总体平均相关系数作为划分相关性高低的标准，低于总体平均相关系数的视为独立性指标，高于总体平均相关系数则视为相关性指标。然后针对相关性指标进行挑选或合并，一般是优先保留同其他独立性指标重叠少且代表性强的指标，以尽量减少指标之间代表因素的重叠（杨燕风 等，2000）。

(2) 静态与动态相组合。河流系统不仅在空间上具有明显的地域性，而且随着时间的

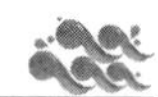

变化系统也处在不断发展变化的过程中。因此，仅仅采用一些反映河流系统状态的静态指标是不足以全面反映河流系统的发展变化。虽然通过对不同时期的静态指标所反映的情况进行对比分析，能够在一定程度上反映河流系统某一方面的变化，但对于这种变化的程度、变化速率、变化规律及变化趋势却很难通过静态指标直接体现出来，而在很多情况下这些变化的特征和规律往往更能反映迅速变化的河流系统健康状态，例如：河流自然生态子系统中生物多样性的变化、水环境的变化、流域内人类的发展水平等。因此，在河流系统健康预警指标体系中除了要包含反映河流系统健康状态的静态指标以外，还应该选取一些能够反映河流系统健康某方面特征变化趋势的动态指标。

(3) 一般量度与质变预警相结合。当河流系统中的某些因子变化超过临界阈值时，就会导致系统发生失调和突变，从而使得河流系统原有的平衡遭受破坏。目前我国的社会经济正处在迅速转型、快速发展的情况下，必将对河流系统的健康状况和发展趋势形成较大的影响。因而，在作为评价和监控工具的河流系统健康预警指标体系中也需建立相应的预警机制。因此，在研究中对一些关键指标初步设定预警的阈值，如河流水质、流量等。当这些指标代表值持续低于或高于某一临界区间，就有可能给河流系统健康带来严重的危害。

通常用来进行指标筛选的方法可以分为 3 类：①专家主观评定和判定法，该方法适用于指标相关资料、数据缺失的情况下，主要依据专家个人的经验知识来选取指标，属于定性分析方法；②数理统计法，主要适用于定量指标的筛选，要求指标具有较长系列的完整数据资料，属于定量分析方法；③主客观综合法，就是在前两类方法的基础上，结合定性分析和定量分析对初建指标体系中的指标进行筛选。

4.4.2 专家主观评定和判定法

在专家主观评定和判定法中，由于实施流程和步骤的不同演化出很多不同的具体方法，一般最常见的形式有专家会议法和德尔菲（Delphi）专家咨询法（应桂英 等，2012）。

4.4.2.1 专家会议法

所谓专家会议法是指为了对初建指标体系中的指标进行筛选，按照一定原则邀请一定数量的专家，召开会议共同讨论指标的筛选。通过专家会议，可以充分利用不同专家的专业知识和经验，采用集思广益、博采众长的方式取得较好的指标筛选效果。专家会议法筛选指标的效果关键在于邀请适宜的专家，其专家组成直接关系到最终形成的指标体系能否准确、高效地反映研究主题。

1. 邀请专家的指导原则

(1) 专家的专业能力和经验应与所论及的决策问题密切相关，这其中不仅包括自身研究领域与目标问题一致的专家，也应包括一些学识渊博、对所论及问题有较深理解的相关领域专家。另外，在专家组成中根据目标问题还可以选择一些从事一线技术和管理的专业人员。

(2) 专家人员最好来自不同的单位或部门，避免专家由于存在上下级、职称差异、资历深浅等原因而造成参加者无法自由表达自己的意见和观点。

2. 实施过程

(1) 为在较短的会议时间内能够形成有效的专家意见，专家数量一般控制在15人左右为宜。

(2) 在召开专家会议前，组织者须提前向应邀专家提供必要的会议资料，介绍研究主题和会议的主要目的，并为专家预留足够时间对材料进行研究分析。

(3) 会议主持者应避免发表任何导向性意见，并禁止现场评价专家意见和看法。

(4) 专家的会议发言应予以平等对待，不同意见可以自由讨论。

(5) 应准确记录专家意见和建议，及时整理汇总并交于会议专家确认，得出指标筛选结论。

3. 专家会议法的优缺点

专家会议法借助于专家们的专业知识和实践经验及互相之间的讨论交流，可以有效突破个人专业知识和经验的限制，从而在较短时间内就能得到富有成效的结论，为指标筛选提供依据，但是专家会议法的不足之处也十分明显。

(1) 易受权威专家的影响。权威或知名专家的意见和建议，可能会影响或压制其他专家不同意见的发表。

(2) 由于专家个人原因，不愿意发表与其他人不同的意见或是修改自己原来不全面的意见。

(3) 受专家自身身份或语言表达能力的影响，使得其提供的一些有价值的意见或观点没得到足够重视。

4.4.2.2 德尔菲专家咨询法

德尔菲专家咨询法与专家会议法的一个关键区别是通过匿名的方式征求专家们的意见来进行指标的筛选，而且可以根据需要实施多轮函询筛选。通常是在获得专家意见后进行整理分析，并把结果反馈给各位专家，邀请专家根据反馈结果再次进行指标的筛选，在经过多轮反馈后专家们的意见就会逐渐统一，从而得到可靠性较高的指标体系。目前德尔菲专家咨询法在许多领域的指标筛选研究中被广泛应用，并不断得到改进和发展，已经成为一种简便易行、成熟可靠的指标筛选方法。

1. 德尔菲专家咨询法的基本操作流程

(1) 邀请专家。在利用德尔菲专家咨询法进行指标筛选的过程中，专家成员的选取是整个咨询工作的核心，会直接关系到整个咨询结果的可信度和可靠性。一般专家成员的选取通常从3个方面进行考虑：①对研究主题具有深刻的认识和见解；②拥有与研究主题相关的广博知识；③具备了与研究主题密切相关的丰富实践经验。这样选出的专家人员才有可能针对待选的指标体系提出正确的评价意见和有价值的判断。为保证专家最终筛选的指标体系方案具有足够的说服力和可靠性，专家通常都是目标领域内从事10年以上的教学科研、技术开发或管理工作的专业人员。一般情况下专家人数越多，最终筛选得到的指标体系可信度和可靠度也就越高。但随着参加筛选的专家人数增多，随之也会带来工作量的急剧增加和大幅增加达成统一意见所需的时间。一般认为专家人数以控制在15人左右为宜，进一步增加专家人数对筛选结果的影响并不显著。

(2) 设计专家咨询问卷。当研究人员完成指标体系的初步构建后，还需要设计专家咨

询问卷。咨询问卷主要是为了协助专家进行筛选判断，其内容主要包括研究目的及背景介绍、指标体系的构建和设置、协助专家判断的依据等方面，同时在问卷中还应该设置一些开放性议题，以方便专家根据自己的专业知识和经验对指标体系的设置提出自己的意见和建议。

（3）问卷发放及回收。为提高专家咨询的时效性，对于问卷的发放和回收都可以通过互联网来进行。邀请专家根据自己的专业知识和实践经验对初建指标进行筛选，并提出自己的意见。一般需要给每位专家留有充足的时间来完成问卷咨询，并请专家在规定的时间内予以返回。

（4）专家意见整理与反馈。在完成首轮的专家咨询后，利用回收的问卷对所有专家的意见和建议进行汇总、整理分析，并准备实施第二轮问卷咨询。在设计第二轮咨询问卷时需附上上轮问卷咨询的汇总结果，但不能出现意见提出者的个人相关信息，以避免干扰专家的分析判断。每个专家在综合分析其他专家的意见后，可以维持自己原有的意见、也可以对自己原来的意见进行修改或者提出新的意见。

以此类推，通过发放咨询问卷，回收、整理专家意见并再次咨询直到专家不再提出修改意见为止。一般经过三四轮反馈后，专家们的意见就会趋于稳定和一致。

（5）归纳整理专家最终意见。当所有专家的意见都趋于稳定并取得一致后，就可以在归纳整理专家意见的基础上得到筛选后的指标体系。

2. 德尔菲专家咨询法的优缺点

德尔菲专家咨询法是在专家会议法的基础上发展起来的一种定性判别方法。德尔菲专家咨询法有效结合了专家会议法的优点，在充分发挥专家专业所长的同时又能避免其他因素对专家自由表达意见的影响。在资料有限或缺失，特别是数据收集困难的情况下，德尔菲专家咨询法所具备的匿名性、反馈性、统计性等特点，使得咨询者在咨询过程中可以充分发挥信息反馈和信息控制的作用，由此得到的结论或方案相比专家会议法而言更为可信与可靠。

但德尔菲专家咨询法也存在一个明显的缺陷就是其实施过程不但复杂而且周期较长，通常至少需要经过两轮甚至三四轮的反馈咨询才能得到稳定的结果，这也造成实施成本较高。还有就是与专家会议法面临的同样问题，就是如何选取适宜的专家咨询人员，在这过程中不但涉及专家对咨询内容的熟悉程度，还存在咨询者与被咨询者之间的关系等都可能会对最终的咨询结果造成影响。

4.4.3 数理统计法

所谓数理统计法就是利用指标已产生的统计数据作为指标筛选的依据，然后根据一定的数学理论和方法对指标进行刷选。利用数理统计法筛选指标具有理论依据强、操作简单易行等优点。指标筛选常见的数理统计方法包括变异系数法（吴有炜 等，2004）、最小均方差法（郭亚军，2007）、极小极大离差法（郭亚军，2007）、相关系数法（易平涛 等，2017）、主成分分析法（任雪松 等，2011）和聚类分析法（余锦华 等，2005）等。

假定初建警兆指标体系中共包含 m 个指标，每个指标有 n 个样本取值，则利用不同方法进行指标筛选的过程分别如下所述。

4.4.3.1　变异系数法

在统计学中变异系数也称“离散系数”，变异系数反映的是指标统计值的离散程度，当统计数据足够多时就能反映出指标对外部条件变化的敏感性。变异系数法就是通过分析比较各指标统计数据的变异系数来进行指标筛选。

对于指标 x_j，其样本数据的变异系数 CV_j 的计算公式为

$$CV_j=\frac{S_j}{\overline{x_j}}\times 100\% \quad (j=1,2,3,\cdots,m) \tag{4-44}$$

其中

$$S_j=\sqrt{\frac{1}{n}\sum_{i=1}^{n}(x_{ij}-\overline{x_j})^2}$$

$$\overline{x_j}=\frac{1}{n}\sum_{i=1}^{n}x_{ij}$$

式中：S_j 为指标 x_j 样本数据的标准偏差；$\overline{x_j}$ 为指标 x_j 样本数据的算术平均数值。

分别计算出各备选指标的变异系数，然后就变异系数大小进行排序分析。指标的变异系数太小，表明其对外部条件变化的反应不敏感，无法明显区分时空差异，用于评价时的分辨能力就较低。因此，在指标筛选时通常都要剔除变异系数较小的指标，而保留那些变异系数较大的指标。变异系数法一般只适用于样本算术平均值大于零的情况。

4.4.3.2　最小均方差法

对于指标 x_j，其样本数据的均方差 S_j 为

$$S_j=\frac{1}{n}\sum_{i=1}^{n}(x_{ij}-\overline{x_j})^2 \tag{4-45}$$

式中：$\overline{x_j}$ 为指标 x_j 的样本算术平均值。

若存在 $\lambda(1\leqslant\lambda\leqslant m)$，使得 $S_\lambda=\min(S_j)$ 且 $S_\lambda\approx 0$，则可筛除与 S_λ 相应的评价指标 x_λ。

4.4.3.3　极小极大离差法

对于指标 x_j，针对样本统计数据计算出其最大离差 D_j：

$$D_j=\max_{1\leqslant i,k\leqslant n}(|x_{ij}-x_{kj}|) \tag{4-46}$$

再求出 D_j 的最小值，即令

$$D_\lambda=\min_{1\leqslant j\leqslant m}(D_j) \tag{4-47}$$

当 D_λ 接近于零时，则可删除掉与 D_λ 相应的评价指标 x_λ。

4.4.3.4　相关系数法

相关系数法就是利用指标的样本数据计算各个指标之间的相关系数，并通过相关系数的大小进行指标的筛选。

当指标的样本数据服从正态分布或经变换后服从正态分布时，令 r_{ij} 为第 i 个指标和第 j 个指标的 Pearson 相关系数的绝对值，则 r_{ij} 为

$$r_{ij}=\left|\frac{\sum_{k=1}^{n}[(x_{ki}-\overline{x}_i)(x_{kj}-\overline{x}_j)]}{\sqrt{\sum_{k=1}^{n}(x_{ki}-\overline{x}_i)^2\sum_{k=1}^{n}(x_{kj}-\overline{x}_j)^2}}\right| \tag{4-48}$$

式中：x_{kj} 为第 j 个指标第 k 个样本值标准化后的值，$k=1,2,3,\cdots,n$；$\overline{x_i}$、$\overline{x_j}$ 分别为第 i、第 j 个指标样本数据的算术平均值。

对于警兆指标体系而言既要求指标具有充分的代表性，也要求指标之间能够尽可能相互独立。当 r_{ij} 的数值超过设定阈值时（如 0.90）时，说明两个指标的线性关系是显著的，其所反映的信息存在高度重复。当某个指标与多个指标之间的相关系数超过阈值时，一般选定其中独立性较强的指标作为代表，其余指标则予以筛除。假定 d_j 表示指标 x_j 的独立性程度，则

$$d_j=\frac{e^{(1-b_j)}}{\sum_{j=1}^{m}e^{(1-b_j)}} \tag{4-49}$$

$$b_j=\sum_{i=1}^{m}|r_{ij}|$$

式中：b_j 为指标 x_j 与 m 个指标的相关程度，$(i,j=1,2,3,\cdots,m)$；d_j 越小表明指标 x_j 的独立性越高，该指标所包含信息的价值量就越大。

当指标 x_j 与其他指标之间所有的相关系数都小于设定阈值时，则认为指标 x_j 是独立的，应予以保留。

4.4.3.5　主成分分析法

主成分分析法是通过数学分析变换将原有的、存在较高相关性的众多指标转换为数量较少、相互独立性的综合指标，其主要过程如下。

（1）根据原有指标的样本数据计算各指标之间的相关系数，得到相关系数矩阵：

$$\boldsymbol{R}=(r_{ij})_{m\times n}=\begin{bmatrix} r_{11} & r_{12} & \cdots & r_{1m} \\ r_{21} & r_{22} & \cdots & r_{2m} \\ \vdots & \vdots & & \vdots \\ r_{m1} & r_{m2} & \cdots & r_{mm} \end{bmatrix} \tag{4-50}$$

式中：r_{ij} 为指标 x_i 与 x_j 样本数据标准化后的相关系数，且 $r_{ij}=r_{ji}$。

其大小可以通过下式计算得到：

$$r_{ij}=\frac{\sum_{k=1}^{n}[(x_{ki}-\overline{x}_i)(x_{kj}-\overline{x}_j)]}{\sqrt{\sum_{k=1}^{n}(x_{ki}-\overline{x}_i)^2\sum_{k=1}^{n}(x_{kj}-\overline{x}_j)^2}} \tag{4-51}$$

（2）求解特征方程 $|\lambda\boldsymbol{I}-\boldsymbol{R}|=0$

1）求出特征方程的特征值 λ，并予以降序排列：

$$\lambda_1\geqslant\lambda_2\geqslant\cdots\geqslant\lambda_m\geqslant 0$$

2）求出对应于特征值 λ_i 的正交化单位特征向量 $\boldsymbol{e}_i(i=1,2,\cdots,m)$即

$$\|\boldsymbol{e}_i\|=1,\ \sum_{j=1}^{m}e_{ij}^2=1,\ \boldsymbol{Re}=\lambda_j\boldsymbol{e}$$

式中：e_{ij} 表示向量 $\boldsymbol{e}_i$ 的第 j 个分量。

（3）计算主成分贡献率及累计贡献率。主成分分析是把 m 个随机变量的总方差分解为 m 个不相关随机变量的方差之和 $\sum_{i=1}^{m}\lambda_i$，则总方差中属于第 i 个主成分（被第 i 个主成分所解释）的贡献率为

$$CS_i=\frac{\lambda_i}{\sum_{i=1}^{m}\lambda_i} \tag{4-52}$$

前 k 个主成分的累计贡献率为

$$S_{CS}=\frac{\sum_{j=1}^{k}\lambda_j}{\sum_{i=1}^{m}\lambda_i}\quad(k\leqslant m) \tag{4-53}$$

S_{CS} 体现了前 k 个主成分对原始变量的解释程度，一般要求大于 0.80。

最后，将标准化后的指标变量转换为主成分

$$y_i=\sum_{j=1}^{m}e_{ij}x_j\quad(i=1,2,\cdots,k) \tag{4-54}$$

4.4.3.6　聚类分析法

聚类分析又称群分析，是研究（样品或变量）分类问题的一种多元统计方法。按聚类对象的不同，聚类分析可以分为：样品聚类（称为 Q 型聚类）和变量聚类（称为 R 型聚类）。按聚类方法的不同，有系统聚类法、有序样品聚类法、动态聚类法、模糊聚类法、图论聚类法、聚类预报法等。其中系统聚类法作为聚类分析中常用的一种方法，主要用于小样本间的聚类及对变量进行聚类。指标实质上就是一种变量，因此指标的筛选从变量聚类的角度来说，就是采用一定的聚类方法（通常是系统聚类法）将初建指标体系聚为一定数量的类别，然后从每一类别当中选择具有代表性的指标作为入选指标（余锦华 等，2005）。

当采用离差平方和对初建指标进行 R 型聚类，其具体步骤如下。

（1）将 m 个指标视作 m 个类。

（2）将 m 个指标中任意两个合并成一类而其他不变，共有 $m(m-1)/2$ 种合并方式，第 i 类的离差平方和 S_i 为

$$S_i=\sum_{j=1}^{n_i}(\boldsymbol{X}_i^{(j)}-\overline{\boldsymbol{X}}_l)'(\boldsymbol{X}_i^{(j)}-\overline{\boldsymbol{X}}_l) \tag{4-55}$$

式中：n_i 为第 i 类中的指标数量；$\boldsymbol{X}_i^{(j)}$ 为第 i 类中的第 j 个指标样本数据标准化后的样本值向量；$\overline{\boldsymbol{X}}_l$ 为第 i 类中的指标样本平均值向量。

（3）计算不同合并方案的总离差平方和 S：

$$S=\sum_{i=1}^{k}\sum_{j=1}^{n_i}(\boldsymbol{X}_i^{(j)}-\overline{\boldsymbol{X}}_l)'(\boldsymbol{X}_i^{(j)}-\overline{\boldsymbol{X}}_l) \tag{4-56}$$

并按总离差平方和最小的合并方案进行重新分类。

（4）重复步骤（3），直到最后的分类数目达到最初认为设定的分类数为止。

为了从各个聚类中选择代表性指标，通常是通过计算每类中相关指数的平均值 $\overline{r^2}$，取其中较大者对应的指标作为该类的代表性指标。

$$\overline{r^2}=\frac{\sum\limits_{i\neq j} r_{ij}^2}{k-1}\quad (i,j=1,2,\cdots,k) \tag{4-57}$$

式中：k 为某一类中指标的个数；r_{ij}^2 为该类中指标 x_i 与类中其他指标相关系数的平方值。

利用数理统计法对初建指标体系进行筛选也存在一个明显的缺陷，就是在计算分析过程中完全忽略了不同指标对于评估对象和评估目的重要性差异，而仅仅是基于统计数据来判断指标是否应该保留或筛除，这一过程不但与实际情况不相符，而且计算分析结果有时候会与客观事实明显冲突，特别是当存在异常数据时更容易出现误判。

4.4.4 主客观综合法

指标筛选的主观和客观方法都有各自的优缺点，主客观综合法就是在结合这两种筛选方法优点的基础上发展起来的一种指标综合筛选方法。它是在充分利用统计数据信息的基础上，结合专家根据其专业知识经验所做出的评判信息，对初建指标体系中的指标进行筛选。这种方法一方面融合了专家的知识、经验和判断，能有助于得到反映评估对象真实状态的结论；另一方面，它也拓展了指标的筛选范围，对于具有模糊性、不确定性，需要主观评判的主观定性指标，可以有效处理。通过主客观相结合的方法，可以对更大范围内的指标进行筛选，克服了数理统计法不能处理非定量问题的缺陷（刘仁等，2013）。

在针对复杂系统或目标时，由于其指标体系中大多数都包含定量的指标和定性的指标，而对于一些定性的指标是无法通过已有资料分析来确定其是否合理，此时就需要通过专家评判来确定。因此，对于这类复杂系统或目标，在统计资料完备的情况下，指标的筛选最好能够采用主客观综合法，以提高指标体系的代表性和独立性。

4.4.5 河流系统健康预警指标体系的合理性检验

对于指标筛选后得到的指标体系是否能够充分反映原有的系统信息，需要对指标筛选后构建的指标体系进行合理性检验。一般认为当筛选后的指标如果能够反映 90%以上的原始信息，则表明筛选后的指标体系构建合理。根据指标数据标准差反映指标信息量的原理，可以利用最终筛选出指标的数据标准差占初选指标数据标准差的比例——信息贡献率来表示筛选出的指标体系的信息保留程度（迟国泰 等，2009）：

$$IN=\frac{\frac{1}{k}\sum\limits_{j=1}^{k}\sigma_j^2}{\frac{1}{m}\sum\limits_{i=1}^{m}\sigma_i^2} \tag{4-58}$$

式中：σ_j^2 为指标 x_j 的方差；k 为筛选后的指标个数；m 为初选指标个数；IN 为筛选后的 k 个指标所能够反映 m 个初选指标信息的程度，其阈值的选取可以根据研究对象的具体情况进行调整设置，但一般不能低于 0.90。

在经过筛选后，河流系统健康预警指标体系应满足以下三个方面的要求：

(1) 指标体系能完整准确地反映河流系统健康状况，准确地综合反映河流系统的实际状态与功能。

(2) 指标体系能够满足对河流系统的自然物理状况和社会活动、人类胁迫进行监测的要求，能够反映和描述自然、社会、经济活动与河流系统健康变化之间的联系及河流系统健康衰退的原因。

(3) 能够定期为政府决策、科研及公众要求等提供河流系统健康现状、变化及趋势的统计总结和解释报告。

第5章　河流系统健康评价

5.1　预警指标数据的预处理

在河流系统健康的预警指标体系中，既有定量指标也有定性指标，而且各指标数据的类型、单位或数量级都不尽相同，互相之间缺乏可公度性，会给后续的综合评价带来诸多不变。为了消除由于各项指标之间的差异所带来的影响，避免出现不合理的结果，需要对指标数据进行一定的预处理。这种预处理通常是对指标数据进行一致化和无量纲化处理。

5.1.1　指标的一致化

根据指标取值变化所反映出的评价特性可以将指标分为极大型、极小型、中间型和区间型。其中：极大型指标是指标取值越大评价结果越好，也称为正向指标、效益型指标或望大型指标；极小型指标是指标值取值越小评价结果越好，也称为逆向指标、成本型指标或望小型指标；中间型指标是期望指标的取值既不要太大，也不要太小为好，即取适当的中间值为最好，也称适度指标；区间型指标则是期望指标的取值最好是落在某一个确定的区间内为最好。

另外，定性指标在综合评价指标体系中也会经常出现，一般都是通过打分的方式对其进行量化赋值，通常量化后的指标为极大型。

为评价一个复杂系统而建立的评价指标体系（$x_1, x_2, x_3, \cdots, x_m$，其中 $m>1$）中，往往会同时包含有极大型、极小型、中间型和区间型等不同类型的指标。为利于后续的评价与分析，在进行综合评价前需将评价指标的类型进行一致化处理，也就是将所有指标都转化为相同类型，通常的做法是将其他类型的指标统一转化为极大型指标。

假设指标 $x_i(i=1,2,3,\cdots,m)$ 为非极大型指标，有 k 个初始样本值 $x_{ij}(j=1,2,3,\cdots,k)$，将不同类型的指标 x_i 转化为极大型指标的过程分别如下（韩中庚，2012）。

（1）极小型指标。当指标 x_i 为极小型指标，要将其转化为极大型指标，只需通过倒数变换：

$$x'_{ij}=\frac{1}{x_{ij}} \quad (x_{ij}>0) \tag{5-1}$$

或平移变换：

$$x'_{ij}=M_i-x_{ij} \tag{5-2}$$

式中：M_i 为指标 x_i 可能取值的最大值。

通过上述变换即可将极小型指标 x_i 极大化。

（2）中间型指标。当指标 x_i 为中间型指标，则可以通过变换将中间型指标 x_i 极大化：

$$x'_{ij}=\begin{cases}\dfrac{2(x_{ij}-m_i)}{M_i-m_i} & m_i\leqslant x_{ij}\leqslant\dfrac{M_i+m_i}{2}\\ \dfrac{2(M_i-x_{ij})}{M_i-m_i} & \dfrac{M_i+m_i}{2}\leqslant x_{ij}\leqslant M_i\end{cases}\tag{5-3}$$

式中：M_i 和 m_i 分别为指标 x_i 的可能取值的最大值和最小值。

(3) 区间型指标。当指标 x_i 为区间型指标时，则通过特定的数学变换即可将区间型指标 x_i 极大化：

$$x'_{ij}=\begin{cases}1-\dfrac{a_i-x_{ij}}{c_i} & x_{ij}<a_i\\ 1 & a_i<x_{ij}<b_i\\ 1-\dfrac{x_{ij}-b_i}{c_i} & x_{ij}>b_i\end{cases}\tag{5-4}$$

式中：$[a_i,\ b_i]$ 为指标 x_i 的最佳取值区间，$c_i=\max\{(a_i-m_i),(M_i-b_i)\}$；$M_i$ 和 m_i 分别为指标 x_i 可能取值的最大值和最小值。

5.1.2　指标的无量纲化

由于各指标的初始数据、取值范围、度量方法和单位都不尽相同，使得同一因子下的同层指标相互间缺乏可比性。为避免计算结果受指标量纲和数量级的影响，保证整个预警过程的客观性和科学性，在预警指标体系中还需要将各指标的初始数据转化为无量纲的相对数。这种去掉指标量纲的过程，称为指标的无量纲化（也称同度量化），它是通过一定的数学变换来消除指标原始数据单位及量级的影响，实现指标数据的标准化和规范化。一般将指标无量纲化以后的数值称为指标评价值，此时无量纲化过程就是将指标实际值转化为指标评价值（即效用函数值）的过程，无量纲化方法也就是指如何实现这种转化。通过无量纲化，警兆指标的数据可以都转化成 [0，1] 之间的无量纲、可比较的数值。

针对指标数据的无量纲化方法有很多，常见的有综合指数法、极差变换法、高中差变换法、低中差变换法、均值化法、标准化法、比重法、功效系数法、区间值法、指数型功效系数法、对数型功效系数法、正态化变换法等。这些无量纲化方法根据其数学变换模型的不同，大体上可以分为线性无量纲化方法和非线性无量纲化法。由于在进行指数或对数变换时，曲线的增减速度、凹凸程度很难把握，所以实践中非线性函数法较少被采用。目前常见的线性无量纲化处理方法（郭亚军，2007；王春枝，2007；郑宏宇 等，2010）主要有标准化法、标准差化法、均值化法、极值化法、功效系数法等。

设有 m 个预警指标 $x_i(i=1,2,3,\cdots,m)$ 有 k 个初始样本值 x_{ij}，分别为 x_{i1}，x_{i2}，x_{i3}，…，$x_{ik}(j=1,2,3,\cdots,k)$，并假设已进行了指标类型的一致化处理，利用不同的无量纲化方法可以分别得到其指标评价值 $x'_{ij}(j=1,2,3,\cdots,k)$。

5.1.2.1　标准化法

标准化方法有时也称“中心化”处理，这是目前最普遍使用的无量纲化方法。其计算公式为

$$x'_{ij}=\frac{x_{ij}-\overline{x}_i}{\sigma_i} \tag{5-5}$$

其中

$$\overline{x}_i=\frac{1}{k}\sum_{j=1}^{k}x_{ij}，\quad \sigma_i=\sqrt{\frac{1}{k-1}\sum_{j=1}^{k}(x_{ij}-\overline{x}_i)^2}$$

式中：$\overline{x}_i$ 为指标 x_i 的样本平均值；σ_i 为指标 x_i 的样本标准差。

经标准化处理后，指标 x'_{ij} 的均值为 0、方差为 1，消除了量纲和数量级的影响，但同时标准化法也消除了各指标变异程度上的差异。因此，经标准化后的数据不能完整反映原始数据所包含的信息，在某些情况下会导致最后评价的结果出现明显偏差。

5.1.2.2 标准差化法

利用指标初始样本数据除以该指标样本数据的标准差来实现无量纲化，其计算公式为

$$x'_{ij}=\frac{x_{ij}}{\sigma_i} \tag{5-6}$$

该方法实质是标准化方法的基础上的一种变形，两者的差别仅在无量纲化后各变量的均值上。标准化方法处理后各变量的均值为 0，而标准差化方法处理后各变量均值为原始变量均值与标准差的比值，即变异系数的倒数，从而会对后续分析提供一些错误信息。

5.1.2.3 均值化法

利用指标初始样本数据除以该指标样本数据的算术平均值来实现无量纲化，其计算公式为

$$x'_{ij}=\frac{x_{ij}}{\overline{x}_i} \tag{5-7}$$

则均值化后各指标的均值都为 1，其方差为

$$\mathrm{var}(x'_i)=E[(x'_i-1)^2]=E\left(\frac{x_i-\overline{x}_i}{\overline{x}_i}\right)^2=\left(\frac{\sigma_i}{x_i}\right)^2 \tag{5-8}$$

即均值化后各指标的方差是各指标变异系数的平方，它保留了各指标变异程度的信息。一般当指标样本数据是客观数值时，适宜用均值化方法对指标进行无量纲化，有利于保留指标的变异信息；而当指标样本数据是主观数值时，则用标准化方法更好。

5.1.2.4 极值处理法

假设 M_i 和 m_i 分别为指标 x_i 可能取值的最大值和最小值，则指标评价值可以通过下式得到

$$x'_{ij}=\frac{x_{ij}-m_i}{M_i-m_i} \tag{5-9}$$

5.1.2.5 功效系数法

功效系数法的基本思路是先确定每个评价指标的满意值 M_i 和不容许值 m_i，令

$$x'_{ij}=60+\frac{x_{ij}-m_i}{M_i-m_i}\times 40 \tag{5-10}$$

上述数学变换在反映各评价指标数值大小的同时，还能够充分体现各评价单位之间的差异，且单项评价指标值一般为 60～100。

使用该方法时必须事先确定两个对比标准，即评价指标的满意值和不容许值。但在实际情况中很多指标并无理论上明确的满意值和不容许值，实际操作时通常采用的变通处理方式有：①以历史上的最优值和最差值来代替；②在评价总体中分别取最优、最差的若干项数据的平均数来代替。

指标的无量纲化方法较多，实际应用时应根据实际情况选择合适的方法，否则将会对后续计算和分析的准确性造成不利影响。

5.1.3 定性指标的量化

在河流系统健康预警指标体系中，不可避免会存在一定数量的定性指标，即指标只能给出定性描述，如休闲娱乐、河流景观、公众满意度等。对于这些指标，在进行预警分析时，必须先通过适当的方式进行赋值量化。一般而言，定性指标都属于极大型或极小型指标，通常其指标最优值可赋值 10.0，指标最劣值则可赋值为 0.0，具体赋值方式如下。

如果定性指标能够分为很低、低、一般、高和很高等 5 个等级，则可以分别赋予其量化值为 1.0、3.0、5.0、7.0 和 9.0，如图 5-1 所示。当评价结果介于两个等级之间时可以取两个分值之间的适当数值作为量化值，该数值可以采用插值的方法确定（韩中庚，2012）。

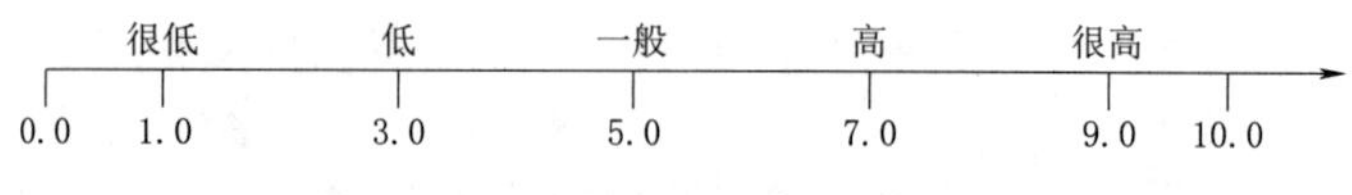

图 5-1 定性指标量化方法示意图

5.2 河流系统健康评价方法

5.2.1 常见综合评价方法

所谓综合评价（Comprehensive Evaluation，CE）指对以多属性体系结构描述的对象系统作出全局性、整体性的评价。即针对评价对象的全体，根据所给的条件，用一定的方法给每个评价对象赋予一个评价值（也称评价指数），再据此择优或排序（王宗军，1998）。目前用于复杂系统的多指标综合评价方法众多、理论基础也不尽相同。根据对评价指标加权方式的不同，综合评价方法可以分为线性加权综合评价法和非线性加权综合评价法，其基本原理分别如下（韩中庚，2012）。

5.2.1.1 线性加权综合评价法

线性加权综合评价法是应用最为广泛的一种综合评价方法，其实质是在确定指标权重系数后，对评价对象求各个指标的加权和：

$$y=\sum_{i=1}^{n}w_i x_i \tag{5-11}$$

式中：y 为评价对象的线性加权综合评价值；w_i 为指标 x_i 对应的权重系数；n 为评价指标个数。

线性加权综合评价法的主要特点如下。

（1）对于数据的要求最宽松，对用于合成的某一指标数值没有特定限制。

（2）各指标间的作用可以相互补偿（线性等量补偿），即此升彼降，而总的评价值不变。

（3）权重系数对评价结果的影响明显，权重系数大的指标对综合评价结果影响就大。另外，当权重系数确定后，综合评价结果对数值较大指标的变动更为敏感。

（4）线性加权综合评价方法适用于各评价指标之间相互独立的情况，若评价指标不完全独立，其结果将导致各指标间信息的重复起作用，使得评价结果不能完全准确、客观地反映实际情况。

（5）线性加权综合评价法计算简单、可操作性强，便于推广应用。

5.2.1.2 非线性加权综合评价法

所谓非线性加权综合评价法就是对评价对象的指标值进行几何加权平均，从而得到综合评价值，其计算公式为

$$y = \prod_{i=1}^{n} x_i^{w_i} \tag{5-12}$$

式中：y 为评价对象的非线性加权综合评价值；w_i 为指标 x_i 对应的权重系数。

非线性加权综合评价法的主要特点如下。

（1）非线性加权综合评价法适用于各评价指标间有较强关联的情况。

（2）对指标值数据要求较高，需要无量纲指标均值均大于或等于 1，且指标数值必须大于零。

（3）评价结果对指标数值的变化更为敏感，特别是较小数值的变动，因此有助于拉开评价对象的档次。

（4）强调各评价对象指标值大小的一致性，即突出指标值中较小者的作用；鼓励被评价对象在各方面全面发展，任何一方面都不能偏废。

（5）各指标权重系数的作用不如在线性加权综合评价法中显著。

因此，在大多数的综合评价方法中，都采用的是线性加权综合评价法。随着综合评价在不同领域内的应用，针对不同问题发展出许多实用的综合评价方法。根据综合评价过程中所依据的理论、数学方法及对指标信息特征的利用方式，对常用的单一综合评价方法进行了大致分类，见表 5-1（陈衍泰 等，2004）。

表 5-1　常用综合评价方法及其特点

理论依据	名　称	方法描述	优　点	缺　点	适用对象
定性评价	专家会议法	组织专家面对面交流，通过讨论形成评价结果	操作简单，可以利用专家的知识，结论易于使用	主观性比较强，多人评价时结论难收敛	战略层次的决策分析对象，不能或难以量化的大系统、简单的小系统
	德尔菲法	征询专家，用信件背靠背评价、汇总、收敛			
技术经济分析	经济分析法	通过价值分析、成本效益分析、价值功能分析，采用 NPV、IRR、T 等指标	方法的含义明确，可比性强	建立模型比较困难，只适用评价因素少的对象	大中型投资与建设项目，企业设备更新与新产品开发效益等评价
	技术评价法	通过可行性分析、可靠性评价等			

续表

理论依据	名　称	方法描述	优　点	缺　点	适用对象
多属性决策（MODM）	多属性和多目标决策方法	通过化多为少、分层序列、直接求非劣解、重排次序法来排序与评价	对评价对象描述比较精确，可以处理多决策者、多指标、动态的对象	刚性的评价，无法涉及有模糊因素的对象	优化系统的评价与决策，应用领域广泛
运筹学（狭义）	数据包络分析模型	以相对效率为基础，按多指标投入和多指标产出，对同类型单位相对有效性进行评价，是基于一组标准来确定相对有效生产前沿面	可以评价多输入多输出的大系统，并可用窗口技术找出单元薄弱环节加以改进	只表明评价单元的相对发展指标，无法表示出实际发展水平	评价经济学中生产函数的技术、规模有效性，产业的效益评价、教育部门的有效性
统计分析	主成分分析法	相关的经济变量间存在起着支配作用的共同因素，可以对原始变量相关矩阵内部结构研究，找出影响某个经济过程的几个不相关的综合指标来线形表示原来变量	全面性、可比性、客观合理性	因子负荷符号交替使得函数意义不明确，需要大量的统计数据，没有反映客观发展水平	对评价对象进行分类
	因子分析法	根据因素相关性大小把变量分组，使同一组内的变量相关性最大			反映各类评价对象的依赖关系，并应用于分类
	聚类分析法	计算对象或指标间距离，或者相似系数，进行系统聚类	可以解决相关程度大的评价对象	需要大量的统计数据，没有反映客观发展水平	证券组合投资选择，地区发展水平评价
	判别分析法	计算指标间距离，判断所归属的主体			主体结构的选择，经济效益综合评价
系统工程	评分法	对评价对象划分等级、打分，再进行处理	方法简单，容易操作	只能用于静态评价	新产品开发计划与结果，交通系统安全性评价等
	关联矩阵法	确定评价对象与权重，对各替代方案有关评价项目确定价值量			
	层次分析法	针对多层次结构的系统，用相对量的比较，确定多个判断矩阵，取其特征根所对应的特征向量作为权重，最后综合出总权重，并且排序	可靠度比较高，误差小	评价对象的因素不能太多（一般不多于9个）	成本效益决策、资源分配次序、冲突分析等
模糊数学	模糊综合评价法	引入隶属函数，把人类的直觉确定为具体系数（模糊综合评价矩阵）$\boldsymbol{R}$。其中 r_{ij}，表示第 i 个评价指标隶属于第 j 个等级的隶属度，并将约束条件量化表示，进行数学解答	可以克服传统数学方法中唯一解的弊端。根据不同可能性得出多个层次的问题解，具备可扩展性，符合现代管理中柔性管理的思想	不能解决评价指标间相关造成的信息重复问题	消费者偏好识别、决策中的专家系统、证券投资分析、银行项目贷款对象识别等，拥有广泛的应用前景
	模糊积分法				
	模糊模式识别法				

续表

理论依据	名 称	方法描述	优 点	缺 点	适用对象
灰色理论	灰关联度评价法	根据待分析系统的各特征参量序列曲线间的几何相似或变化态势的接近程度判断其关联程度的大小	能够处理信息部分明确、部分不明确的灰色系统，所需的数据量不是很大，可以处理相关性大的系统	在于定义时间变量几何曲线相似程度比较困难，同时应该考虑所选择的变量应该具备可比性	应用领域包括企业的经济效益评价、农业发展水平评估、国防竞争力测算、工程领域等
人工神经网络	基于BP人工神经网络的评价法	模拟人脑智能化处理过程的人工神经网络技术，通过BP算法，学习或训练获取知识，并存储在神经元的权值中，通过联想把相关信息复现，能够“揣摩”“提炼”评价对象本身的客观规律，进行对相同属性评价对象的评价	网络具有自适应能力、可容错性，能够处理非线性、非局域性与非凸性的大型复杂系统	精度不高，需要大量的训练样本等	应用领域不断扩大，涉及银行贷款项目、股票价格的评估、城市发展综合水平的评价等

由表5-1可以看出，其中所列的综合评价方法，不但在理论依据、具体实现的分析过程（如数学方法与模型）方面有很大的差异，而且所适用、针对的评价对象也各不相同。由于各综合评价方法在最初构建的时候很大程度上就是针对某一特定类型的问题或对象，并满足特定的评价目的和需求，虽然在应用过程中，各综合评价方法都经历了不断的发展和变化，但仍有各自最为适用的对象和范围。另外，评价对象在宏观或微观上的差异、评价内容和评价目标的不同及评价目的与需求上的不同等，所有这些因素都会造成对综合评价方法选取的限制。目前在对评价对象进行评价时，对综合评价方法的选取并无统一的准则，一般都是根据具体对象的特点及评价目的选择适宜的评价方法。

综合评价本身就是一个复杂的系统工程，不但涉及评价对象，而且也与评价的目的、目标、方法及评价的组织与实施等各个方面密切相关，其最终的评价结果是上述众多因素在一定条件下相互影响、共同作用所形成的。传统的评价方法往往都是基于某一特殊评价目的或对象发展起来的，在综合评价过程中往往忽略或降低了其他因素的影响，具有明显的优缺点和局限性，从而一定程度上降低了评价结论的客观性、可靠性和广泛性。有鉴于此，近年来研究人员提出了“组合评价”的研究思路，就是将两种或两种以上的评价方法加以结合并予以改造，实现不同评价方法的优势互补，从而使得评价结果更为科学、可靠与合理。

从表5-1中所示的综合评价方法中可以发现，以系统工程理论为基础的层次分析法，提供了一种因素（尤其是社会经济因素）测度的基本方法，并充分利用了专家的知识、经验和判断能力。该方法在实施定性分析的同时，也有效结合了定量分析的优势；评价过程既包含了主观的逻辑判断和分析，也有客观的精确计算和推演，从而使整个决策过程具备了很强的科学性和条理性。同时，层次分析法把评价对象视作一个系统，评价过程中既体现了分解、判断、再综合的系统思维方式，也充分体现了辩证的系统思维原则（虞晓芬等，2004）。而模糊综合评价法则是以模糊数学理论为基础，通过模糊关系合成将一些边界不明、不易定量的定性指标进行量化处理分析，对受到多种因素制约的事物或对象做出总体评价，并将定量指标和定性指标集成到模糊集上，从而可以更合理地解释评价结果。模糊综合评判方法很好地解决了判断的模糊性和不确定性问题，所得结果包含的信息量丰富，克服了传统数学方法分析结果单一性的缺陷。

从第4章构建河流系统健康警兆指标体系的过程可以看出，警兆指标体系首先分为自然生态环境、社会服务功能和人类发展水平3个组成部分；其次每个组成部分都由一系列与其密切相关的影响因素所组成；最后每种影响因素又是通过一定数量的具体指标来反映。由此可以看出，河流系统健康的警兆指标体系具有明显的结构分层特点，并形成了一种递阶的层次结构。另外，从警兆指标体系中各个具体指标也可以看出，这些指标既有独立性指标，也有关联性指标；既有定性指标，也有定量指标。对于定量指标可以通过一定的数学公式求出准确数值，对于定性指标，通常只能用模糊的文字（如很好、好、一般等）进行描述。因此，将层次分析法和模糊综合评价法这两种方法结合起来可以有效地实现对河流系统健康的综合评价。多目标的层次模糊综合评价法就是在综合了层次分析法和模糊综合评价法的基础上提出的一种有效针对具有分层特性、定性指标与定量指标共存的综合评价法，不但已成为河流系统健康评价中应用广泛的一种综合评价方法，而且在其他很多领域也得到了广泛应用。该方法不但保留了原有两种评价方法的优点，而且可以有效改善模糊综合评价中确定指标权重过程中存在的缺陷，并通过引入模糊理论有效解决了层次分析法中判断矩阵的一致性问题，提高了综合评价的效率与一致性。

5.2.2 层次分析法

层次分析法（Analytic Hierarchy Process，AHP）是美国的运筹学专家Saaty等于20世纪70年代中期创立的一种将定性与定量分析相结合、系统化、层次化的多目标决策方法。它通过模拟人类在解决多层次、多因素、复杂决策问题过程中的思维方式，将半定性、半定量问题转化为定量问题。也就是利用人的分析、判断和综合能力，把复杂问题分解成多个组成因素，并将这些因素按隶属或支配关系形成递阶的层次结构，通过逐层的比较分析，确定决策方案相对重要度的总排序，从而为分析、决策、预测或控制事物的发展提供定量依据。因此，层次分析法特别适用于结构较为复杂、决策准则较多且不易量化的决策复杂问题，如制定计划、资源分配、选优排序、军事管理、决策预报等（韩中庚，2012）。

层次分析法解决问题的思想与人们对一个多层次、多因素、复杂的决策问题的思维过程基本一致，其特点是分层比较、综合优化，其解决复杂问题的基本步骤一般如下。

（1）分析目标对象中各因素之间的关系，建立目标对象的递阶层次结构。这种递阶层次结构通常包含3种层次：最高层为目标层，中间层为准则层（根据问题的实际需要可以有多层存在隶属关系的准则层），最底层为方案层（对象层）。

（2）构造两两比较矩阵。对于同一层次上的各因素对其隶属的上一层中某一准则（或目标）的重要性（或影响程度）进行两两比较，确定该准则（或目标）的比较矩阵。

（3）通过比较矩阵计算各因素对每一准则（或目标）的相对权重，并进行比较矩阵的一致性检验。

（4）计算方案层对目标层的组合权重，并进行组合一致性检验，并依据权重大小进行综合排序，给出决策方案。

5.2.2.1 建立层次结构图

建立层次结构是 AHP 的一个关键环节。在分析目标对象的各种影响因素的基础上，通过划分相互联系的有序层，使各因素之间的关系能够条理化和层次化，从而构造出目标对象（问题）的层次分析结构模型，也称之为层次结构图。构建层次分析结构模型时，首先将目标对象分解为若干组成成分，然后将这些成分分别再分解成不同元素，根据需要可以将这些元素按其属性实施进一步的分解，甚至还可以将这些属性再分解成不同指标等，通过对目标对象实施这种一层一层的分析与分解，不同阶段分解所形成的相关因素就自然形成了不同的层次。在形成的层次结构图中，某一因素直接支配其所属的下一层次因素，同时又受到它所隶属的上一层因素的控制。层次结构中的层次数与目标对象的复杂程度及具体目标密切相关，理论上是可以无限分解和分层，但是同一层次的因素数量不宜过多（一般不超过 9 个），因素过多的话会给后续判断矩阵的构造带来困难。一个能够充分反映目标对象特征并尽量简洁的层次结构对于有效解决问题是十分重要的，因此层次结构的构造必须是建立在深入剖析目标对象的基础上。

一般的层次结构图通常包含：目标层（最高层）、准则层（中间层）、方案层（或对象层，最底层），如图 5－2 所示。

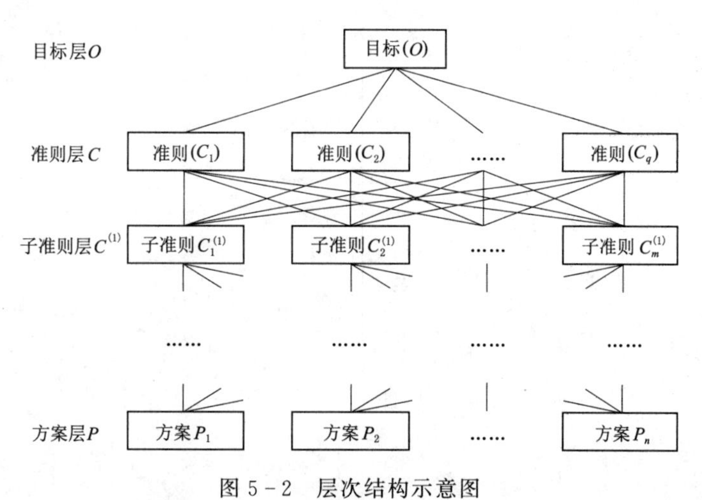

图 5－2 层次结构示意图

目标层（O）：也称最高层，是要解决问题的目标或理想结果，一般只有一个。

准则层（C），也称中间层，表示影响或衡量目标的因素或标准，每一个因素称为一个准则，当准则过多时（比如多于 9 个）应予以合并，同时实施进一步的分解形成子准则层，此时中间层可以由多个子层组成。

方案层（P）：属于最底层，表示所要解决问题的方案、措施等。

需要指出的是，在层次结构图中，各层次之间的因素有的有关联，有的不一定有关联；各层次的元素个数也不一定相同。在实际问题中，需要根据问题的性质及各相关因素的类别来确定。

5.2.2.2 构造判断矩阵

在构造层次结构图的基础上，需要比较下一层次各因素对上一层相关因素的影响程度。但不是将所有的因素放在一起比较，而是将同一层次中的因素进行两两比较，并采用相对比例标度来度量，并需要避免不同性质的因素之间相互比较。

设某层（如目标层 O）包含 n 个因素 $\mathbf{X}=\{x_1,x_2,x_3,\cdots,x_n\}$，对任意两个因素 x_i 和 x_j，用 $a_{ij}(i,j=1,2,3,\cdots,n)$ 表示 x_i 和 x_j 对 O 的重要程度的比值，并用1～9的比例标度来度量 a_{ij}，不同标度及其含义如表5-2所示。

表5-2　比例标度值及其含义

标度	含　义
1	表示 x_i 和 x_j 对 O 的影响相同
3	表示 x_i 对 O 的影响比 x_j 稍强
5	表示 x_i 对 O 的影响比 x_j 强
7	表示 x_i 对 O 的影响比 x_j 明显地强
9	表示 x_i 对 O 的影响比 x_j 绝对地强
2、4、6、8	表示上述相邻判断的中间值
倒数	若元素 x_i 和 x_j 对 O 的重要程度的比值为 a_{ij}，则元素 x_j 和 x_i 对 O 的重要程度的比值为 $a_{ij}=\dfrac{1}{a_{ij}}$

以全部的比较结果 $a_{ij}(i,j=1,2,3,\cdots,n)$ 为元素构成矩阵：

$$\mathbf{A}=(a_{ij})_{n\times n} \tag{5-13}$$

则 $\mathbf{A}$ 称为两两成对比较矩阵，也称为判断矩阵。$\mathbf{A}$ 中 $a_{ij}>0$ 且 $a_{ij}=\dfrac{1}{a_{ij}}$，当 $i=j$ 时，$a_{ij}=1$。因此，矩阵 $\mathbf{A}$ 是正互反矩阵。在实际计算中时，只需要确定矩阵 $\mathbf{A}$ 的上（或下）三角元素即可。判断矩阵的各元素值反映了人们对各因素相对重要性的认识。

当判断矩阵 $\mathbf{A}$ 的元素具有传递性，即满足：

$$a_{ij}a_{jk}=a_{ik}\quad (i,j,k=1,2,3,\cdots,n) \tag{5-14}$$

则称矩阵 $\mathbf{A}$ 为一致性矩阵，简称一致性。

如果矩阵 $\mathbf{A}$ 为 n 阶一致性矩阵，则有：①$\mathbf{A}$ 的秩为1，且有唯一、非零的特征根 n；②$\mathbf{A}$ 的任一列（行）向量都是对应于特征根的特征向量。

5.2.2.3　确定相对权重和一致性检验

1. 确定相对权重

在利用AHP方法进行综合评价时，常用特征根法、算术平均法（和法）和几何平均法（方根法）等方法确定各指标的相对权重。

（1）特征根法。所谓特征根法就是由两两比较矩阵来求权重向量的方法。

如果 $\mathbf{A}$ 为一致性矩阵，则 $\mathbf{A}$ 有唯一、非零的特征根 $\lambda=n$，把特征根 n 对应的归一化特征向量 $\boldsymbol{w}$ 作为因素 $x_1,x_2,x_3,\cdots,x_n$ 对目标 O 的权重向量，这个向量也称为相对权重向量。如果 $\mathbf{A}$ 不是一致性矩阵，但在一致性的容许范围内，Saaty等提出可以用 $\mathbf{A}$ 的最大特征根 λ_{max} 对应的特征向量作为相对权重向量，即将满足：

$$\mathbf{A}\boldsymbol{w}=\lambda_{max}\boldsymbol{w} \tag{5-15}$$

特征向量 $\boldsymbol{w}$ 归一化后，作为因素 $x_1,x_2,x_3,\cdots,x_n$ 对目标 O 的相对权重向量。特征向量 $\boldsymbol{w}$ 的归一化通常采用式（5-16）进行：

$$w_i=\frac{\overline{w_i}}{\sum_{i=1}^{n}\overline{w_i}} \tag{5-16}$$

式中：$\overline{w_i}$ 为特征根或最大特征根的初始特征向量。

当判断矩阵的阶数 n 较大时，计算矩阵的特征根和特征向量是非常困难的，阶数越高，越难以计算。另外，两两比较矩阵是通过定性比较得到的、相对比较粗糙的量化结果，没必要对它做精确计算。因此，在实际应用时，常常采用近似方法计算两两比较矩阵的最大特征根及其对应的归一化特征向量，即相对权重向量。通常的近似计算方法有算术平均法、几何平均法。

（2）算术平均法（和法）。算术平均法也称和法，其主要计算过程如下：

1）将矩阵 $\boldsymbol{A}$ 的每一列向量归一化处理得到矩阵：

$$\widetilde{\boldsymbol{A}}=(\widetilde{a_{ij}})_{n\times n} \tag{5-17}$$

其中
$$\widetilde{a_{ij}}=\frac{a_{ij}}{\sum_{i=1}^{n}a_{ij}}\quad(i,j=1,2,3,\cdots,n)$$

2）对矩阵 $\widetilde{\boldsymbol{A}}$ 按行求和得到向量：

$$\widetilde{\boldsymbol{w}}=(\widetilde{w_1},\widetilde{w_2},\cdots,\widetilde{w_n}) \tag{5-18}$$

其中
$$\widetilde{w_i}=\sum_{j=1}^{n}\widetilde{a_{ij}}\quad(i=1,2,3,\cdots,n)$$

3）将向量$\widetilde{\boldsymbol{w}}=(\widetilde{w_1},\widetilde{w_2},\cdots,\widetilde{w_n})$ 归一化处理，得到近似特征向量

$$\boldsymbol{w}=(w_1,w_2,\cdots,w_n)^{\mathrm{T}} \tag{5-19}$$

则向量$\boldsymbol{w}$ 即为所求的相对权重向量。

4）计算得到最大特征根 $\lambda_{\max}$ 的近似值：

$$\lambda_{\max}=\lambda=\frac{1}{n}\sum_{i=1}^{n}\frac{(\boldsymbol{A}\boldsymbol{w})_i}{w_i} \tag{5-20}$$

式中：$(\boldsymbol{A}\boldsymbol{w})_i$ 为 $\boldsymbol{A}\boldsymbol{w}$ 的第 i 个分量。

（3）方根法（几何平均法）。几何平均法即方根法，其计算过程与算术平均法的计算过程类似，只是将算术平均法中 2）改为

对矩阵 $\widetilde{\boldsymbol{A}}$ 按行求积得到向量：

$$\widetilde{\boldsymbol{w}}=(\widetilde{w_1},\widetilde{w_2},\cdots,\widetilde{w_n}) \tag{5-21}$$

其中
$$\widetilde{w_i}=\left(\prod_{j=1}^{n}\widetilde{a_{ij}}\right)^{\frac{1}{n}}\quad(i=1,2,3,\cdots,n)$$

从上述计算过程可以看出，方根法就是将和法中求列向量的算术平均值改为求几何平均值，因此，方根法也称为几何平均法。

2. 一致性检验

当矩阵 $\boldsymbol{A}$ 为完全一致性矩阵时，其主特征值等于判断矩阵的阶数，一致性比例为零。但在实际应用中，由于客观事物的复杂性及人们对事物认识的模糊性和多样性，要构造一

致性矩阵是非常困难的。用1～9比例标度构造的3阶及以上的两两比较矩阵大多数情况下都不是一致矩阵，所以为保证其可信度，需要对判断矩阵进行一致性检验。只要矩阵的不一致程度在一定的允许范围内，就可以认为构造的正互反矩阵是合适的。Saaty给出了衡量比较矩阵**A**不一致程度的指标。

设**A**是n阶正互反矩阵，$\lambda_{\max}$为**A**的最大特征根，则定义**A**的一致性指标为

$$CI=\frac{\lambda_{\max}-n}{n-1} \tag{5-22}$$

CI被用于衡量判断矩阵偏离一致性的程度。

为了确定矩阵**A**不一致性程度的允许偏离范围，引入随机一致性指标RI。RI通常是由实际经验确定的，对不同的阶数n，RI值可参考表5-3获得。

表5-3　　判断矩阵的平均随机一致性指标*RI*的数值

n	1	2	3	4	5	6	7	8	9	10
RI	0.00	0.00	0.58	0.90	1.12	1.24	1.32	1.41	1.45	1.49

对于1阶、2阶判断矩阵，RI只是形式上的，1阶、2阶判断矩阵具有完全一致性。

当判断矩阵的阶数大于等于3阶时，判断矩阵的一致性是通过随机一致性比率指标CR来衡量的。CR是一致性指标CI和随机一致性指标RI的比值。

$$CR=\frac{CI}{RI} \tag{5-23}$$

式中：CR为随机一致性比率；CI为一致性指标；RI为平均随机一致性指标。

一般认为，只有当$CR<0.1$时，才能认为判断矩阵**A**的不一致程度在容许范围之内，也称矩阵**A**具有满意的一致性。此时可用其归一化特征向量作为相对权重向量。否则需要调整判断矩阵的取值，直至具有判断矩阵具有满意的一致性为止。

5.2.2.4　确定组合权重向量和组合一致性检验

1. 组合权重向量

设第$p-1$层有n个因素，第$p(p\geqslant 3)$层有m个因素，并且第$p-1$层n个因素对最高层（目标层O）的权重向量为

$$\boldsymbol{w}^{(p-1)}=(w_1^{(p-1)},w_2^{(p-1)},\cdots,w_n^{(p-1)})^{\mathrm{T}} \tag{5-24}$$

第p层m个因素对第$p-1$层上第j个因素的权重向量为

$$\boldsymbol{w}_j^{(p)}=(w_1^{(p)},w_2^{(p)},\cdots,w_n^{(p)})^{\mathrm{T}}\quad (j=1,2,3,\cdots,n) \tag{5-25}$$

则m行n列矩阵

$$\boldsymbol{W}^{(p)}=[\boldsymbol{w}_1^{(p)},\boldsymbol{w}_2^{(p)},\cdots,\boldsymbol{w}_n^{(p)}]_{m\times n} \tag{5-26}$$

表示第p层m个因素对第$p-1$层上各因素的权重。由此，可以得到第p层上各因素对最高层（目标层O）的组合权重向量为

$$\boldsymbol{w}^{(p)}=\boldsymbol{W}^{(p)}\boldsymbol{w}^{(p-1)} \tag{5-27}$$

一般地，对任意的$p(p\geqslant 3)$，有

$$\boldsymbol{w}^{(p)}=\boldsymbol{W}^{(p)}\boldsymbol{w}^{(p-1)}=\boldsymbol{W}^{(p)}\boldsymbol{W}^{(p-1)}\cdots\boldsymbol{W}^{(3)}\boldsymbol{w}^{(2)} \tag{5-28}$$

式中：$\boldsymbol{w}^{(2)}$为第二层上各因素对最高层（目标层O）的权重向量。

2. 组合一致性检验

组合一致性检验可以逐层进行。设第 p 层的一致性指标为 $CP_1^{(p)},CP_2^{(p)},CP_3^{(p)},\cdots,CP_m^{(p)}$，随机一致性指标为 $RI_1^{(p)},RI_2^{(p)},RI_3^{(p)},\cdots,RI_m^{(p)}$，则第 p 层的组合一致性指标为

$$CI^{(p)}=(CI_1^{(p)},CI_2^{(p)},CI_3^{(p)},\cdots,CI_m^{(p)})\mathbf{w}^{(p-1)} \tag{5-29}$$

组合随机一致性指标为

$$RI^{(p)}=(RI_1^{(p)},RI_2^{(p)},RI_3^{(p)},\cdots,RI_m^{(p)})\mathbf{w}^{(p-1)} \tag{5-30}$$

组合一致性比率为

$$CR^{(p)}=CR^{(p-1)}+\frac{CI^{(p)}}{RI^{(p)}}\quad (p\geqslant 3) \tag{5-31}$$

当 $CR^{(p)}<0.1$ 时，认为第 p 层通过组合一致性检验，依次类推。当最底层第 k 层的组合一致性比率 $CR^{(k)}<0.1$ 时，则可以认为整个层次通过一致性检验。此时，方案层对目标层的组合权重向量可以作为决策的依据。

5.2.3 模糊综合评价法

人们在分析客观事物或现象时，由于事物本身的概念不清晰或本质上没有确切的定义，又或在量上没有确定界限，使得分析结果存在着中间过渡过程或过渡结果，例如：年轻与年老、高与矮、美与丑等。这种不确定性现象不是人们的认识达不到客观实际所造成的，而是事物本身内在结构的不确定属性造成的，数学上称之为模糊性现象。利用数学方法研究和处理这种模糊性现象的理论称为模糊数学，而模糊综合评价法（Fuzzy Comprehensive Evaluation，FCE）则是以模糊数学为基础，应用模糊关系合成的原理，将一些边界不清、不易定量的因素定量化，进行综合评价的一种方法（韩中庚，2012）。

5.2.3.1 模糊数学的基本概念

1. 模糊集与隶属函数

对于一个集合可以有不同的描述方法，如列举法、描述法等，但也可以通过特征函数来描述。

对于集合 **A**，一个元素 x 与集合 **A** 的关系只存在 $x\in\mathbf{A}$ 或 $x\notin\mathbf{A}$。因此，可以定义函数为

$$\chi_{\mathbf{A}}(x)=\begin{cases}1,x\in\mathbf{A}\\0,x\notin\mathbf{A}\end{cases} \tag{5-32}$$

则称 $\chi_{\mathbf{A}}(x)$ 为集合 **A** 的特征函数。

模糊集的概念就是将特征函数加以改造，用隶属函数作为桥梁，将不确定性从形式上转为确定性，即将模糊性的指标进行量化从而可以利用传统的数学方法进行分析和处理。

设 **X** 为论域（即在一定范围内讨论对象全体构成的集合），**X** 到闭区间 [0，1] 上的任意映射：

$$\begin{cases}\mu_{\widetilde{\mathbf{A}}}:\mathbf{X}\rightarrow[0,1]\\ \quad x\rightarrow\mu_{\widetilde{\mathbf{A}}}(x)\end{cases} \tag{5-33}$$

则确定了一个 **X** 上的模糊集 $\widetilde{\mathbf{A}}$，映射 $\mu_{\widetilde{\mathbf{A}}}$ 称为模糊集 $\widetilde{\mathbf{A}}$ 的隶属函数，$\mu_{\widetilde{\mathbf{A}}}(x)$ 称为 x 对 $\widetilde{\mathbf{A}}$ 的隶属度，记为：$\widetilde{\mathbf{A}}=\{[x,\mu_{\widetilde{\mathbf{A}}}(x)],x\in\mathbf{X}\}$。

可以看出，模糊集 $\widetilde{\mathbf{A}}$ 完全由隶属函数 $\mu_{\widetilde{\mathbf{A}}}(x)$ 来刻画。当 $\mu_{\widetilde{\mathbf{A}}}(x)=0.5$ 的点 x 称为 $\widetilde{\mathbf{A}}$ 的过渡点，此时该点最具有模糊性。当 $\mu_{\widetilde{\mathbf{A}}}(x)$ 的值域为 [0，1] 时，模糊集 $\widetilde{\mathbf{A}}$ 就退化为一个普通集 **A**，隶属函数 $\mu_{\widetilde{\mathbf{A}}}(x)$ 则退化为特征函数 $\chi_{\mathbf{A}}(x)$。

2. 隶属度函数的确定方法

以隶属度来刻画事物间的模糊界线是模糊数学的基本方法，确定符合实际的隶属函数是应用模糊数学方法建立模糊数学模型的关键。因此，确定隶属度函数的过程理想状况下应该是完全客观的，然而由于对象事物的复杂性和人们认识程度的有限性，以及不同人对于同一个模糊概念认识理解的差异性，导致确定隶属度函数的过程不可避免地带有主观性。目前，如何准确有效地确定隶属函数一直尚未得到完全解决，大多数还是依靠经验和实验验证来确定，模糊统计法、三分法、模糊分布法等是目前较为常见的方法。

（1）模糊统计法。模糊统计法是利用概率统计思想确定隶属度函数的一种客观方法，是在模糊统计的基础上根据隶属度的客观存在性来确定的。其确定隶属度的主要过程如下：

1）在论域 **X** 中，取一固定样本点 x_0。

2）设 $\mathbf{A}^*$ 为论域 **X** 上随机变动的普通集合，$\widetilde{\mathbf{A}}$ 是样本在 **X** 上以 $\mathbf{A}^*$ 为弹性边界的模糊集，对 $\mathbf{A}^*$ 的变动具有制约作用。其中 $x_0\in\widetilde{\mathbf{A}}$ 或 $x_0\notin\widetilde{\mathbf{A}}$，使得 x_0 对 $\widetilde{\mathbf{A}}$ 的隶属关系具有不确定性，然后进行模糊统计实验。若在 n 次实验中覆盖 x_0 的次数为 m，则称 $\frac{m}{n}$ 为 x_0 对于 $\widetilde{\mathbf{A}}$ 的隶属频率。当实验次数 n 不断增加时，隶属频率会趋于某一固定的常数，则该常数就是 x_0 属于 $\widetilde{\mathbf{A}}$ 的隶属度，即

$$\mu_{\widetilde{\mathbf{A}}}(x_0)=\lim_{n\to\infty}\frac{m}{n} \tag{5-34}$$

在每次统计中，x_0 是固定的，$\mathbf{A}^*$ 的值是可变的。

3）在论域 **X** 中适当地选取若干个样本点 $x_1,x_2,\cdots,x_n$，分别确定其隶属度函数 $\mu_{\widetilde{\mathbf{A}}}(x_i)(i=1,2,3,\cdots,n)$，建立适当坐标系，描点连线即可得到模糊集 $\widetilde{\mathbf{A}}$ 的隶属度函数曲线。

确定模糊集合隶属函数的模糊统计方法，重视实际资料中包含的信息，采用了统计分析手段，是一种应用确定性分析揭示不确定性规律的有效方法，特别是对一些隶属规律不清楚的模糊集合，也能较好地确定其隶属函数。

（2）三分法。三分法也是利用概率统计思想以随机区间为工具来处理模糊性的一种客观方法。例如，对成年男性的身高可以大致划分为矮、中等、高三个集合，可以建立矮个子$\widetilde{\mathbf{A}_1}$，中等个子$\widetilde{\mathbf{A}_2}$，高个子$\widetilde{\mathbf{A}_3}$ 三个模糊概念的隶属函数，设

$$P_3=\{S,M,T\} \tag{5-35}$$

论域 **X** 为身高的集合，取 **X**=(0，3)（单位：m）。每次模糊试验确定 **X** 的一次划分，每次划分确定一对数（ξ，η），其中 ξ 为矮个子与中等个子的分界点，η 为中等个子与高个子的分界点，从而将模糊试验转化为如下随机试验：即将（ξ，η）看作二维随机变量，进行抽样调查，求得 ξ、η 的概率分布 $P_\xi(x)$、$P_\eta(x)$ 后，再分别导出$\widetilde{\mathbf{A}_1}$、$\widetilde{\mathbf{A}_2}$ 和$\widetilde{\mathbf{A}_3}$ 的隶属函数：

$$\mu_{\widetilde{\mathbf{A}_1}}(x)=\int_{-\infty}^{x}P_\xi(t)\mathrm{d}t \tag{5-36}$$

$$\mu_{\widetilde{A}_3}(x)=\int_x^{+\infty}P_\eta(t)\mathrm{d}t \tag{5-37}$$

$$\mu_{\widetilde{A}_2}(x)=1-\mu_{\widetilde{A}_1}(x)-\mu_{\widetilde{A}_3}(x) \tag{5-38}$$

三分法示意图如图 5-3 所示。

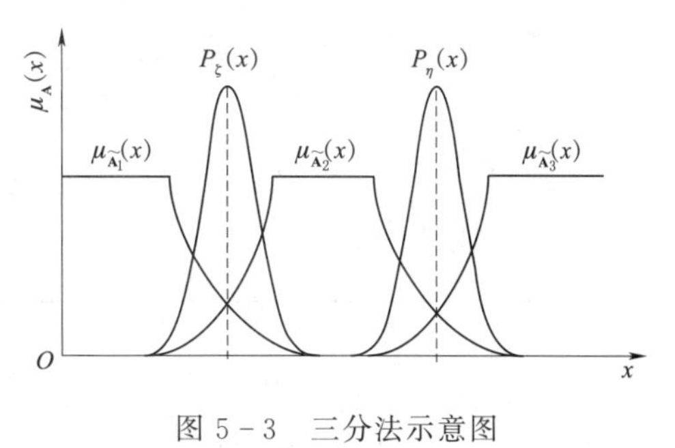

图 5-3 三分法示意图

通常 ξ 和 η 分别服从正态分布 $N(a_1,\sigma_1^2)$ 和 $N(a_2,\sigma_2^2)$，则 $\widetilde{\mathbf{A}_1}$、$\widetilde{\mathbf{A}_2}$ 和 $\widetilde{\mathbf{A}_3}$ 的隶属函数分别为

$$\mu_{\widetilde{A}_1}(x)=\phi\left(\frac{x-a_1}{\sigma_1}\right) \tag{5-39}$$

$$\mu_{\widetilde{A}_3}(x)=1-\phi\left(\frac{x-a_2}{\sigma_2}\right) \tag{5-40}$$

$$\mu_{\widetilde{A}_2}(x)=\phi\left(\frac{x-a_2}{\sigma_2}\right)-\varphi\left(\frac{x-a_1}{\sigma_1}\right) \tag{5-41}$$

其中
$$\phi(x)=\int_{-\infty}^{x}\frac{1}{\sqrt{2\pi}}\mathrm{e}^{-\frac{t^2}{2}}\mathrm{d}t$$

（3）模糊分布法。模糊分布法就是事先选定某一带参数的函数作为表示某种类型模糊概念的隶属函数，然后再通过实验来确定其中参数的方法。在实际应用中，最常见的是以实数集 **R** 作为论域，而把定义在实数集 **R** 上的模糊集的隶属函数称为模糊分布。当目标的客观模糊现象的隶属函数恰好与某种给定的模糊分布相类似时，就可以将该模糊分布作为所求的隶属函数，然后通过先验知识或数据实验确定符合实际的参数，从而得到具体的隶属函数。

为选择适当的模糊分布，首先应该根据实际描述的对象给出选择的大致方向，一般可以分为 3 大类：偏小型模糊分布、偏大型模糊分布和中间型模糊分布。

1）偏小型模糊分布适合描述偏向小的一方的模糊现象，其隶属函数的一般形式为

$$\mu_{\widetilde{A}}(x)=\begin{cases}1 & x\leqslant a\\ f(x) & x>a\end{cases} \tag{5-42}$$

式中：a 为常数；$f(x)$ 为非递增函数。

常见的偏小型模糊分布的隶属函数及其示意图如表 5-4 所示。

表 5-4　偏小型模糊分布的隶属函数及其示意图

分布形式	函数表达式	分布示意图
矩形（或半矩形）	$\mu_{\widetilde{A}}(x)=\begin{cases}1 & x\leqslant a\\ 0 & x>a\end{cases}$	1；0；a；x

续表

分布形式	函数表达式	分布示意图
梯形 （或半梯形）	$\mu_{\tilde{A}}(x)=\begin{cases}1 & x<a\\ \dfrac{b-x}{b-a} & a\leqslant x\leqslant b\\ 0 & x>b\end{cases}$	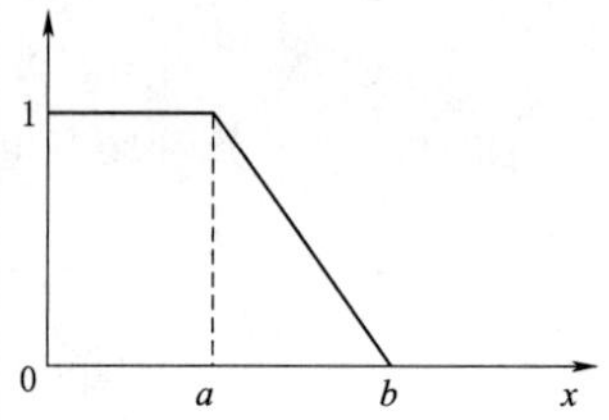
K 次抛物线型 （或半抛物线型）	$\mu_{\tilde{A}}(x)=\begin{cases}1 & x<a\\ \left(\dfrac{b-x}{b-a}\right)^{k} & a\leqslant x\leqslant b\\ 0 & x>b\end{cases}$	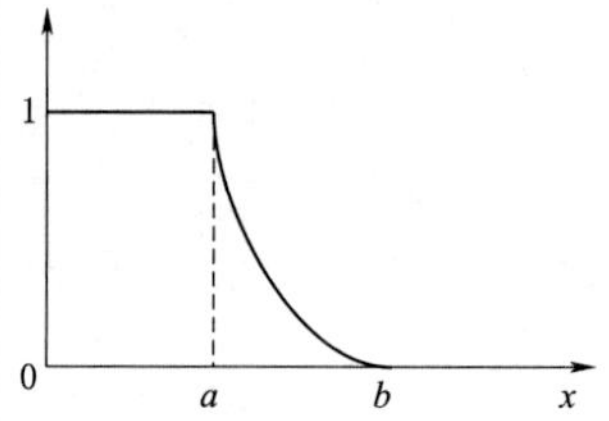
高斯（正态） （或半高斯）	$\mu_{\tilde{A}}(x)=\begin{cases}1 & x\leqslant a\\ e^{-\left(\frac{x-a}{\sigma}\right)^{2}} & x>a\end{cases}$	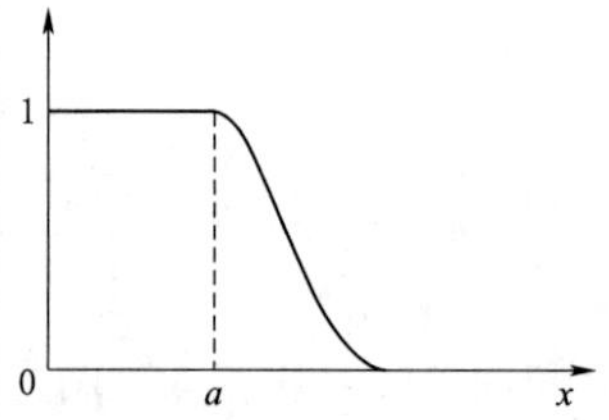
柯西分布函数	$\mu_{\tilde{A}}(x)=\begin{cases}1 & x\leqslant a\\ \dfrac{1}{1+\alpha(x-a)^{\beta}} & x>a\\ (\alpha>0,\beta>0) & \end{cases}$	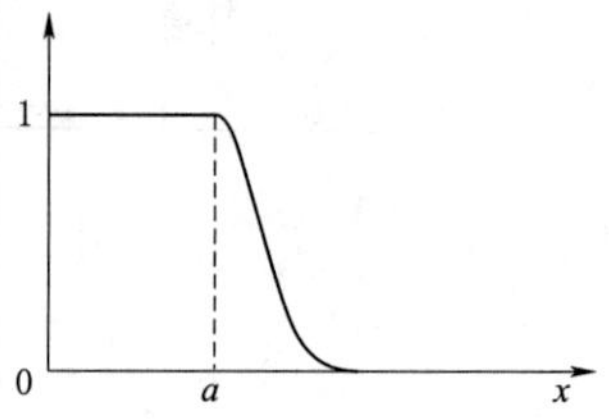
$\boldsymbol{\Gamma}$ 型分布	$\mu_{\tilde{A}}(x)=\begin{cases}1 & x\leqslant a\\ e^{-k(x-a)} & x>a,k>0\end{cases}$	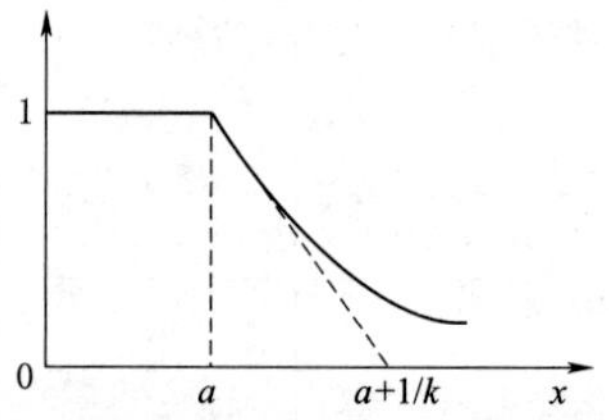
岭型 （或半岭型）	$\mu_{\tilde{A}}(x)=\begin{cases}1 & x\leqslant a_1\\ \dfrac{1}{2}-\dfrac{1}{2}\sin\dfrac{\pi}{a_2-a_1}\left(x-\dfrac{a_1+a_2}{2}\right) & a_1<x\leqslant a_2\\ 0 & x>a_2\end{cases}$	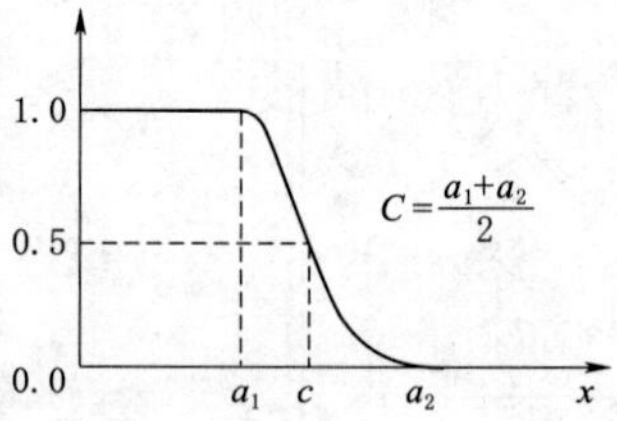 $C=\dfrac{a_1+a_2}{2}$

2）偏大型模糊分布适合描述偏向大的一方的模糊现象，其隶属函数的一般形式为

$$\mu_{\tilde{A}}(x)=\begin{cases}0 & x<a\\ f(x) & x\geqslant a\end{cases} \tag{5-43}$$

式中：a 为常数；$f(x)$ 为非递减函数。

常见的偏大型模糊分布的隶属函数及其示意图如表 5-5 所示。

表 5-5　　偏大型模糊分布的隶属函数及其示意图

分布形式	函数表达式	分布示意图
矩形（或半矩形）	$\mu_{\tilde{A}}(x)=\begin{cases}0 & x<a\\ 1 & x\geqslant a\end{cases}$	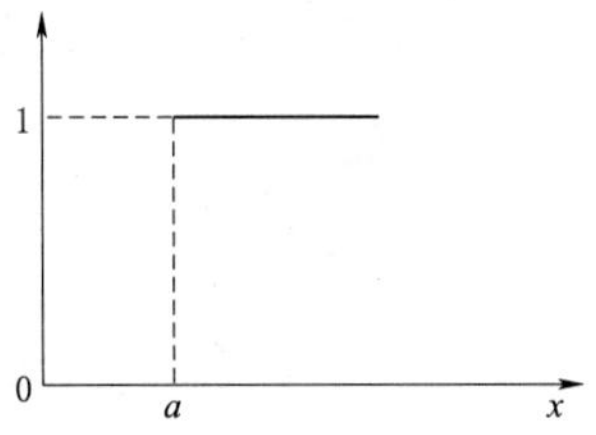
梯形（或半梯形）	$\mu_{\tilde{A}}(x)=\begin{cases}0 & x<a\\ \dfrac{x-a}{b-a} & a\leqslant x\leqslant b\\ 1 & x>b\end{cases}$	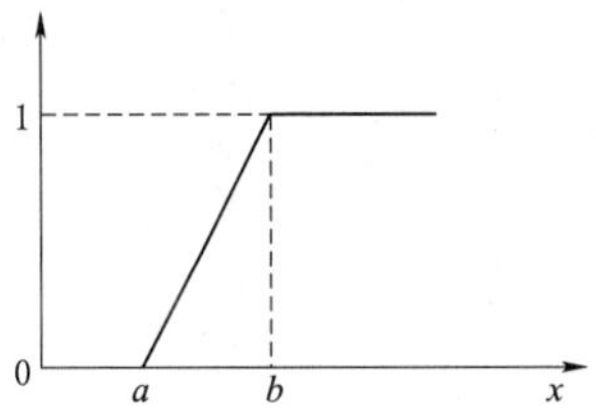
K 次抛物线型（或半抛物线型）	$\mu_{\tilde{A}}(x)=\begin{cases}0 & x<a\\ \left(\dfrac{x-a}{b-a}\right)^k & a\leqslant x\leqslant b\\ 1 & x>b\end{cases}$	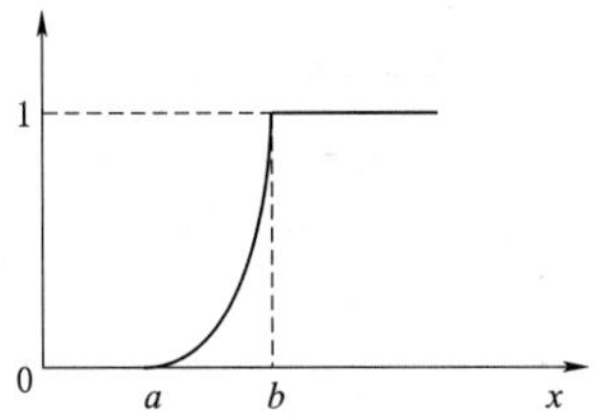
高斯（正态）（或半高斯）	$\mu_{\tilde{A}}(x)=\begin{cases}0 & x<a\\ 1-\mathrm{e}^{-\left(\frac{x-a}{\sigma}\right)^2} & x\geqslant a\end{cases}$	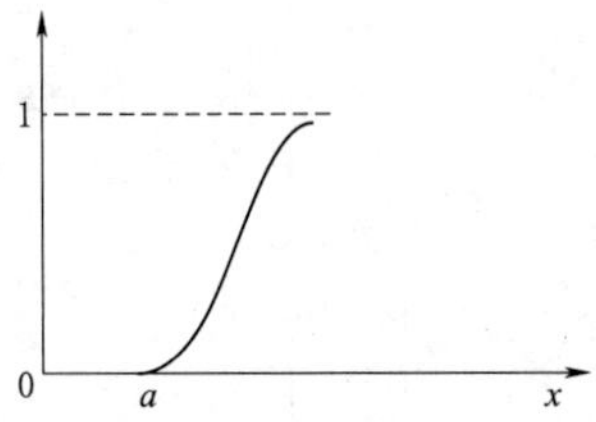
柯西分布函数	$\mu_{\tilde{A}}(x)=\begin{cases}0 & x\leqslant a\\ \dfrac{1}{1+\alpha(x-a)^{-\beta}} & x>a(\alpha>0,\beta>0)\end{cases}$	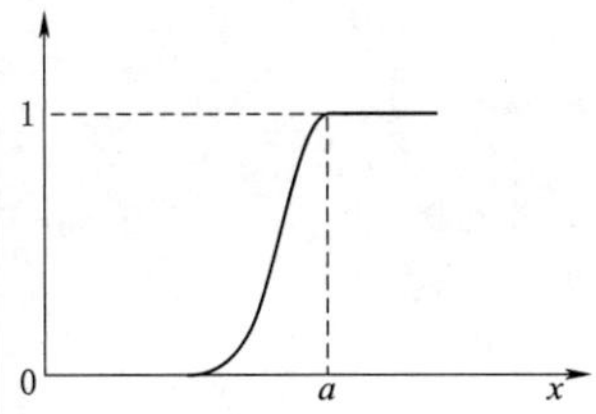

续表

分布形式	函数表达式	分布示意图
Γ 型分布	$\mu_{\underset{\sim}{A}}(x)=\begin{cases}0 & x<a \\ 1-e^{-k(x-a)} & x\geqslant a,k>0\end{cases}$	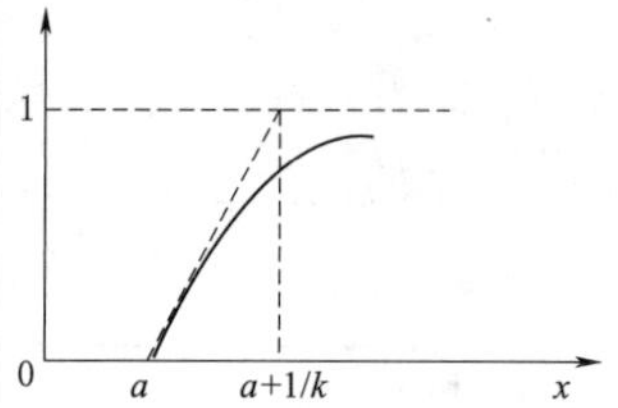
岭型(或半岭型)	$\mu_{\underset{\sim}{A}}(x)=\begin{cases}0 & x\leqslant a_1 \\ \dfrac{1}{2}+\dfrac{1}{2}\sin\dfrac{\pi}{a_2-a_1}\left(x-\dfrac{a_1+a_2}{2}\right) & a_1<x\leqslant a_2 \\ 1 & x>a_2\end{cases}$	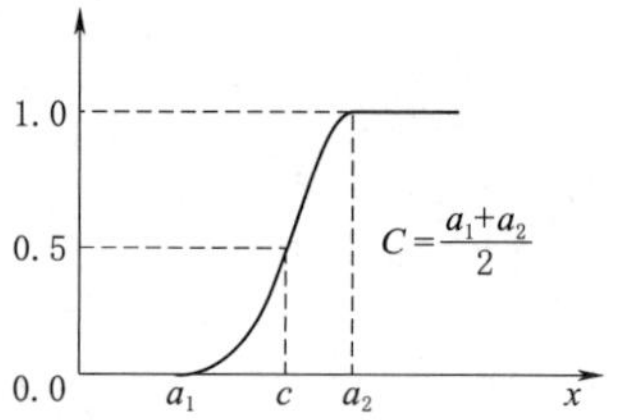

3）中间型模糊分布适合描述处于中间状态的模糊现象，其隶属函数的一般形式为

$$\mu_{\underset{\sim}{A}}(x)=\begin{cases}0 & x<a \\ f(x) & a\leqslant x\leqslant b \\ 0 & x>b\end{cases} \tag{5-44}$$

式中：a、b 为常数；$f(x)$ 为根据需要选择的函数。

常见的中间型模糊分布的隶属函数及其示意图如表5-6所示。

表5-6　　中间型模糊分布的隶属函数及其示意图

分布形式	函数表达式	分布示意图
矩形（或半矩形）	$\mu_{\underset{\sim}{A}}(x)=\begin{cases}0 & x<a \\ 1 & a\leqslant x\leqslant b \\ 0 & x>b\end{cases}$	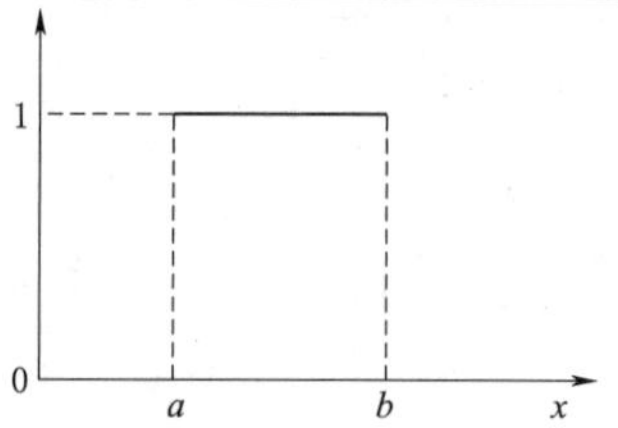
梯形(或半梯形)	$\mu_{\underset{\sim}{A}}(x)=\begin{cases}0 & x<a,x\geqslant d \\ \dfrac{x-a}{b-a} & a\leqslant x<b \\ 1 & b\leqslant x<c \\ \dfrac{d-x}{d-c} & c\leqslant x<d\end{cases}$	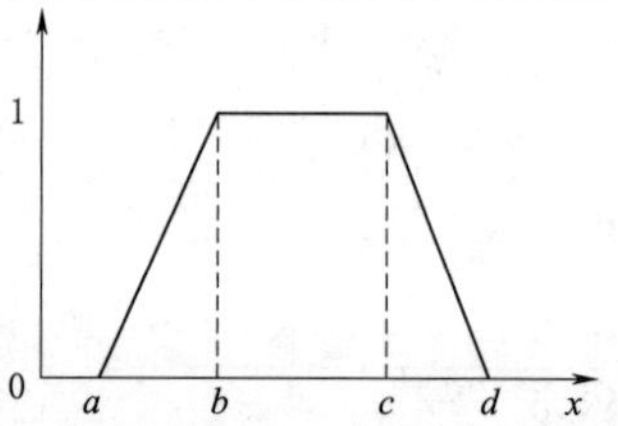
K 次抛物线型（或半抛物线型）	$\mu_{\underset{\sim}{A}}(x)=\begin{cases}0 & x<a,x\geqslant d \\ \left(\dfrac{x-a}{b-a}\right)^k & a\leqslant x<b \\ 1 & b\leqslant x<c \\ \left(\dfrac{d-x}{d-c}\right)^k & c\leqslant x<d\end{cases}$	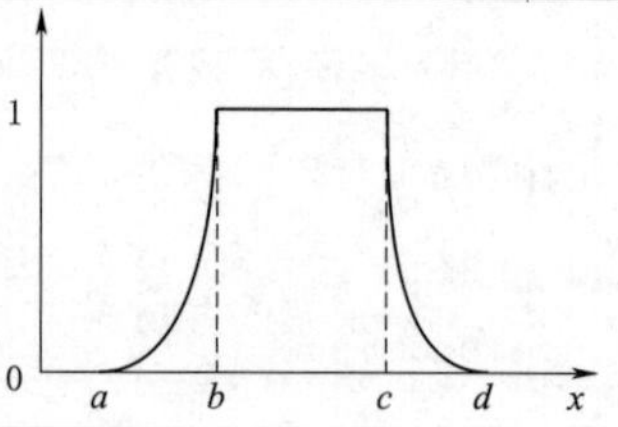

续表

分布形式	函数表达式	分布示意图
高斯(正态) (或半高斯)	$\mu_{\underset{\sim}{A}}(x)=e^{-\left(\frac{x-a}{\sigma}\right)^2}$	
柯西分布函数	$\mu_{\underset{\sim}{A}}(x)=\frac{1}{1+\alpha(x-a)^{\beta}}$ ($\alpha>0$,β 为正偶数)	
Γ 型分布	$\mu_{\underset{\sim}{A}}(x)=\begin{cases} e^{-k(x-a)} & x<a, k>0 \\ 1 & a\leqslant x\leqslant b \\ e^{-k(b-x)} & x>b, k>0 \end{cases}$	
岭型(或半岭型)	$\mu_{\underset{\sim}{A}}(x)=\begin{cases} 0 & x\leqslant -a_2 \\ \frac{1}{2}+\frac{1}{2}\sin\frac{\pi}{a_2-a_1}\left(x+\frac{a_1+a_2}{2}\right) & -a_2<x\leqslant -a_1 \\ 1 & -a_1<x\leqslant a_1 \\ \frac{1}{2}-\frac{1}{2}\sin\frac{\pi}{a_2-a_1}\left(x-\frac{a_1+a_2}{2}\right) & a_1<x\leqslant a_2 \\ 0 & x>a_2 \end{cases}$	$C=\frac{a_1+a_2}{2}$

确定隶属度函数的方法还有很多，例如专家经验法、逻辑推理法、二元对比排序等。

专家经验法：是根据专家的实际经验给出模糊信息的处理算式或相应权系数值来确定隶属函数的一种方法。在许多情况下，经常是初步确定粗略的隶属函数，然后再通过学习和实践检验逐步修改和完善，而实际效果正是检验和调整隶属函数的依据（王季方 等，2000）。

逻辑推理法：针对所研究的对象中，往往有些具有特定的规律，可以按规律去设计这些对象对于具有某种特性的模糊集的隶属函数，由于这种方法含有推理的成分，故称为逻辑推理法（袁力 等，2009）。

二元对比排序法：通过对多个事物之间的两两对比来确定某种特征下的顺序，由此来决定这些事物对该特征的隶属函数的大体形状。二元对比排序法是一种较实用的确定隶属度函数的方法，根据对比测度不同可分为相对比较法、对比平均法、优先关系定序法和相似优先对比法等（王季方 等，2000）。

总之，对于一个模糊概念在确定其隶属度函数时，必须以目标对象的实际情况为依归，但由于认知和理解上的差异，不同的人也可能会构建不同形式的隶属度函数。判断隶属度函数是否合理的依据在于该函数能否准确反映元素隶属集合到不隶属集合这一变化过程的整体特性，只要能满足这一要求，即使隶属度函数形式不完全相同，在解决和处理实际模糊信息的问题中仍然会殊途同归。

5.2.3.2 模糊综合评价方法

模糊综合评价也称为模糊综合评判，针对评价对象同时受多种因素影响的特点，以模糊数学为基础，先将一些边界不清、不易定量的因素定量化，然后再运用模糊关系合成，从多个因素对事物隶属等级状况进行综合性评价的一种方法。根据评价因素的数量，模糊综合评价可以分为单因素模糊综合评价和多层模糊综合评价两种方法（韩中庚，2012）。

模糊综合评价一般都包括以下 6 个步骤：

（1）建立评价对象因素集 $\mathbf{U}=\{u_1,u_2,\cdots,u_n\}$，即确定评价对象的因素论域。因素是指评价对象所具备的各种属性或性能，并通过定性或定量的指标来反映，从而解决用什么样的指标来评价目标对象的问题。在河流系统健康评价中，评价对象因素集就是河流系统健康预警指标体系中的警兆指标体系。

（2）确定评判集 $\mathbf{V}=\{v_1,v_2,\cdots,v_m\}$，也就是确定评语等级论域。每一个等级可以对应一个模糊子集，即一个模糊评价向量，该向量包含了评价对象对应各评语等级隶属度的信息。

一般来说，评语等级个数 m 通常取 3～7。因为 m 过多会超过人的语义区分能力，不易判断对象的等级归属；另外，m 过少又达不到模糊综合评价的质量要求。因此，m 过多或过少都对评价结果造成不利影响，实际应用中一般都以适中为宜。而且 m 大多数情况下都是奇数，使得除中间项外，评语都是对称的，例如：很好、好、一般、不好、很不好等。这样处理得到综合评价结果后，便于进一步计算隶属度对比指数。

在河流系统健康评价中，评判集就是河流系统健康等级的集合，包括健康、亚健康、轻度病变、重度病变、病危 5 个等级，也就是 $m=5$。

（3）进行单因素评价，建立模糊评价矩阵，即建立一个从 $\mathbf{U}$ 到 $F(U)$ 的模糊映射 f：$\mathbf{U}\to F(U)$，即：

$$u_i\to f(u_i)=\frac{r_{i1}}{v_1}+\frac{r_{i2}}{v_2}+\cdots\frac{r_{ij}}{v_j}+\cdots+\frac{r_{im}}{v_m},\quad \forall u_i\in\mathbf{U}(i=1,2,\cdots,n;j=1,2,\cdots,m) \tag{5-45}$$

式中：$0\leqslant r_{ij}\leqslant 1$ 表示评价对象从因素 u_i 来看对 v_j 等级模糊子集的隶属度。

由 f 可以得到模糊评价矩阵 $\boldsymbol{R}=(r_{ij})_{n\times m}$，称 $\boldsymbol{R}$ 为单因素评判矩阵，于是（$\mathbf{U}$，V，$\boldsymbol{R}$）构成了一个模糊综合评价模型。

（4）确定评价因素指标的模糊权向量 $\widetilde{\boldsymbol{W}}=(w_1,w_2,\cdots,w_n)\in F(\mathbf{U})$，且 $\sum_{i=1}^{n}w_i=1$。在模糊综合评价中，权向量 $\widetilde{\boldsymbol{W}}$ 中的元素 w_i 实质上是因素 u_i 对模糊子集｛评价对象重要

的因素｝的隶属度，需在合成之前做归一化处理。

（5）选择适当的模糊综合评价模型，将 $\boldsymbol{R}$ 与 $\widetilde{\boldsymbol{W}}$ 合成求得到一个模糊综合评价向量 $\widetilde{\boldsymbol{B}}=(b_1,b_2,\cdots,b_j,\cdots b_m)$。其中 b_j 表示评价对象从整体上看对 v_j 等级模糊子集的隶属度。

常用的模糊综合评价模型有以下5种。

1）M(∧，∨）模型。该模型通过“先取小再取大”的原则获得模糊综合评价向量的各分量，其计算公式为

$$b_j=\bigvee_{i=1}^{n}(w_i \wedge r_{ij})=\max_{1\leqslant i\leqslant n}[\min(w_i,r_{ij})] \quad (j=1,2,\cdots,m) \tag{5-46}$$

无论 r_{ij} 的值如何，$w_i \wedge r_{ij}$ 的结果都不会大于 w_i，即实际上 w_i 没有起到加权的作用，而是作为过滤和限制，在下一步的取大运算中，n 个 $w_i \wedge r_{ij}$ 中只有一个最大值，淘汰了其他因素。因此，M(∧，∨）模型属于主因素决定型的。

2）M(•，∨）模型。该模型采用的是普通乘法和取大运算，计算公式为

$$b_j=\bigvee_{i=1}^{n}(w_i \cdot r_{ij})=\max_{1\leqslant i\leqslant n}(w_i \cdot r_{ij}) \quad (j=1,2,\cdots,m) \tag{5-47}$$

此时 w_i 不再是起过滤和限制作用，而是起到了加权的作用，但在下一步的取大运算中，n 个 $w_i \cdot r_{ij}$ 中的最大值，使得权重 w_i 不能全部融入 b_j，因此 M(•，∨）模型仍是主因素决定型的。

3）M(∧，⊕）模型。该模型采用“有界和”与“取小”两种运算。⊕是有界和运算，即上限为1的求和运算。例如对于任意实数 x 和 y，⊕定义为 $x \oplus y=\min(1,x+y)$，则 M(∧，⊕）模型的计算公式为

$$\begin{aligned} b_j &=(w_1 \wedge r_{1j}) \oplus (w_2 \wedge r_{2j}) \oplus \cdots \oplus (w_n \wedge r_{nj}) \\ &=\min\left(1,\sum_{i=1}^{n}\min(w_i,r_{ij})\right) \quad (j=1,2,\cdots,m) \end{aligned} \tag{5-48}$$

这里 w_i 仍是起过滤和限制的作用，不再有加权效应。但在下一步求和运算中各个因素都有发挥作用的机会，因此 M(∧，⊕）模型中主因素的作用就不再那么突出了。

4）M(•，⊕）模型。该模型采用“普通乘法”与“有界和”两种运算，计算公式为

$$\begin{aligned} b_j &=(w_1 \cdot r_{1j}) \oplus (w_2 \cdot r_{2j}) \oplus \cdots \oplus (w_n \cdot r_{nj}) \\ &=\min\left(1,\sum_{i=1}^{n}\min(w_i,r_{ij})\right) \quad (j=1,2,\cdots,m) \end{aligned} \tag{5-49}$$

这里 w_i 不仅起到了加权的作用，而且还充分利用了评价矩阵 $\boldsymbol{R}$ 的信息，比较充分地体现了“综合”的意义。

5）M(•，+）模型。该模型采用“普通乘法”和“普通加法”运算，计算公式为

$$b_j=\sum_{i=1}^{n}(w_i,r_{ij}) \quad (j=1,2,\cdots,m) \tag{5-50}$$

该模型中考虑了所有因素的影响，保留了单因素评价的所有信息，且计算时对 w_i 与 $r_{ij}(i=1,2,\cdots,n;\ j=1,2,\cdots,m)$ 的合成无上限限制，更加体现了评价的“综合”性。

这五种模糊综合评价模型的比较见表5-7。

表 5-7 模糊综合评价模型的比较

比较内容＼模型	$M(\wedge,\vee)$	$M(\cdot,\vee)$	$M(\wedge,\oplus)$	$M(\cdot,\oplus)$	$M(\cdot,+)$
权数作用	不明显	明显	不明显	明显	明显
综合程度	弱	弱	强	强	很强
R 信息利用	不冲分	不充分	比较充分	充分	很充分
类型	主因素决定	主因素突出	不平衡均匀	加权平均	加权平均

（6）对模糊综合评价向量 $\widetilde{\boldsymbol{B}}$ 的分析。对于模糊综合评价而言，对每个评价对象实施评价最后都能得到一个模糊向量，这与其他方法中每一个评价对象得到一个综合评价值是不同的，它包含了更为丰富的信息。对于一维向量可以直接进行比较排序，而对于综合评价结果的多维模糊向量则无法直接进行评价排序，需要对模糊向量做进一步的分析处理。一般对模糊综合评价向量进行后处理的方法大致有以下几种。

1）最大隶属度原则。当利用模糊综合评价模型得到最后的模糊综合评价向量 $\widetilde{\boldsymbol{B}}=(b_1,b_2,\cdots,b_m)$，若 $b_r=\max\limits_{1\leqslant j\leqslant m}|b_j|$，则被评价对象总体上来说隶属于第 r 等级，这就是所谓的最大隶属度原则。但在实际应用过程中，这种方法会把模糊向量 $\widetilde{\boldsymbol{B}}$ 中很多有用的信息给忽略掉，有时候甚至会得出不合理或是与实际情况出入很大的评价结果。因此，对最大隶属度原则的使用是有限制条件的，通常对最大隶属度原则的有效性有如下的判断方法：令

$$\beta=\frac{1}{\sum\limits_{j=1}^{m}b_j}\max_{1\leqslant j\leqslant m}(b_j),\quad \gamma=\frac{1}{\sum\limits_{j=1}^{m}b_j}\max_{1\leqslant j\leqslant m}\left(\frac{b_j}{\max\limits_{1\leqslant j\leqslant m}(b_j)}\right) \tag{5-51}$$

其中：$\max\limits_{1\leqslant j\leqslant m}\left(\frac{b_j}{\max\limits_{1\leqslant j\leqslant m}(b_j)}\right)$ 即为 $\widetilde{\boldsymbol{B}}$ 中的第二大分量，β 和 γ 分别为 $\widetilde{\boldsymbol{B}}$ 中最大分量和第二大分量占总量的比例，因此

$$\beta\in\left[\frac{1}{m},1\right],\quad \gamma\in\left[0,\frac{1}{2}\right] \tag{5-52}$$

再由 β 和 γ 的定义，令

$$\beta'=\frac{\beta-\frac{1}{m}}{1-\frac{1}{m}}=\frac{m\beta-1}{m-1},\quad \gamma'=\frac{\gamma-0}{\frac{1}{2}-0}=2\gamma \tag{5-53}$$

则

$$\beta'\in[0,1],\quad \gamma'\in[0,1] \tag{5-54}$$

再定义

$$\alpha=\frac{\beta'}{\gamma'}=\frac{m\beta-1}{2\gamma(m-1)} \tag{5-55}$$

由此可知 $\alpha\in[0,+\infty)$。可以利用指标 α 对最大隶属度原则的有效性进行检验。α 越大，

最大隶属度原则就越有效。一般情况下，α 的不同范围对应的最大隶属度原则的有效性情况如下：

当 $\alpha \to +\infty$ 时，最大隶属度原则完全有效；

当 $\alpha \in (1, +\infty)$ 时，最大隶属度原则非常有效；

当 $\alpha \in (0.5, 1]$ 时，最大隶属度原则比较有效；

当 $\alpha \in (0, 0.5]$ 时，最大隶属度原则比较低效；

当 $\alpha = 0$ 时，最大隶属度原则完全失效。

2）最大接近度原则。设评价对象 A_i 的模糊综合评价向量为 $\widetilde{\boldsymbol{B}} = (b_1, b_2, \cdots, b_m)$，$b_j$ 表示评价对象从整体上看对 v_j 等级模糊子集的隶属度。最大接近原则是按 $\widetilde{\boldsymbol{B}}$ 判断评价对象 A_i 所属等级，其确定步骤如下：

令
$$b_s = \max_{1 \leqslant j \leqslant m} |b_j|$$

分别计算 S、S_1、S_2，其中

$$S = \frac{1}{2}\sum_{j=1}^{m} b_j \tag{5-56}$$

$$S_1 = \sum_{j=1}^{s-1} b_j \tag{5-57}$$

$$S_2 = \sum_{j=s+1}^{m} b_j \tag{5-58}$$

则等级判定为

若 $S_1 < S$ 且 $S_2 < S$，则评价对象 A_i 按 b_s 所属等级判定。

若 $S_1 \geqslant S$ 或 $S_2 \geqslant S$，则评价对象 A_i 按 b_{s-1} 或 b_{s+1} 所属等级判定。

若 $(b_1, b_2, \cdots, b_m)$ 中有 $l(l \leqslant m)$ 个相等的最大数，则仍按上述步骤分别先做移位计算，若移位后的评定等级仍然离散，则取移位后的中心等级评定。若中心评定等级有两个，则取权重系数大的所在位置评定等级。

3）加权平均原则。加权平均原则就是将等级看作是一种相对位置，使其连续化，为了能定量处理，不妨用“1，2，3，…，m”依次表示各等级，并称其为各等级的秩。用评价对象 A_i 的模糊综合评价向量 $\widetilde{\boldsymbol{B}} = (b_1, b_2, \cdots, b_m)$ 中对应分量将各等级的秩加权求和，就可以得到评价对象 A_i 的相对位置，即

$$N = \frac{1}{\sum_{k=1}^{m} b_k^t} \sum_{k=1}^{m} (b_k^t k) \tag{5-59}$$

其中 $t = 1$ 或 2，为可选参数，目的在于控制较大的 b_k 所起的作用。利用式（5-59）的计算结果就可以对多个评价对象进行排序。

4）模糊向量单值化。如果给每一个等级赋予一个分值，用 $\widetilde{\boldsymbol{B}}$ 中对应的隶属度将分值加权求平均就可以得到一个数值，即可进行比较排序。

设评价对象 A_i 的模糊综合评价向量为 $\widetilde{\boldsymbol{B}} = (b_1, b_2, \cdots, b_m)$，对 m 个等级依次赋予分值 c_1，c_2，…，c_m，且一般情况下有 $c_1 > c_2 > \cdots > c_m$，且间距均等，将模糊向量 $\widetilde{\boldsymbol{B}}$ 单值

化为

$$C = \frac{1}{\sum_{k=1}^{m} b_k^t} \sum_{k=1}^{m} (b_k^t c_k) \tag{5-60}$$

其中 $t=1$ 或 2，为可选参数。对于多个评价对象，可以利用各对象的 C 值进行排序。

对于上述几种模糊综合评价向量后处理的方法，可以根据实际情况和评价的目的来选取。如果只需要给出评价对象的一个总体评价结论，通常选用 1）或 2）方法；如果需要对各评价对象进行排序或判别其发展趋势，则可在 3）、4）两种方法中选取。

进行综合评价的对象实际上都是一个复杂的系统问题，通常会涉及评价对象多个方面的多个因素，而且一个因素往往还包含多个层次的子因素，即这个因素是由其他若干个子因素决定。这就是一个多层次的综合评价问题，对于这类问题的综合评价其基本思想为：首先按最低层次的各个因素进行综合评价，然后再按上一层次的各因素进行综合评价；依次向更上一层评价，直到在最高层次得出总的综合评价结果。

5.2.4 河流系统健康多目标的模糊层次——模糊综合评价方法

多目标的模糊层次——模糊综合评价（MO - FAHP - FCE）方法就是将传统的层次分析法与模糊数学理论相结合，集层次结构、模糊数学、权衡比较于一体的综合评价方法。特别是在通过专家打分构造判断矩阵时，使用模糊数代替以往的确定值，在很大程度上解决了打分值缺乏弹性的问题，同时也降低了人们在判断指标相对重要性时的难度，并且进一步限制和降低了专家主观偏好的影响，从而弥补了传统 AHP 法中构造判断矩阵时的缺陷。利用模糊判断矩阵构建的模糊一致性判断矩阵具有天然的一致性，使得判断矩阵的一致性问题得到彻底解决。

MO - FAHP - FCE 方法在构建评价对象的指标体系时采用由上至下、逐层分解的方式进行，从而使得所有指标形成一个多层次的结构体系，并且每一层级上的指标都是其下一层级指标的目标，因此在评价过程中不管是中间层还是目标层的指标都可以成为综合评价的目标之一。在建立指标体系的层次结构后，通过专家打分的方式构造各层级指标的模糊判断矩阵，在此基础上计算出各层指标相对于其上一层目标的权重，逐层实施模糊运算就能够得到各层级目标的评价结果。

多目标的模糊层次—模糊综合评价方法的具体步骤为

（1）确定评价因素集。设评价对象由一系列子系统组成，其中第 k 个子系统有 m 个评价指标，则该系统的因素集可表示为

$$\mathbf{U}_k = \{u_{k1}, u_{k2}, \cdots, u_{km}\} \tag{5-61}$$

（2）确定评语等级集。设第 k 个子系统有 p 个评语等级，则其评语等级集可以表示为

$$\mathbf{V}_k = \{v_{k1}, v_{k2}, \cdots, v_{kp}\} \tag{5-62}$$

（3）建立模糊关系矩阵。在构造了等级模糊集即评语等级集后，要逐个对第 k 个子系统中的每个评价指标的隶属程度进行量化，也就是确定各评价指标对评语等级集中各等级的隶属度，进而构建第 k 个子系统的模糊关系矩阵 ${}_k\boldsymbol{R}$：

$$
{}_k\boldsymbol{R}=({}_kr_{ij})_{m\times p}=\begin{bmatrix} {}_kr_{11} & {}_kr_{12} & {}_kr_{13} & \cdots & {}_kr_{1p} \\ {}_kr_{21} & {}_kr_{22} & {}_kr_{23} & \cdots & {}_kr_{2p} \\ {}_kr_{31} & {}_kr_{32} & {}_kr_{33} & \cdots & {}_kr_{3p} \\ \vdots & \vdots & \vdots & \cdots & \vdots \\ {}_kr_{m1} & {}_kr_{m2} & {}_kr_{m3} & \cdots & {}_kr_{mp} \end{bmatrix} \tag{5-63}
$$

式中：${}_kr_{ij}$ 为第 k 个子系统的第 i 个评价指标隶属于第 j 个等级的隶属度。

（4）确定权向量：

$$
{}_k\boldsymbol{W}=({}_kw_j)_m \quad (j=1,2,3,\cdots,m) \tag{5-64}
$$

式中：${}_kW_j$ 为第 k 个子系统的第 j 个评价指标的权重，可以通过对模糊判断矩阵 ${}_j\boldsymbol{R}$ 求解得到。

（5）进行模糊复合运算，得出评价结果：

$$
{}_k\boldsymbol{B}={}_k\boldsymbol{W}\otimes{}_k\boldsymbol{R} \tag{5-65}
$$

式中：$\otimes$为模糊复合算子；${}_k\boldsymbol{B}$ 是第 k 个子系统的综合评价向量，其各向量元素代表了第 k 个子系统隶属于不同评语等级的隶属程度。

（6）模糊评价向量单值化。设评价对象 A_i 的模糊综合评价向量为 $\widetilde{\boldsymbol{B}}=(b_1,b_2,\cdots,b_p)$，对 p 个等级依次赋予分值 $c_1,c_2,\cdots,c_p$，且一般情况下有 $c_1>c_2>\cdots>c_p$，且间距均等，将模糊向量 $\widetilde{\boldsymbol{B}}$ 单值化为

$$
C=\frac{1}{\sum_{k=1}^{p}b_k^t}\sum_{k=1}^{p}(b_k^tc_k) \tag{5-66}
$$

其中 $t=1$ 或 2，为可选参数，通常选 1。对于多个评价对象，还可以利用各对象的 C 值进行排序。

5.3 指标权重的确定

指标的权重是指在综合评价过程中，指标在整个评价指标体系中的相对重要程度，并以数量形式的方式来反映。在利用综合评价模型进行评价时，确定合理的权重对最终评价结果或决策有着重要意义，这种确定权重的过程也称之为加权。在实际应用过程中，通常是利用经验加权或数学加权的方式来实现加权。

5.3.1 经验加权

经验加权也称定性加权，它依赖专家个人对评价对象和评价指标体系的理解和认知，对指标权重直接赋值。它的优点在于简便、快捷和易行，缺点则是对多指标、多学科的综合评价，单个专家的认知不可避免地存在一定的局限性。目前在大多数的综合评价过程中都已不采用这种方法进行指标赋权。

5.3.2 数学加权

数学加权也称定量加权，它是以数据为基础、应用相关数学理论通过分析计算对指标

进行间接赋权，具有较强的科学性。另外，根据计算权重时原始数据的来源不同，数学加权法可以细分为：主观赋权法和客观赋权法。

主观赋权法其用来权重赋值的原始数据主要来源于专家根据其专业知识、经验等做出的判断分析，由此最终得到的指标权重系数称为主观权重系数（有时候也称经验权数）。常见的主观赋权法有德尔菲法、AHP法（包括改进后的模糊层次分析法，FAHP）和专家评分法等。主观赋权法作为人们最早开展研究的一种权重赋值方法，经过不断地发展和完善，使得这种赋权方法不但成熟可靠，同时也具备了较好的客观性。

客观赋权法中用来权重赋值的原始数据来源于各评价指标的实际统计数据，由此得到的权重系数也称之为客观权重系数，是人们为了提高权重赋值过程中的客观性而提出的一种权重赋值方法。常见的客观赋权法有熵权法、标准离差法和CRITIC法等。客观赋权法的研究起步相对较晚，对指标统计数据的要求较高且容错性较差，对权重的赋值完全依靠已有的统计数据，得到的结果很可能与实际情况相违背，而且这种权重赋值方法计算大多比较烦琐、复杂。目前，客观赋权法在许多方面仍有待完善，其应用大多局限在统计资料比较完备、准确，且主观影响很弱或没有的领域。

下面介绍两种常用的主观赋权法。

5.3.2.1　经验判断法

该方法是利用不同领域多个专家的专业经验，对评价指标分别进行权重赋值，使得权重的确定由单人的经验决策转向专家集体决策，以弥补个人知识、经验等的缺陷。在进行后续指标权重的计算时，采用所有专家对该指标权重赋值的算术平均值来代表专家们的集体意见，以削弱个人主观偏好的影响，其中第 j 个指标的权重 w_j 为

$$w_j = \frac{\sum_{i=1}^{n} w_{ji}}{n} \quad (j=1,2,\cdots,m) \tag{5-67}$$

式中：n 为专家数量；m 为评价指标总数；w_{ji} 为第 i 个专家赋予第 j 个指标的权重值。

在综合评价时权重都需进行归一化处理，通常如式（5-68）所示：

$$w'_j = \frac{w_j}{\sum_{j=1}^{m} w_j} \tag{5-68}$$

经验判断法依据全体专家的专业知识、经验及个人喜好等对各个指标的相对重要性进行分析、判断并最终赋权。一般来说，当专家的专业组成全面、人数适宜时，这样所确定的指标权重就能正确反映各指标的相对重要程度。

5.3.2.2　模糊层次分析法（FAHP）

在利用传统的AHP法求解指标权重时，会存在判断矩阵一致性的问题，从而影响到权重的合理性。而模糊层次分析法在构造判断矩阵时就引入模糊理论，通过相应指标两两之间的比较建立模糊互补判断矩阵，然后再通过计算确定模糊一致判断矩阵，并在此基础上计算各指标的相对权重系数。构建的模糊判断矩阵天然满足一致性要求，不需要再进行一致性检验，不但大大简化了计算过程，而且也有效地提高了判断矩阵的可靠性（徐泽水，2001）。

利用 FAHP 计算指标权重的步骤如下：

（1）构建模糊互补判断矩阵。在建立评价对象指标体系的层次分析结构模型后，上下层次指标之间的隶属关系就随之确定，在此基础上对同一层次中的指标进行两两比较，构造各层次指标的模糊判断矩阵，其间需要避免不同性质的因素之间相互比较。指标之间的相互对比采用的是相对比例标度来度量。目前常用的数量标度是表 5-8 所示的 0.1～0.9 五标度法。

表 5-8　　FAHP 的比例标度值及其含义

标度	定义	说　明
0.5	同等重要	表示 x_i 和 x_j 相比较，两者同等重要
0.6	稍微重要	表示 x_i 和 x_j 相比较，x_i 稍微重要
0.7	明显重要	表示 x_i 和 x_j 相比较，x_i 明显重要
0.8	重要得多	表示 x_i 和 x_j 相比较，x_i 重要得多
0.9	极端重要	表示 x_i 和 x_j 相比较，x_i 极端重要
0.1、0.2、0.3、0.4	反比较	若元素 x_i 和 x_j 相比较得到判断 a_{ij}，则元素 x_j 和 x_i 相比较得到的判断为 $a_{ji}=1-a_{ij}$

设某层 C 包含 n 个因素 $\mathbf{X}=\{x_1,x_2,x_3,\cdots,x_n\}$，对任意两个因素 x_i 和 x_j，用 $a_{ij}(i,j=1,2,3,\cdots,n)$ 表示 x_i 和 x_j 对 C 相对重要性的比较，并用表 5-8 中的比例标度来度量 a_{ij}。以全部的比较结果 $a_{ij}(i,j=1,2,3,\cdots,n)$ 为元素构成矩阵：

$$\mathbf{A}=(a_{ij})_{n\times n} \tag{5-69}$$

则称 $\mathbf{A}$ 为因素 X 的判断矩阵。

从构造矩阵 $\mathbf{A}$ 的过程可以看出，矩阵 $\mathbf{A}$ 有以下性质：

$$\text{i}:0\leqslant a_{ij}\leqslant 1$$

$$\text{ii}:a_{ij}+a_{ji}=1$$

$$\text{iii}:a_{ii}=0.5$$

因此，判断矩阵 $\mathbf{A}$ 是模糊互补矩阵。

（2）构建模糊一致判断矩阵。为保证模糊互补矩阵 $\mathbf{A}$ 的一致性，对矩阵 $\mathbf{A}$ 进行如下数学变换。

首先对模糊互补矩阵 $\mathbf{A}=(a_{ij})_{n\times n}$ 按行求和得到：

$$r_i=\sum_{k=1}^{n}a_{ik}\quad(i=1,2,3,\cdots,n) \tag{5-70}$$

然后令

$$r_{ij}=\frac{r_i-r_j}{2(n-1)}+0.5 \tag{5-71}$$

则矩阵 $_J\boldsymbol{R}=(r_{ij})_{n\times n}$ 是模糊一致的。

（3）求解相对权重。对矩阵 $_J\boldsymbol{R}$ 采用行和归一化求得的权重向量 $\boldsymbol{W}=(w_1,w_2,\cdots,w_n)^T$ 满足

$$w_i = \frac{\sum_{j=1}^{n} r_{ij} + \frac{n}{2} - 1}{n(n-1)} \quad (i=1,2,3,\cdots,n) \tag{5-72}$$

受历史条件的限制和以往对河流系统健康认识的不足，使得我国早期对河流系统中相关要素的监测存在一定程度的缺失，使得目前仍无法形成长系列的完整监测数据资料。另外，由于对河流系统健康的评价本身就是人类对河流系统健康的一种认识，本身就具有一定的主观性。因此，对于河流系统健康综合评价中，对各指标权重的赋值还是采用主观赋权法为主，由于FAHP法在保留AHP法优点的同时，其对指标之间相对重要性的判别依据更为符合人类的思维习惯和表达方式，同时还避免了AHP法构造判断矩阵时对其一致性的限制。因此，在对河流系统健康评价的过程中，通过FAHP法计算获得的指标权重将更为准确可靠。

第 6 章　河流系统健康的警源查证与分析

6.1　河流系统健康表征因子与警源因子的关系

河流系统的健康是一个模糊量，通常都需要借助一个因子集合表征。从第 4 章河流系统健康警兆指标体系中可以看出，这些因子都是分层用来表征河流系统某一方面健康的指标。首先河流系统健康可以体现在自然生态环境、社会服务功能和人类发展水平三个方面，而这三个方面又是由各自下一层次的指标来分别体现的。例如：河流系统的自然生态环境就是由与河流相关的生物群落及其生活、栖息的无机环境共同组成的，而无机环境又包括了河流的物理形态、水文要素、河岸带等一系列要素。在河流自然生态环境中这些要素相互依存、相互作用、相互影响，组成完整的河流生态系统，而这些要素又是通过构建各自的具体评价指标能够来体现的。由此可以看出，河流系统的自然生态环境、社会服务功能和人类发展水平这三个特征是河流系统健康的核心特征，也可以作为描述河流系统健康的状态分量。

警源是河流系统健康警情产生的根源。由于警源的存在，使得河流系统始终存在着产生病变的可能性，警源的异常变化可以通过破坏河流系统的组成因子，或是破坏河流系统正常的外部条件与内部机制导致河流系统出现警情。研究河流系统健康预警的一个关键目的在于判断河流系统健康问题产生的原因和根源，并排查导致河流系统健康向不利方向发展的主要因素——也就是查证警源。从而为有目的地、有针对性地采取修复措施或管理措施奠定基础，达到维护和促进河流系统健康的目标。

河流健康的警源因素并不是直接作用在自然生态环境、社会服务功能或人类发展水平这三个河流系统健康的状态分量上，而是直接影响能够体现自然生态环境、社会服务功能或人类发展水平的具体指标因子。通过改变这些具体指标因子所代表的河流系统成分或特征的健康状况，从而间接影响到河流系统的整体健康状况。因此，河流系统健康的警兆指标既可作为河流系统健康的表征因子，也是警源性因素影响河流系统健康的中介体。

河流系统的警源查证是寻找引起河流系统健康问题的主要警源性因素。从河流系统动力作用方式来看，警源性因子的作用会使河流系统健康的具体表征因子发生改变，从而影响和改变河流系统的健康状况。因此，构建河流系统的警源查证模型实质上是建立河流系统健康的表征因子与警源性因素之间的函数关系，通过定量分析，确定影响河流系统健康的主要警源因素。

在第 4 章，我们已经从自然因素与人为因素两个方面构建了危害河流系统健康的警源指标体系。河流系统健康的警源查证就是通过合适的方法，在警源指标体系中，查找和证实对河流系统健康影响最大的一些指标因子。自然生态环境、社会服务功能和人类发展水平作为表征河流系统健康的3个状态分量，会受到很多诱发性因素的影响——即警源因子的影响。因此，警源查证就是建立河流系统健康的状态分量自然生态环境（*NE*）、社会服务功能（*SS*）、人类发展水平（*HD*）与警源指标之间的数学关系，如式（6-1）～式（6-3）所示。然后利用有关数学方法分析各警源指标对各状态变量的影响程度、贡献大小，从而确定出河流系统健康各状态分量的主要警源因子。

$$NE=f_1(x_1,x_2,\cdots,x_n) \tag{6-1}$$

$$SS=f_2(x_1,x_2,\cdots,x_n) \tag{6-2}$$

$$HD=f_3(x_1,x_2,\cdots,x_n) \tag{6-3}$$

式中：$f_1(\cdot)$、$f_2(\cdot)$、$f_3(\cdot)$ 分别表示自然生态环境（*NE*）、社会服务功能（*SS*）、人类发展水平（*HD*）与警源因子（$x_1,x_2,\cdots,x_n$）的函数关系。

6.2　警源查证方法的选取

所谓警源查证就是根据河流系统健康综合评价的结果，通过建立河流系统健康表征因子与警源因子之间的关系，分析导致河流系统健康出现问题的主要原因。河流系统健康的表征因子和警源因子之间是一种多对多的关系，每个表征因子同时受到一个或多个警源因子的作用，同时每个警源因子也可能会影响一个或多个表征因子，即使是影响同一河流系统健康表征因子的各个警源因素之间也还存在主要警源因素和次要警源因素的区别（吴龙华 等，2015）。由此可以看出，河流系统健康的警源查证实质上就是对具有多重相关性的多维变量进行分析。

一般变量之间通常是确定性的函数关系或统计关系。在河流健康病因诊断中，由于自变量（警源性因素）对因变量（河流系统健康状态分量）的作用机理非常复杂且存在未知性，通常无法建立相应的确定性函数关系。因此，只能通过统计分析的方法来寻找它们之间的统计关系，以达到定量分析的目的，而选择一种适宜的多元统计分析方法将是实施有效警源查证分析的前提和基础。另外，对于影响河流系统健康的众多警源因子，在包含了有效信息的同时也掺杂了各种噪声，而且这些警源因子相互间几乎不可避免地存在多重相关性关系。

警源查证的实质是通过定量分析河流系统健康的状态分量和警源性因素之间的关联关系，确定当前情况下影响河流系统健康的主要警源因素。针对河流系统健康的不同状态分量，要从众多的警源性因素中确定各自的主要警源因素，则需要针对这些状态分量和警源因素进行多重相关性的多维变量分析。对于多元变量的统计分析，目前常用的方法有主成分分析法、因子分析法、多元线性回归分析法、主成分回归分析法、逐步回归分析法、典型相关分析法和偏最小二乘回归分析法等。

6.2.1　主成分分析法（Principal Component Analysis，PCA）

主成分分析法就是设法将原来众多具有一定相关性的指标重新组合成一组新的、相互无关的几个综合指标来代替原来指标。通常数学上的处理就是将原来所有指标作线性组

合，生成新的综合指标，这些新的综合指标就称为主成分。主成分之间不仅互不相关，而且它们的方差依次递减。因此，在实际工作中就可以根据需要从中选取较少的综合指标来尽可能多地反映原来指标的信息（主成分通常应保留原始变量 90%以上的信息），虽然这样做会损失一部分信息，但由于我们抓住了主要矛盾，并从原始数据中进一步提取了某些新的信息，因而在某些实际问题的研究中得益会大于损失，这种既减少了变量的数目又抓住了主要矛盾的做法有利于问题的分析和处理。这种将多个指标化为少数互相无关的综合指标的统计方法称为主成分分析法或主分量分析法，它是数学上处理降维的一种有效方法（任雪松 等，2011）。

6.2.2 因子分析法（Factor Analysis，FA）

因子分析法是主成分分析法的推广和发展，它也是将具有错综复杂关系的变量综合为数量较少的几个因子，以再现原始变量与因子之间的相互关系，同时根据不同因子还可以对变量进行分类，它也是属于多元分析中处理降维的一种统计方法。因子分析法的基本思想是通过变量的相关系数举证内部结构的研究，找出能控制所有变量的少数几个随机变量去描述多个变量之间的相关关系，但这少数几个随机变量是不可观测的，通常称为因子（任雪松 等，2011）。

因子分析不是对原始变量的重新组合，而是对原始变量进行分解，分解为公共因子与特殊因子两部分，即因子分析就是利用少数公共因子去解释多个要观测变量中存在的复杂关系。它把原始变量分解为两部分因素：一部分是由所有变量共同具有的少数几个公共因子构成的；另一部分是每个原始变量独自具有的因素，即特殊因子。在这个处理过程中，因子分析需要假设：各个共同因子之间不相关，特殊因子之间也不相关，共同因子和特殊因子之间也不相关（王芳，2003）。

由此可以看出，主成分分析法和因子分析法的基本思路都是通过降维来降低分析的难度，其本质都是把多个初始变量通过不同途径简化为少数综合因子（这些综合因子必须包含原来所有变量中的绝大部分信息）。但这两种分析方法都仅仅是从自变量的角度出发，而忽略了因变量，没有充分利用系统整体信息来构建自变量和因变量之间的定量关系，与实际情况存在较大出入。

6.2.3 多元线性回归分析法（Multivariable Linear Regression，MLR）

回归分析是数理统计中最成熟和最常用的方法。多元线性回归分析法通常假设因变量与多个自变量之间呈线性关系，然后利用多变量线性回归模型，通过最小二乘法计算自变量和因变量之间的关系。多元线性回归分析法的优点是回归模型简洁、直观；缺点则是要求自变量之间必须是相互独立的、样本数目至少是自变量数目的 5 倍，而且不太适合于复杂的问题。如果自变量数目远远大于样本数目，则多元线性回归分析法中回归模型常常被过度拟合。过度拟合导致自变量的不同组合会得到多个不同的模型，而每个回归模型的预测能力都很差。当自变量个数较多且相互之间存在多重相关时，多元线性回归分析法就不再适用（王继叶 等，2016）。

6.2.4 主成分回归分析法（Principle Component Regression，PCR）

主成分回归分析法是主成分分析法和回归分析法相结合的一种方法。当自变量个数较多且相互之间又相关时，多元线性回归分析法就不再适用，此时主成分回归分析法就是可行的方法之一。主成分回归分析法是先用主成分分析法计算出主成分表达式和主成分的分变量，由于主成分的分变量是相互独立的，因此可以将因变量对主成分的分变量回归，然后将主成分的表达式代回到回归模型中，可得到标准化自变量与因变量的回归模型，最后将标准化自变量转为原始变量，即可得到原始自变量与因变量的回归模型。其实质相当于用主成分分析法减少了自变量的个数，并消除了自变量之间的相关性，然后就可以用多元线性回归分析法进行回归，最后再转换成原始的自变量与因变量之间的线性关系模型（王继叶 等，2016）。主成分回归法虽然解决了自变量的多重共线性问题，但其与主成分分析法和因子分析法一样，在建模过程中仅仅考虑自变量而忽略了因变量，使得回归模型的适用性存在不足。

6.2.5 逐步回归分析法（Stepwise Regression Analysis，SRA）

逐步回归分析法的基本思想是将变量逐个引入模型，每引入一个解释变量后都要进行 F 检验，并对已经选入的解释变量逐个进行 t 检验，当原来引入的解释变量由于后面解释变量的引入变得不再显著时，则将其删除。以确保每次引入新的变量之前回归方程中只包含显著性变量。这是一个不断重复的过程，直到既没有显著的解释变量选入回归方程，也没有不显著的解释变量从回归方程中剔除为止。以保证最后所得到的解释变量集是最优的。依据上述思想，可利用逐步回归筛选并剔除引起多重共线性的变量，其具体步骤如下：先用被解释变量对每一个所考虑的解释变量做简单回归，然后以对被解释变量贡献最大的解释变量所对应的回归方程为基础，再逐步引入其余解释变量。经过逐步回归，使得最后保留在模型中的解释变量既是重要的，也没有严重的多重共线性（李福夺，2016）。然而，逐步回归法强烈依赖于人为确定的显著性水平，不同的显著性水平可能得到的结果不一样，而且也很难给出理论上证明其回归方程的最优性。换而言之，逐步回归分析法只是一种实践上较为有效的方法，但无法在理论上证明其所得到的回归方程即为最优方程（游士兵 等，2017）。

6.2.6 典型相关分析法（Canonical Correlation Analysis，CCA）

典型相关分析法又称规则相关分析，是利用综合变量对之间的相关关系来反映两组变量之间的整体相关性的多元统计分析方法。它把多变量与多变量之间的相关关系转换为两组变量之间的相关关系，分别在两组变量中提取有代表性的两个综合变量，利用这两个综合变量之间的相关关系来反映两组指标之间的整体相关性。典型相关模型的基本假设包括：两组变量间是线性关系，每对典型变量之间是线性关系，每个典型变量与本组变量之间也是线性关系；典型相关还要求各组内变量间不能有高度的复共线性（姜华 等，2016）。

典型相关分析的基本步骤是：首先在每组变量中找出变量的线性组合，使其具有最大

相关性，然后再在每组变量中找出第二对线性组合，使其分别与第一对线性组合不相关，而第二对本身具有最大相关性，如此继续下去，直到两组变量之间的相关性被提取完毕为止。有了这些线性组合的最大相关，则讨论两组变量之间的相关就转化为只研究这些线性组合的最大相关，从而减少研究变量的个数。这些选出的线性组合配对称为典型变量，而它们之间的相关系数则称为典型相关系数（任雪松 等，2011）。

6.2.7　偏最小二乘回归分析法（Partial Least Squares Regression，PLSR）

偏最小二乘回归法是近年来应实际需要而产生和发展的、有广泛适用性的多元统计分析方法（王惠文，1999）。在常见的多因变量对多自变量的回归建模中，特别是在样本数量少且存在多重相关性等问题时，该方法具有传统的回归方法所不具备的许多优点。

（1）偏最小二乘回归分析法提供了一种多因变量对多自变量的回归建模方法。特别是当变量之间存在高度相关性时，适用偏最小二乘回归进行建模，其分析结论更加可靠、整体性更强。

（2）偏最小二乘回归分析法可以有效地解决变量之间的多重相关性问题，适合在样本容量小于变量个数的情况下进行回归建模。

在多元线性回归分析法中，变量之间的多重相关性危害非常严重，常会严重危害参数估计、扩大模型误差，并破坏模型的稳健性。但在实际工作中，这种变量间的多重相关性却又十分普遍的存在，事实上许多技术、经济、社会指标都存在同步增加的趋势。在回归分析中，这种变量多重相关性偏最小二乘回归采用对数据信息进行分解和筛选的方式，有效提取对系统解释性最强的综合变量，剔除多重相关信息和无法解释信息的干扰，从而克服了变量多重相关性在系统建模中的不良作用。

另外，在使用普通多元回归经常受到的限制是样本数量不宜太少。然而在一些实际应用中，常常会有许多必须考虑的重要变量，受时间、经费等条件的限制，所能得到的样本数量会小于变量的个数。这是普通多元回归分析不能够解决的问题，而采用偏最小二乘回归分析法则可得到较好的解决。

（3）偏最小二乘回归分析法可以实现多种多元统计分析方法的综合应用。偏最小二乘回归分析法可以将建模类型的预测分析方法与非模型式的数据内侧分析方法有机地结合起来。在一个算法下，可以同时实现回归建模、数据结构简化（主成分分析）及两组变量之间的相关分析（典型相关分析）。这给多维复杂系统的分析带来极大的便利，是多元数据分析中一个飞跃式的进展。此外，由于偏最小二乘回归分析法在建模的同时实现时间线数据结构的简化，可以在二维平面图上对多维数据的特性进行观察，这使得偏最小二乘回归分析法的图形功能十分强大，更有利于工程人员的分析应用。

6.3　基于偏最小二乘回归分析法的警源查证模型

对于影响河流系统健康的警源因子而言，为查找其中主要的警源因子，不但面临着多因变量（河流系统健康状态分量）对多自变量（警源因子）的回归建模问题，而且各警源因子之间不可避免地存在不同程度的相关性。另外，各警源因子的样本统计数据也普遍存在数量不足的问题。因此，利用偏最小二乘回归分析法建模分析，不但可以有效地提取对因变量解释最强的综合变量，辨识系统中的信息和噪声，而且在偏最小二乘回归分析法的最终模型中将包含所有的自变量，并利用变量投影重要性分析确定每一个自变量在解释因变量时的重要程度，从而进一步对各自变量的重要程度进行排序，以确定最为重要的自变量（吴龙华 等，2015）。对于仅仅需要在所有警源因子中查找主要警源而言，通过对自变量的这种重要程度排序，就可以确定不同警源因素对不同河流系统健康状态分量的重要程度，从而确定主要的警源因子。

为简化分析，将针对河流系统健康的各个状态分量分别采用单因变量的偏最小二乘回归分析法构建警源查证分析模型，分析河流系统健康各状态分量与各警源因子间的关系，以便查证影响河流系统健康最主要的警源性因素。

6.3.1　偏最小二乘回归分析法建模原理

设有 q 个因变量 $\{y_1,y_2,\cdots,y_q\}$ 和 p 个自变量 $\{x_1,x_2,\cdots,x_p\}$，n 个样本点，由此构成的因变量数据表为

$$\boldsymbol{Y}=\{y_1,y_2,\cdots,y_q\}_{n\times q} \tag{6-4}$$

自变量数据表为

$$\boldsymbol{X}=\{x_1,x_2,\cdots,x_p\}_{n\times p} \tag{6-5}$$

利用偏最小二乘回归法首先分别在 $\boldsymbol{X}$ 和 $\boldsymbol{Y}$ 中提取成分 t_1 和 u_1，即

$$\begin{aligned} t_1&=f_{t1}(x_1,x_2,\cdots,x_p) \\ u_1&=g_{u1}(y_1,y_2,\cdots,y_q) \end{aligned} \tag{6-6}$$

式中：$f_{t1}(\cdot)$ 和 $g_{u1}(\cdot)$ 均为线性函数。

在提取这两个成分时，为了回归分析的需要，这两个成分必须满足的条件有：①t_1 和 u_1 应尽可能大地携带它们各自数据表中的变异信息；②t_1 和 u_1 的相关程度能够达到最大。

在提取 t_1 和 u_1 后，分别实施 $\boldsymbol{X}$ 对 t_1 的回归，以及 $\boldsymbol{Y}$ 对 u_1 的回归。然后检验模型的精度，如果回归方程已经达到满意的精度，则算法终止；否则，将利用 $\boldsymbol{X}$ 被 t_1 解释后的残余信息，以及 $\boldsymbol{Y}$ 被 u_1 解释后的残余信息进行第二轮的成分提取；如此重复，直到能达到一个满足要求的精度为止。

若最终对 $\boldsymbol{X}$ 共提取了 m 个成分 $t_1,t_2,\cdots,t_m$，则通过实施 $y_k(k=1,2,\cdots,q)$ 对 $t_1,t_2,\cdots,t_m$ 的回归，最终得到 y_k 关于原变量 $x_1,x_2,\cdots,x_p$ 的回归方程。

6.3.2　偏最小二乘回归分析法模型的构建

（1）数据的标准化。为方便计算和减少计算误差，需对初始数据表 $\boldsymbol{X}$ 和 $\boldsymbol{Y}$ 实施标准化处理。

数据表 $\boldsymbol{X}$ 标准化得到自变量数据表 E_0：

$$\boldsymbol{E}_0=(x_{ij}^*)_{n\times p} \tag{6-7}$$

其中

$$x_{ij}^{*}=\frac{x_{ij}-\overline{x}_j}{S_{xj}} \tag{6-8}$$

$$\overline{x}_j=\frac{\sum_{i=1}^{n}x_{ij}}{n} \tag{6-9}$$

$$S_{xj}=\sqrt{\frac{1}{n}\sum_{i=1}^{n}(x_{ij}-\overline{x}_j)^2} \tag{6-10}$$

数据表 $\boldsymbol{Y}$ 标准化得到因变量数据表 F_0：

$$\boldsymbol{F}_0=(y_{ij}^{*})_{n\times q} \tag{6-11}$$

其中

$$y_{ij}^{*}=\frac{y_{ij}-\overline{y}_j}{S_{yj}} \tag{6-12}$$

$$\overline{y}_j=\frac{\sum_{i=1}^{n}y_{ij}}{n} \tag{6-13}$$

$$S_{yj}=\sqrt{\frac{1}{n}\sum_{i=1}^{n}(y_{ij}-\overline{y}_j)^2} \tag{6-14}$$

(2) 在 $\boldsymbol{E}_0$ 和 $\boldsymbol{F}_0$ 上分别提取第一偏最小二乘成分 $\boldsymbol{t}_1$ 和 $\boldsymbol{u}_1$，提取的 $\boldsymbol{t}_1$ 和 $\boldsymbol{u}_1$ 需要满足的条件如下。

1) $\boldsymbol{t}_1$ 和 $\boldsymbol{u}_1$ 的变异方差最大：

$$\mathrm{Var}(\boldsymbol{t}_1)\to\max \quad \mathrm{Var}(\boldsymbol{u}_1)\to\max \tag{6-15}$$

该条件能保证 $\boldsymbol{t}_1$ 和 $\boldsymbol{u}_1$ 可以很好地代表数据表中的数据变异信息。

2) $\boldsymbol{t}_1$ 和 $\boldsymbol{u}_1$ 的相关系数最大：

$$R(\boldsymbol{t}_1,\boldsymbol{u}_1)\to\max \tag{6-16}$$

这一条件可使 $\boldsymbol{t}_1$ 和 $\boldsymbol{u}_1$ 有最强的解释能力。

这两个条件实际上就是要使 $\boldsymbol{t}_1$ 和 $\boldsymbol{u}_1$ 的协方差最大，即

$$\mathrm{Cov}(\boldsymbol{t}_1,\boldsymbol{u}_1)=\sqrt{\mathrm{Var}(\boldsymbol{t}_1)\mathrm{Var}(\boldsymbol{u}_1)}\cdot R(\boldsymbol{t}_1,\boldsymbol{u}_1)\to\max \tag{6-17}$$

因此

$$\boldsymbol{t}_1=\boldsymbol{E}_0\cdot\boldsymbol{w}_1,\boldsymbol{w}_1\text{是 }E_0\text{ 的第一个轴,且}\|\boldsymbol{w}_1\|=1;$$

$$\boldsymbol{u}_1=\boldsymbol{F}_0\cdot\boldsymbol{c}_1,\boldsymbol{c}_1\text{ 是 }\boldsymbol{F}_0\text{ 的第一个轴,且}\|\boldsymbol{c}_1\|=1\text{。}$$

求解下列优化问题，即

$$\max_{\boldsymbol{w}_1,\boldsymbol{c}_1}\langle\boldsymbol{E}_0\cdot\boldsymbol{w}_1,\boldsymbol{F}_0\cdot\boldsymbol{c}_1\rangle \tag{6-18}$$

$$\text{s. t}\begin{cases}\boldsymbol{w}_1^{\mathrm{T}}\boldsymbol{w}_1=1\\ \boldsymbol{c}_1^{\mathrm{T}}\boldsymbol{c}_1=1\end{cases}$$

令 $\boldsymbol{\theta}_1=\boldsymbol{w}_1^{\mathrm{T}}\boldsymbol{E}_0^{\mathrm{T}}\boldsymbol{F}_0\boldsymbol{c}_1$，即为优化问题的目标函数值。

利用拉格朗日法计算可得

$$\boldsymbol{E}_0^{\mathrm{T}}\boldsymbol{F}_0\boldsymbol{c}_1=\boldsymbol{\theta}_1\boldsymbol{w}_1 \tag{6-19}$$

$$\boldsymbol{F}_0^{\mathrm{T}}\boldsymbol{E}_0\boldsymbol{w}_1=\boldsymbol{\theta}_1\boldsymbol{c}_1 \tag{6-20}$$

由此可得

$$\boldsymbol{E}_0^{\mathrm{T}}\boldsymbol{F}_0\boldsymbol{F}_0^{\mathrm{T}}\boldsymbol{E}_0\boldsymbol{w}_1=\boldsymbol{\theta}_1^2 w_1 \tag{6-21}$$

同理

$$\boldsymbol{F}_0^{\mathrm{T}}\boldsymbol{E}_0\boldsymbol{E}_0^{\mathrm{T}}\boldsymbol{F}_0\boldsymbol{c}_1=\boldsymbol{\theta}_1^2\boldsymbol{c}_1 \tag{6-22}$$

可见$\boldsymbol{w}_1$是对应于 $\boldsymbol{E}_0^{\mathrm{T}}\boldsymbol{F}_0\boldsymbol{F}_0^{\mathrm{T}}\boldsymbol{E}_0$ 矩阵最大特征值 $\boldsymbol{\theta}_1^2$ 的单位特征向量，$\boldsymbol{c}_1$ 是对应于 $\boldsymbol{F}_0^{\mathrm{T}}\boldsymbol{E}_0\boldsymbol{E}_0^{\mathrm{T}}\boldsymbol{F}_0$ 矩阵最大特征值 $\boldsymbol{\theta}_1^2$ 的单位特征向量。

（3）实施 $\boldsymbol{E}_0$ 和 $\boldsymbol{F}_0$ 在 $\boldsymbol{t}_1$ 上的回归：

$$\boldsymbol{E}_0=\boldsymbol{t}_1\boldsymbol{p}_1^{\mathrm{T}}+E_1 \tag{6-23}$$

$$\boldsymbol{F}_0=\boldsymbol{t}_1 r_1+F_1 \tag{6-24}$$

其中 $\boldsymbol{p}_1$ 和 r_1 为回归系数（r_1 是标量），其计算公式为

$$\boldsymbol{p}_1=\frac{\boldsymbol{E}_0^{\mathrm{T}}\cdot\boldsymbol{t}_1}{\|\boldsymbol{t}_1\|^2} \tag{6-25}$$

$$r_1=\frac{\boldsymbol{F}_0^{\mathrm{T}}\cdot\boldsymbol{t}_1}{\|\boldsymbol{t}_1\|^2} \tag{6-26}$$

（4）求 $\boldsymbol{E}_0$ 和 $\boldsymbol{F}_0$ 的残差：

$$E_1=\boldsymbol{E}_0-\boldsymbol{t}_1\boldsymbol{p}_1^{\mathrm{T}} \tag{6-27}$$

$$F_1=\boldsymbol{F}_0-\boldsymbol{t}_1 r_1 \tag{6-28}$$

然后，进行偏最小二乘回归的第二步，以 $\boldsymbol{E}_1$ 取代 $\boldsymbol{E}_0$，以 $\boldsymbol{F}_1$ 取代 $\boldsymbol{F}_0$，重复上述（2）～（4）的工作，得到

$$\boldsymbol{w}_2=\frac{\boldsymbol{E}_1^{\mathrm{T}}\cdot\boldsymbol{F}_1}{\|\boldsymbol{E}_1^{\mathrm{T}}\cdot\boldsymbol{F}_1\|} \tag{6-29}$$

$$\boldsymbol{t}_2=\boldsymbol{E}_1\cdot\boldsymbol{w}_2 \tag{6-30}$$

实施 $\boldsymbol{E}_1$、$\boldsymbol{F}_1$ 对 $\boldsymbol{t}_2$ 的回归，则有

$$\boldsymbol{E}_1=\boldsymbol{t}_2\boldsymbol{p}_2^{\mathrm{T}}+\boldsymbol{E}_2 \tag{6-31}$$

$$\boldsymbol{F}_1=\boldsymbol{t}_2 r_2+\boldsymbol{F}_2 \tag{6-32}$$

其中 $\boldsymbol{p}_2$ 和 r_2 为回归系数（r_2 是标量），计算公式分别为

$$\boldsymbol{p}_2=\frac{\boldsymbol{E}_1^{\mathrm{T}}\cdot\boldsymbol{t}_2}{\|\boldsymbol{t}_2\|^2} \tag{6-33}$$

$$r_2=\frac{\boldsymbol{F}_1^{\mathrm{T}}\cdot\boldsymbol{t}_2}{\|\boldsymbol{t}_2\|^2} \tag{6-34}$$

以此类推偏最小二乘回归的第三步……最后可用交叉有效性确定成分 $\boldsymbol{t}$ 的提取个数，停止迭代。

（5）收敛性检查。一般利用交叉有效性检查收敛性。如果 $\boldsymbol{y}$ 对 $\boldsymbol{t}_1$ 回归方程达到满意的程度要求，那么，提取步骤停止；否则，用 $\boldsymbol{E}_1$ 取代 $\boldsymbol{E}_0$，用 $\boldsymbol{F}_1$ 取代 $\boldsymbol{F}_0$，重复（2）～（5），在 $\boldsymbol{E}_1$ 上提取 $\boldsymbol{t}_2$ 成分。然后用交叉有效性检查其收敛性。如此重复，直至满足精度要求。具体过程与步骤见本章 6.3.3 小节。

（6）假设在第 h 步（$h=2,3,\cdots,m$），精度满足要求停止提取。这时候得到 m 个成

分，实施 $\boldsymbol{F}_0$ 在 $(\boldsymbol{t}_1,\boldsymbol{t}_2,\cdots,\boldsymbol{t}_m)$ 上的回归，可以得到

$$\boldsymbol{F}_0=r_1\boldsymbol{t}_1+r_2\boldsymbol{t}_2+\cdots+r_m\boldsymbol{t}_m \tag{6-35}$$

由于 $(\boldsymbol{t}_1,\boldsymbol{t}_2,\cdots,\boldsymbol{t}_m)$ 均是 $\boldsymbol{E}_0$ 的线性组合，因此，$\boldsymbol{F}_0$ 可写成 $\boldsymbol{E}_0$ 的线性组合形式，即

$$\boldsymbol{F}_0=r_1\boldsymbol{E}_0\boldsymbol{w}_1^*+r_2E_1\boldsymbol{w}_2^*+\cdots+r_m\boldsymbol{E}_{m-1}\boldsymbol{w}_m^* \tag{6-36}$$

其中

$$\boldsymbol{w}_h^*=\left[\prod_{j=1}^{h-1}(\boldsymbol{I}-\boldsymbol{w}_j\boldsymbol{p}'_j)\right]\boldsymbol{w}_h \tag{6-37}$$

式中：$\boldsymbol{I}$ 为单位矩阵。

若记：

$$\begin{aligned}\boldsymbol{x}_j^*&=\boldsymbol{E}_{0j}\\ \hat{\boldsymbol{y}}^*&=\boldsymbol{F}_0\end{aligned} \tag{6-38}$$

最后就有

$$\hat{\boldsymbol{y}}^*=a_1\boldsymbol{x}_1^*+a_2\boldsymbol{x}_2^*+\cdots a_j\boldsymbol{x}_j^*+a_p\boldsymbol{x}_p^* \tag{6-39}$$

其中，a_j 为 $\boldsymbol{x}_j^*$ 的回归系数，由式（6-40）计算得到

$$a_j=\sum_{h=1}^{m}r_hw_{hj}^* \tag{6-40}$$

式中：w_{hj}^* 为$\boldsymbol{w}_h^*$ 的第 j 个分量。

6.3.3 收敛性检验

在偏最小二乘建模中究竟该选取多少个成分最好，可以用交叉有效性方法来检验。就是通过增加一个新的成分后，考察其能否对模型的预测功能有明显改进来考虑。

首先，采用类似于抽样测试法的方式，把所有 n 个样本点分成两部分：其中第一部分除去某个样本点 i 的所有样本点集合（共含 $n-1$ 个样本点），然后用 $n-1$ 个样本点并使用 h 个成分拟合一个回归方程；然后把刚才被排除的样本点 i 代入前面拟合的回归方程，得到 $\boldsymbol{y}_j$ 在样本点 i 上的拟合值 $\hat{\boldsymbol{y}}_{hj(-i)}$，对于每一个 $i=1,2,\cdots,n$ 重复上述的测试过程，则最终可以定义 $\boldsymbol{y}_j$ 的预测误差平方和为

$$S_{\text{PRESS},hj}=\sum_{i=1}^{n}(\boldsymbol{y}_{ij}-\hat{\boldsymbol{y}}_{hj(-i)})^2 \tag{6-41}$$

定义 $\boldsymbol{Y}$ 的预测误差平方和 $S_{\text{PRESS},h}$ 为

$$S_{\text{PRESS},h}=\sum_{j=1}^{p}S_{\text{PRESS},hj} \tag{6-42}$$

如果回归方程的稳健性不好、误差很大，对样本点的扰动就会十分敏感，这种扰动误差的作用就会加大 $S_{\text{PRESS},h}$ 的值。

其次，再利用所有的样本点，拟合含 h 个成分的回归方程。这时，记第 i 个样本点的预测值为 $\hat{y}_{hij}$，则可以定义 y_j 的误差平方和 $S_{SS,hj}$ 为

$$S_{SS,hj}=\sum_{i=1}^{n}(\boldsymbol{y}_{ij}-\hat{\boldsymbol{y}}_{hij})^2 \tag{6-43}$$

定义此时 $\boldsymbol{Y}$ 的预测误差平方和 $S_{SS,h}$ 为

$$S_{SS,h}=\sum_{j=1}^{p}S_{SS,hj} \tag{6-44}$$

一般而言

$$S_{PRESS,h}>S_{SS,h}>S_{SS,h-1} \tag{6-45}$$

其中：$S_{SS,h-1}$ 是用全部样本点拟合的具有（$h-1$）个成分的方程的拟合误差；而 $S_{PRESS,h}$ 则是加了 1 个成分 t_h，但是却含有样本点的扰动误差。

当含有 h 个成分的回归方程的含扰动误差 $S_{PRESS,h}$ 能在一定程度上小于含（$h-1$）个成分回归方程的拟合误差 $S_{SS,h-1}$，则认为增加 1 个成分 t_h，会使模型预测的精度明显提高。因此，$S_{PRESS,h}$ 和 $S_{SS,h-1}$ 的比值越小越好。

最后，定义交叉有效性为

对每一个因变量 y_k 定义

$$Q_{hk}^2=1-\frac{S_{PRESS,hk}}{S_{SS,(h-1)k}} \tag{6-46}$$

则对于全部因变量 Y，成分 t_h 的交叉有效性定义为

$$Q_h^2=1-\frac{\sum_{j=1}^{p}S_{PRESS,hk}}{\sum_{j=1}^{p}S_{SS,(h-1)k}}=1-\frac{S_{PRESS,h}}{S_{SS,h-1}} \tag{6-47}$$

当 $Q_h^2\geqslant(1-0.95)^2=0.0975$（即$\sqrt{S_{PRESS,h}}\leqslant0.95\sqrt{S_{SS,h-1}}$）时，说明引进新的主成分 $\boldsymbol{t}_h$ 边际贡献是显著的，对模型的预测能力有明显的改善作用；反之，则不能。

6.3.4　警源因子重要程度计算

设有 n 个自变量 $\{\boldsymbol{x}_1,\boldsymbol{x}_2,\cdots,\boldsymbol{x}_n\}$，并选取了 m 个成分（$\boldsymbol{t}_1,\boldsymbol{t}_2,\cdots,\boldsymbol{t}_m$），则变量投影重要性指标 VIP_j 的定义为

$$VIP_j=\sqrt{\frac{n}{Rd}\sum_{h=1}^{m}Rdw_{hj}^2} \tag{6-48}$$

其中

$$Rd=\sum_{h=1}^{m}Rd(\boldsymbol{y},\boldsymbol{t}_h)=\sum_{h=1}^{m}r^2(\boldsymbol{y},\boldsymbol{t}_h)$$

式中：VIP_j 表示第 j 个自变量 $\boldsymbol{x}_j$ 在解释因变量 $\boldsymbol{Y}$ 时作用的重要性；n 为自变量的个数；$Rd(y,\ \boldsymbol{t}_h)$ 为成分 $\boldsymbol{t}_h$ 对因变量 $\boldsymbol{Y}$ 的解释能力，为两者相关系数 r 的平方；w_{hj} 为轴 $\boldsymbol{w}_h$ 的第 j 个分量。

VIP_j 定义式的意义是基于这样一个事实：由于 $\boldsymbol{x}_j$ 对 $\boldsymbol{y}$ 的解释是通过 $\boldsymbol{t}_h$ 来传递的，如果 $\boldsymbol{t}_h$ 对 $\boldsymbol{y}$ 的解释能力很强，而 $\boldsymbol{x}_j$ 在构造 $\boldsymbol{t}_h$ 时又起到了相当重要的作用，则 $\boldsymbol{x}_j$ 对 $\boldsymbol{y}$ 的解释能力被视为很大。也就是说，如果在 $Rd(\boldsymbol{y},\ \boldsymbol{t}_h)$ 的值很大的 $\boldsymbol{t}_h$ 成分上，$\boldsymbol{w}_{hj}$ 取很大的值，则 $\boldsymbol{x}_j$ 对 $\boldsymbol{y}$ 的解释就有很重要的作用。

所以，对于 VIP_j 越大的 $\boldsymbol{x}_j$，它在解释 $\boldsymbol{y}$ 时就具有更加重要的作用。因此，可以根据 VIP_j 的大小来判断警源因子对河流系统健康各状态分量的影响程度。

6.4 警源查证流程

利用偏最小二乘回归法的警源查证模型，判断组成自变量集合的各警源因素对各因变量的影响程度，辨识影响河流系统健康的主要警源因素，具体查证流程如图 6-1 所示。

6.4.1 警源资料收集

河流系统健康警源查证模型采用的偏最小二乘回归法，需要有相关的历史和现实统计数据作为分析基础。因此，翔实、准确的资料数据是警源查证的基础，需要收集的资料包括自然地理条件资料（水文、气象资料），社会经济条件资料（人口、经济资料），人类活动干扰资料（污染、涉水工程、资源开发利用、河流管理等方面资料），以及河流系统健康的历史与现状资料等具体数据。

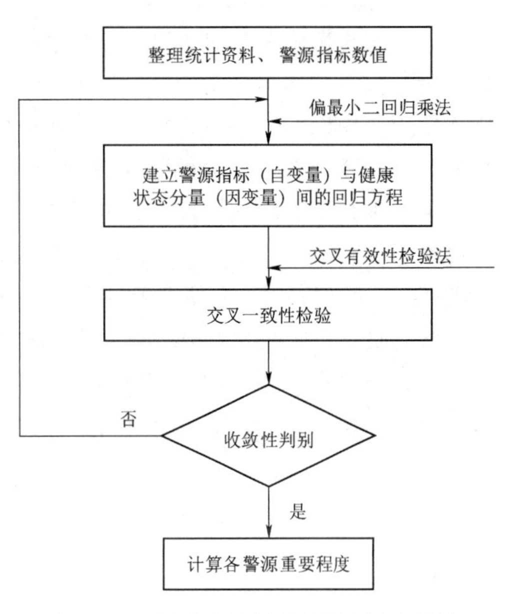

图 6-1 河流系统健康警源查证流程图

6.4.2 警源查证计算

通过对收集到的河流系统健康警源因子的相关数据的整理、分析，并根据资料的代表性、完整性、一致性程度选择适宜的时间和空间尺度，定性筛选警源性因素，建立相应的自变量集合。然后将相应的自变量和因变量的统计样本数据输入河流系统健康警源查证模型中，通过计算确定河流系统健康各状态分量和警源性因素之间的统计关系式；而根据偏最小二乘回归法的辅助分析技术中的变量投影重要性指标 VIP_j，可以判断自变量集合中不同警源性影响因素作用的相对重要性程度的大小，从而识别河流系统健康问题的主要警源因素。

6.4.3 警源查证结果表示及分析

河流系统健康所具有的丰富内涵，决定了河流系统健康具有众多的表征因子和影响因素，而且各因素之间的关系错综复杂，为了使诊断简单直观，并能更好地反映河流系统健康状态和警源影响因素之间的各种复杂关系，这里采用表 6-1 所示的形式表示警源查证结果（杨文慧，2007）。

表 6-1　　河流系统健康警源查证结果一览表

表征因子	河流自然生态环境		社会服务功能		人类发展水平	
警源因素	影响性质	贡献率	影响性质	贡献率	影响性质	贡献率
警源因素 1						

续表

表征因子	河流自然生态环境		社会服务功能		人类发展水平	
警源因素 2						
⋮						
警源因素 N						

由于警源性影响因素对表征因子的作用包括正面影响和负面影响，因此结果分析表中影响性质各列单元格内分别用“＋”或“－”表示。“＋”表示警源性影响因素对表征因子的作用为正向，“－”表示警源性影响因素对表征因子的作用为负向。在样本数据充足的情况下，自变量对因变量的正负作用性质可以通过各自变量相关系数的正负符号来确定，如果样本数据有限则应该结合专家判断确定其作用性质，避免由于数据过少而造成对自变量作用性质的误判。而自变量对因变量影响程度的大小可采用自变量的影响贡献率（即 VIP_j 值）表示。对于影响贡献率越大且影响表征因子越多的因素，即为河流系统建设和管理过程中需要更加认真考虑和对待的因素。

因此，通过表 6－1 的形式对河流系统健康警源查证结果的分析，可以获得河流系统健康状态和警源性影响因素之间关系更加直观的认识，使得查证结果更易于理解和应用。

第7章　河流系统健康预警

7.1　常用预测方法

7.1.1　预测的概念与内涵

预测作为一种探索未知或未来的行为一直伴随着人类社会和经济的发展，例如我国两千年前的《礼记·中庸》中就有记载："凡事豫（预）则立，不豫（预）则废。"但作为一种科学的预测学，是在科学技术发展到一定程度以后才产生的。预测的目的在于：①认知目标对象的发展规律，以及在不同历史条件下各种规律的相互作用；②解释目标对象发展的方向和趋势、分析事物发展的途径和条件，使人们尽可能地提前预知事物未来的状况和将要发生的事情；③通过预测能动地推动或引导其发展，使其为人类和社会进步服务。在实践过程中，预测往往是作为决策过程中的一项重要前期工作，预测为决策提供依据，而预测的目的是为决策服务。研究未来和预测未来是实现决策科学化的重要前提。

对于现代意义上的预测，通常是指根据事物已发生的客观过程和所展现出来的某些特征规律，利用已获得的数据资料，参照当前已经发生和正在发生的各种可能性，运用科学的方法，对事物未来的发展趋势或可能达到的水平做出客观估计和判断的一种科学推测。

一般预测通常包含有以下几个方面的含义：

(1) 所谓预测就是对目标对象未来某一不确定的或未知的事件（现象）做出比较确定的推断。也可以说，对目标对象未来发展过程中某一事件（现象）发生的不确定性极小化，并做出关于该事件（现象）发生、发展变化的设想。

(2) 预测就是根据目标对象的过去和现在预言其未来，根据历史经验、客观资料和逻辑推断，寻求目标对象的发展规律和未来趋势。

(3) 预测就是以相关的科学理论为基础、通过适当的途径和手段（例如：主观判断或数学分析等方法），对目标对象未来可能出现的变化或发展趋势进行推测，是对目标对象未来发展趋势、演变规律的一种认识和分析过程。

(4) 由于对预测目标对象的认知受现有知识、经验、观测和分析能力的限制，以及现有掌握资料和信息完整性、准确性与可靠性的限制，或是利用预测方法构建模型时对目标对象进行简化等原因，导致预测的分析不够完整全面，使得事前预测的结果往往与将来实际发生的结果有一定的偏差。

因此，预测就是根据已知预测未知、根据过去和现在预测未来；根据客观的资料与条件，结合主观的经验与教训，运用比较科学的方法，推断、寻求事物发生、发展、变化的规律；预测的结果与实际发生的结果存在一定的偏差是不可避免的。预测方法现在已经广泛应用于社会、经济和自然现象的各个方面，当把预测用于经济、医疗卫生、军事、水资源管理等方面时，就形成了所谓的经济预测、医疗卫生预测、军事预测、水资源预测等，把预测理论和方法运用到河流系统健康的研究上就形成了河流系统健康预测。

7.1.2　预测方法分类

20世纪以来随着数学理论和计算机技术的发展，预测理论与方法取得了长足的进步与发展。一方面是与社会需求直接相关，人们迫切需要了解所面对事物（对象）未来发展的可能或趋势；另一方面，通过长期社会实践和历史验证表明，绝大多数事物的发展是可以预测的。另外，借助可靠的数据资料、科学的分析方法及相关科研人员的努力，使得对事物实施预测的可靠性和准确性都达到了很高的程度，这也是预测理论与方法迅速发展的另一个重要原因。

由于预测对象、目标、内容和期限的不同，形成了种类繁多的预测方法，据不完全统计，目前世界上有近千种预测方法，其中较为成熟的方法有150多种，常用的也有30多种，而得到广泛应用的也有15～20种。根据不同的分类依据，预测方法有不同的分类。

（1）预测的内容。根据预测内容的不同，预测方法可以分为：科学预测、技术预测、社会预测、经济预测、军事预测等。

（2）预测的年限。根据预测年限的不同，预测方法可以分为：短期预测（1年以内）、中长期预测（2～5年）、长期预测（5～10年及以上）。预测期限的长短不同，对预测结果的要求也就不同。因此，在实际应用中需根据预测的目的及预测的期限，选择适宜的预测方法和模型。

（3）预测的客观性和对已有数据资料利用方式。根据预测的客观性和对已有数据资料利用方式的不同，预测方法还可以分为定性预测和定量预测，这也是目前较为常见的分类方法。下面就以该分类方法为基础，对预测方法实施进一步的分类说明。

7.1.2.1　定性预测方法

定性预测主要是依赖专家根据目标对象过去和正在发生的现象，结合其认知经验、专业知识、有些时候甚至仅仅依靠专家的直觉对目标对象未来的发展变化进行预测。在定性预测过程中，主要是通过专家的综合逻辑判断，对目标对象未来发展的方向、状势等提供定性预测结果。该方法对客观数据的依赖性相对较弱，适用于缺乏历史统计数据的系统对象，多用于长期预测。常见的定性预测方法有：专家会议法、德尔菲法、主观概率预测法等。其中专家会议法、德尔菲专家咨询法的操作步骤和优缺点见前4.4.2节，以下就主观概率预测法进行简单介绍。

主观概率预测法又称空想预测法，它是预测者对所预测事件发生的概率做出主观估计，或者说对事件动态变化的一种心理评价，然后计算出它的平均值，以此作为预测事件结论的一种定性预测方法（暴奉贤 等，1998）。实际中常应用累计概率中位数法和主观概率加权平均法进行预测。主观概率预测法实际上是将专家会议法和专家调查法结合起来，允许专家在预测时可以提供几个不同的预测值，并评定不同预测值出现的可能性，也就是概率。然后计算各个专家预测值的期望值；最后对所有专家预测期望值取平均，即为预测结果。

主观概率预测法不是基于统计资料，而是基于主观预测的概率，具有明显的主观性。预测者根据自己的经验和知识对某一事件可能发生的程度给出一个主观估计数，结果准确与否完全依赖于预测者的经验、专业知识和判断预测能力。主观概率预测法是一种适应性很强的预测法，可用于人类活动的各个领域，在预测中越来越受到重视，并以此为基础陆续发展出主观概率加权平均法、累计概率中位数法等预测方法。

虽然表面看来定性预测方法似乎缺乏可信度，但是当问题很复杂，无法应用精确的定量方法时，定性预测就成为唯一可行的方法。

7.1.2.2 定量预测方法

定量预测方法是以各种数学理论为基础，并利用已有数据资料构建预测模型，分析数据间的关系，然后通过这种关系来预测未来。与定性预测方法相比，定量预测方法的科学性、精确性和可操作性要更为直观、可靠。定量预测法根据对数据资料利用方式的不同，可以分为时间序列分析预测法、趋势外推预测法和回归分析预测法（暴奉贤 等，1998；李华 等，2005；司守奎 等，2011；司守奎，2015）。

1. 时间序列分析预测法

所谓时间序列分析预测法，就是把预测对象的历史统计数据按一定的时间间隔进行顺序排列，形成一个随时间变化的统计序列，然后构建统计数据随时间变化的数学模型，并将该模型应用于目标对象的未来预测。这种方法一般多用于利用简单统计数据预测研究对象随时间变化的趋势，常见的时间序列分析预测法包括算术平均预测法、移动平均预测法、指数滑动平均预测法等。

（1）算术平均预测法。对时间序列未来值的预测，主要考虑的是它的长期趋势性和周期性，同时预测过程中需要消除不规则的扰动。因此，最简单的预测方法就是将时间序列各数据予以算术平均或几何平均，作为未来时点的预测值。

设预测对象已有 n 个实际观测数据（$y_1, y_2, \cdots, y_n$），则预测值为

$$\overline{Y}=\frac{y_1+y_2+\cdots+y_n}{n} \tag{7-1}$$

但这种方法太过于简单粗糙，如果数据有明显的上升或下降的趋势，则不能采用算术平均预测法。

在某些情况下，有时可以采用加权算术平均法，则预测值为

$$\overline{Y}=w_1y_1+w_2y_2+\cdots w_iy_i+\cdots+w_ny_n \quad \left(\sum_{i=1}^{n}w_i=1\right) \tag{7-2}$$

式中：w_i 为实际观测数据 y_i 的权重系数。

各时刻实测数据权重系数的确定是否合适，直接关系到加权平均的结果。合理确定实测数据的权重系数往往都比较困难，通常都是由有关专家根据预测对象的已知规律和专业经验确定的，往往都具有较强的主观性。

（2）移动平均预测法。所谓移动平均预测法，就是在平均间隔不变情况下，每次后移一位求相应间隔平均数，并根据此平均数列的变化规律来进行预测的方法。

设观测序列为 $y_1, y_2, \cdots, y_T$，取移动平均项数 $N \leqslant T$，一次移动平均平均值计算公式为

$$\overline{Y}_t=\frac{y_t+y_{t-1}+\cdots+y_{t-N+1}}{N} \tag{7-3}$$

式中：$\overline{Y}_t$ 为 t 时期的一次移动平均数；$y_i(i=t,t-1,\cdots,t-N+1)$ 为第 t 时期的观测数据；N 为选取的时间间隔数，也就是移动平均的项数。

当预测目标的基本趋势是在某一水平上下波动时，可用一次简单移动平均建立预测模型：

$$\hat{y}_{t+1}=\overline{Y}_t \quad (t=N,N+1,\cdots,T) \tag{7-4}$$

即以第 t 时期的一次移动平均数作为第 $t+1$ 时期的预测值。

从上可以看出，移动平均预测法是按一定的平均项数滑动对时间序列求一系列平均值（也叫平滑值），这些平均值不仅能消除或减弱时间序列中的不规则变动，而且能揭示现象的变化趋势，所以移动平均预测法一般在市场预测中有着广泛的应用。根据时间序列的特征不同，移动平均预测有的只需要做一次移动平均，有的则需要计算二次移动平均。

采用一次移动平均预测法，需注意以下几点：

1）取平均的项数 N 越大，则移动平均的平滑修匀作用越强。所以如果时间序列中不规则变动的影响大，要想得到稳健的预测值，就要将 N 取大一些；反之，若不规则变动的影响较小，要想使预测值对现象的变化做出较快的跟踪反应，就要将 N 取小一些。

2）当序列包含周期性变动时，移动平均的项数应与周期长度一致。这样才能在消除不规则变动的同时，也消除周期性波动，使移动平均值序列只反映长期趋势。

3）一次移动平均预测只具有推测未来一期趋势值的预测功能，而且只适用于呈水平趋势的时间序列。如果现象的发展变化具有明显的上升（或下降）趋势，就不能直接采用一次移动平均值作为预测值，否则预测结果就会产生偏低（或偏高）的滞后偏差，即预测值的变化要滞后于实际趋势值的变化。移动平均的项数 N 越大，这种滞后偏差的绝对值就越大。对具有上升（或下降）趋势的时间序列进行移动平均预测，必须要考虑滞后偏差，最常用的方法是对一次移动平均后的结果再进行一次移动平均，也就是所谓的二次移动平均预测。

（3）指数滑动平均预测法。指数滑动平均预测法有时也称指数平滑预测法，是移动平均预测法中的一种，其特点在于给过去的观测值不一样的权重，即较近期观测值的权数比较远期观测值的权数要大。根据平滑次数不同，指数平滑预测法分为一次指数平滑预测法、二次指数平滑预测法和三次指数平滑预测法等。但它们的基本思想都是：预测值是以前观测值的加权和，且对不同的数据给予不同的权数，新数据给予较大的权数，旧数据给予较小的权数。

一次指数平滑预测法的计算公式为

$$\hat{Y}_t^{(1)}=\alpha Y_t+(1-\alpha)\hat{Y}_{t-1}^{(1)} \tag{7-5}$$

式中：$\hat{Y}_t^{(1)}$ 为第 t 时刻点的一次指数平滑预测值；α 为平滑系数，其取值范围为 $0<\alpha<1$。

从式（7－5）可以看出，$(t+1)$ 时刻的预测值等于 t 时刻的观测值加上 t 时刻预测值的修正。为计算方便起见，通常情况下都是用实际观测值 Y_0 作为初始的指数平滑值 $\hat{Y}_0^{(1)}$。

对于平滑系数 α，将式（7－5）展开可以得到

$$\widehat{Y}_t^{(1)} = \alpha Y_t + \alpha(1-\alpha)Y_{t-1} + \alpha(1-\alpha)^2 Y_{t-2} + \cdots + \alpha(1-\alpha)^{t-1}Y_1 + \alpha(1-\alpha)^t Y_0 \quad (7-6)$$

因为 $0<\alpha<1$，则随着幂次的增加，$\alpha(1-\alpha)^t$ 将按指数形式递减，也就是 Y_t 的权重系数不断减小。最新数值 Y_t 的权重系数为 α，是所有实测数据中最大的；Y_{t-1} 的权重系数为 $\alpha(1-\alpha)$，是所有实测数据中次大；随着离现有时刻越远，则相应实测数据的权重系数依次减小。

在一次指数平滑预测法中，预测成功的关键是 α 的选择。α 的大小决定了在新预测值中新数据和原预测值所占的比例。α 值愈大，新数据所占的比重就愈大，原预测值所占比重就愈小，反之亦然。针对不同的时间序列，对 α 进行初值设置时，一般应遵循：①当时间序列呈稳定的水平趋势时，α 应取较小值，如 0.1～0.3；②当时间序列波动较大，长期趋势变化的幅度较大时，α 应取中间值，如 0.3～0.5；③当时间序列具有明显的上升或下降趋势时，α 应取较大值，如 0.6～0.8。

为确定合理的平滑系数 α，一般是通过设置较为合理的多个 α 值分别计算，构成不同 α 值的平滑数列，然后根据均方差最小原则确定一个最为合理的 α 值。

而二次指数平滑法是指以相同的平滑系数 α，对一次指数平滑数列再进行一次指数平滑，从而构成时间序列的二次指数平滑。

2. 趋势外推预测法

趋势外推预测法是根据事物的历史和现时资料，寻求事物发展规律，从而推测出事物未来状况的一种比较常用的预测方法。该方法是基于事物发展的延续性，同时考虑到事物发展中随机因素的影响和干扰。

在利用趋势外推预测法对目标对象进行预测时，对目标对象本身及其发展规律也有一定的限制。

(1) 假设目标对象在未来的发展过程中没有或不会产生突变，即对象的发展变化是连续的或渐进（近似连续）的。

(2) 当目标对象的外部条件没有发生变化或变化不大时，假设目标对象的发展因素能够决定目标对象未来的发展。也就是假定根据已有资料建立的趋势外推模型能适用于未来，可以反映目标对象的未来发展趋势。

从上述条件假定可以看出，趋势外推预测法是基于统计数据分析而形成的一种预测方法。通常是根据目标对象统计数据的变化趋势选择适宜的数学函数对其进行拟合，并利用已有的统计数据确定该数学函数的相关参数，从而构建目标对象的预测模型，然后再利用该模型来外推预测目标对象未来一段时期内的发展情况。一般地，如果能够找到一个明确的数学函数来反映预测对象已有统计数据依时间变化的规律时，就可以利用趋势外推预测法进行预测。利用趋势外推预测法进行预测，主要包括 6 个阶段：①选择应预测的参数；②收集必要的数据；③利用数据拟合曲线；④趋势外推；⑤预测说明；⑥研究预测结果在进行决策中应用的可能性。

根据预测时所用数学函数的不同，一般常见的趋势外推预测法可细分为：多项式曲线趋势外推法、指数曲线趋势外推法、生长曲线趋势外推法等，其预测模型的函数形式分别如下。

（1）多项式曲线趋势外推法。多项式曲线趋势外推法就是利用多项式曲线逼近目标对象现有的数据，并以此预测对象的将来发展情况，逼近函数的一般形式为

$$\widehat{y_t}=b_0+b_1t+b_2t^2+\cdots b_it^i+\cdots b_nt^n \tag{7-7}$$

式中：$\widehat{y_t}$ 为目标对象 t 时刻的预测值；b_i 为参数（$i=0,1,2,\cdots,n$）；n 为多项式的次数，当 $n=1$，逼近函数就简化为线性趋势外推。

以下用 $n=2$，逼近函数为二次多项式时为例，求解参数 b_i。

设有一组统计数据（$y_1,y_2,\cdots,y_m$），令

$$Q(b_0,b_1,b_2)=\sum_{i=1}^{m}(y_i-\widehat{y_i})^2=\sum_{i=1}^{m}(y_i-b_0-b_1t-b_2t^2)^2 \tag{7-8}$$

并取 $Q(b_0,\ b_1,\ b_2)$ 满足预测要求的最小值。则可以得到

$$\begin{cases}\sum y=mb_0+b_1\sum t+b_2\sum t^2\\ \sum yt=b_0\sum t+b_1\sum t^2+b_2\sum t^3\\ \sum yt^2=b_0\sum t^2+b_1\sum t^3+b_2\sum t^4\end{cases} \tag{7-9}$$

求解这个三元一次方程组即可得到（b_0，b_1，b_2）参数的值。

（2）指数曲线趋势外推法。一般来说，技术的进步和生产的增长，在其未达到饱和之前的新生时期都是遵循指数曲线增长规律的，此时可以利用指数曲线对发展中的事物进行预测。另外，当反映目标对象某一特征属性的参数在散点图上呈现指数或近似指数曲线分布时，表明该特征属性是按指数或近似指数规律变化，则可以利用指数曲线对其未来一定时期内的发展变化进行外推预测。

指数曲线预测模型的一般形式为

$$\widehat{y_t}=a\mathrm{e}^{bt}\quad(a>0) \tag{7-10}$$

对式（7-10）左右两边同时取对数则可以得

$$\ln\widehat{y_t}=\ln a+bt \tag{7-11}$$

这样指数曲线性预测模型就转化为直线模型。

为避免利用上述指数曲线预测时随时间的推移结果会无限大的缺陷，需要对上述模型进行修正，其中一种修正的指数曲线预测模型为

$$\widehat{y_t}=a+b\mathrm{e}^{ct}\quad(a>0,0<c<1) \tag{7-12}$$

在上述模型中，a、b 为待定参量，可以通过已有数据利用最小二乘法求出。

（3）生长曲线趋势外推法。事物在发展过程中通常都要经历发生、发展到成熟3个阶段，而在这3个阶段事物的变化速度都是不一样的。通常在第一阶段增长的较慢，在发展时期会突然加快，而到了成熟期又趋减慢，形成一条S形曲线，这就是所谓的生长曲线。当预测对象已有的样本统计数据随时间的变化符合生长曲线的变化规律时，就可以利用生长曲线模型对其进行预测。生长曲线趋势外推法中最为常见的模型包括有龚珀兹曲线预测模型、皮尔曲线预测模型等。

龚珀兹曲线预测模型为

$$\widehat{y_t}=ka^{b^t} \tag{7-13}$$

式中：$k>0$；$a<1$；$0<b<1$。

上述参数的求解可以通过非线性回归分析、特殊函数的最小二乘法等。

皮尔曲线预测模型为

$$\widehat{y_t}=\frac{L}{1+a\mathrm{e}^{-bt}} \tag{7-14}$$

式中：L 为变量 y_t 的极限值；$a>0$、$b>0$ 为增长率常数参量。

判断能够使用皮尔曲线预测模型，是要看给定样本数据倒数的逐期增长量的比率是否接近某一常数 b，即

$$\frac{1/y_{t+1}-1/y_t}{1/y_t-1/y_{t-1}}\approx b \tag{7-15}$$

参数的估算方法有两类：一类是先估算出 a 和 L，然后推算 b 值，如 Fisher 法；另一类是同时估算出参数 a、b、L，如倒数总和法等。

生长曲线趋势外推预测法的最大优点是简单易行，只要具备目标对象过去相关情况的可靠统计资料，就可以利用图形识别的方法（如散点图）和差分法计算来选择和确定预测模型，从而对未来做出预测。其缺点是撇开了从因果关系上去分析过去与未来之间的联系，因而长期预测的可靠性不高，一般多用于短期和近期预测。

3. 回归分析预测法

回归分析预测法就是在分析预测对象的预测变量（因变量或被解释变量）及其影响因素（自变量或解释变量）之间相关关系的基础上，构建变量之间的函数关系，即建立回归方程，并将其作为预测模型来预测目标对象在预测期内的变化。回归分析预测法是目前预测方法中应用最为广泛、也最为行之有效的方法之一，一般用于中、短期预测。

根据自变量的个数，回归分析预测法可分为一元回归预测和多元回归预测。另外，根据自变量和因变量的相关关系，还可以分为线性回归预测法和非线性回归预测法。

下面以一元线性回归预测为例说明利用回归分析预测法实施预测的一般过程和步骤。

(1) 根据预测目标，确定自变量 Y 和因变量 X。

(2) 相关分析。只有自变量 Y 与因变量 X 之间存在某种程度的线性关系时，建立的一元线性回归预测方程才有实际意义。一般是对自变量 Y 与因变量 X 进行相关分析来判断两者之间的相关程度，而相关程度通常是用相关系数的大小来表示。

一般相关系数 r 的计算公式为

$$r=\frac{\sum_{i=1}^{n}(x_i-\overline{x})(Y_i-\overline{Y})}{\sqrt{\sum_{i=1}^{n}(x_i-\overline{x})^2\sum_{i=1}^{n}(Y_i-\overline{Y})^2}}=\frac{S_{xy}}{\sqrt{S_{xx}S_{yy}}} \tag{7-16}$$

从式（7-16）可以看出，相关系数的取值范围为：$-1\leqslant r\leqslant 1$。

当$|r|=0$ 时，表明自变量 X 与因变量 Y 完全没有线性相关关系。

当$|r|=1$ 时，则两者之间是完全确定的线性相关关系。

当 $0<|r|<1$，则表示 X 与 Y 存在一定的线性相关关系。一般认为：①$|r|>0.7$，为高度线性相关；②$0.3<|r|\leqslant 0.7$，为中度线性相关；③$|r|\leqslant 0.3$，为低度线性相关。

在进行相关分析时，如果是直线相关时用相关系数表示，曲线相关时用相关指数表

示，多元相关时则用复相关系数表示。

（3）构建回归预测模型。当通过相关分析判断自变量 X 和因变量 Y 之间存在显著的线性关系时，就可以利用已有的统计资料对其进行回归分析，构建两者之间的一元线性回归方程。

首先，假定一元线性回归方程为

$$\widehat{Y_t}=a+bx_t \tag{7-17}$$

式中：x_t 为时间 t 时自变量的值；$\widehat{Y_t}$ 为时间 t 时因变量的值；a、b 为一元线性回归方程的参数，可以通过以下公式计算得到：

$$\begin{cases} a=\dfrac{\sum\limits_{i=1}^{n}Y_i-b\sum\limits_{i=1}^{n}x_i}{n} \\ b=\dfrac{n\sum\limits_{i=1}^{n}x_iY_i-\sum\limits_{i=1}^{n}x_i\sum\limits_{i=1}^{n}Y_i}{n\sum\limits_{i=1}^{n}x_i^2-\left(\sum\limits_{i=1}^{n}x_i\right)^2} \end{cases} \tag{7-18}$$

令

$$\begin{cases} S_{xx}=\sum\limits_{i=1}^{n}(x_i-\overline{x})^2=\sum\limits_{i=1}^{n}x_i^2-\dfrac{\left(\sum\limits_{i=1}^{n}x_i\right)^2}{n} \\ S_{yy}=\sum\limits_{i=1}^{n}(Y_i-\overline{Y})^2=\sum\limits_{i=1}^{n}Y_i^2-\dfrac{(\sum\limits_{i=1}^{n}Y_i)^2}{n} \\ S_{xy}=\sum\limits_{i=1}^{n}(x_i-\overline{x})(Y_i-\overline{Y})=\sum\limits_{i=1}^{n}x_iY_i-\dfrac{\sum\limits_{i=1}^{n}x_i\sum\limits_{i=1}^{n}Y_i}{n} \end{cases} \tag{7-19}$$

其中

$$\overline{x}=\frac{\sum\limits_{i=1}^{n}x_i}{n},\overline{Y}=\frac{\sum\limits_{i=1}^{n}Y_i}{n}$$

则式（7－18）可化简为

$$\begin{cases} a=\overline{Y}-\overline{bx} \\ b=\dfrac{S_{xy}}{S_{xx}} \end{cases} \tag{7-20}$$

然后，将参数 a、b 的值代入一元线性回归方程式（7－17），就可以确定回归预测模型。当给定预测期内的 x_t 值，即可求出预测值 $\widehat{Y}_t$。

（4）回归预测模型检验。通过上述步骤建立的一元线性回归预测模型，是否符合变量之间的客观规律性，两变量之间是否具有显著的线性相关关系？这就需要对回归模型进行显著性检验，回归方程只有通过检验（例如：回归标准差检验、拟合优度检验、回归系数的显著性检验等）且预测误差满足一定精度要求，才能将回归方程作为预测模型进行预

测。在一元线性回归模型中最常用的显著性检验法是相关系数检验法。

当样本容量很小时，计算出的相关系数即使很大也不一定能反映总体的真实相关关系。而且当总体不相关时，利用样本数据计算出的相关系数也不一定等于零，有时还可能较大，这就会产生虚假相关现象。另外，相关系数的绝对值大到什么程度时，才能认为两变量之间的相关关系是显著的、回归模型用来预测是有意义的？对于不同组数的观察值，不同数值的显著性水平，衡量的标准是不同的。这一数量界线的确定只有根据具体的条件和要求，通过相关系数检验法的检验才能加以判别。

显著性检验是采用数理统计中的假设检验的方法，具体步骤如下。

1）计算变量之间的相关系数 r。

2）给定信度 α，一般地取 $\alpha=0.05$ 或 0.01，结合自由度 $df=n-2$（n 为系列长度）和 α，利用积差相关系数表查出信度 α 下相关系数的最低值 $r_{(df)\alpha}$。

3）进行判别，若计算得到的 $r>r_{(df)\alpha}$，则检验通过，表明 X 与 Y 相关密切，达到显著相关水平；否则，则认为总体不相关。

（5）计算并确定预测值。利用回归预测模型进行预测，可以分两种情况：①点预测，就是将自变量取值带入回归预测模型求出因变量的预测值，这也是目前预测应用最多的方式；②置信区间预测，也就是估计一个范围，并确定该范围出现的概率。置信区间大小的影响因素包括因变量估计值、显著性水平、概率度等。

多元回归分析预测的过程和步骤与一元回归分析预测法的基本一致，只是选择的自变量数量尽可能少，自变量之间互不相关。回归方程中回归系数同样也是采用最小二乘法计算得到。

7.1.3 预测精度分析

所谓预测精度就是表征预测模型实施预测时预测结果的准确性，它是用来描述预测值与实际值的偏离程度。根据精度表现形式的不同，可用绝对误差与相对误差来表示。

设 Y 为实际值，$\hat{Y}$ 是预测值，则绝对误差 ε 为

$$\varepsilon=Y-\hat{Y} \tag{7-21}$$

相对误差 ε' 则是

$$\varepsilon'=\frac{\varepsilon}{Y}=\frac{Y-\hat{Y}}{Y} \tag{7-22}$$

由于预测误差的大小是由所有样本点的误差决定的，所以误差的测定不能只计算某一预测值与实际值的偏离程度，而要考虑全部样本点与实际值的偏离程度。因此，在实际预测中，常常用以下几种方法确定预测误差，进行精度分析。

（1）平均绝对误差（MAE）：

$$MAE=\frac{\sum|Y-\hat{Y}|}{n} \tag{7-23}$$

式中：n 为已有统计数据的样本个数。

（2）均方误差（MSE）：

$$MSE=\frac{\sum|Y-\hat{Y}|^2}{n} \tag{7-24}$$

（3）均方根误差（*RMSE*）：

$$RMSE=\sqrt{\frac{\sum|Y-\hat{Y}|^2}{n}} \tag{7-25}$$

上述各种误差形式都是值越小表明预测精度越高。

均方根误差类似于反映变量离散度的标准差，由于它可以取得与实际值相同的单位，所以应用较为广泛。

随着社会经济的发展，对科学预测的需求也越来越旺盛。而科学理论与相关技术的不断进步，不但使得用于预测的方法越来越多，而且也促使预测精度和可靠度得到不断的提升。针对某一个具体的问题，如何选择一种适宜的预测方法和预测模型，对于提高预测精度、保证预测质量，有十分重要的意义。由于影响预测方法精度和可靠性的因素很多，究竟选择什么样的预测模型应经过充分的理论分析和对比验证，并结合预测目的和预测对象的实际情况综合考虑，但最为关键的是一个预测模型最好通过多种方式和途径对其适用性进行检验和验证，只有通过检验和验证的预测模型才能用来对目标对象进行预测。

7.2 灰色系统

随着社会经济的飞速发展和科学技术的进步，人们对自然、社会的认识也越来越深入和全面，但受人们认知水平和科技发展水平的限制，在社会经济活动或科学研究工作中经常会面临资料有限、信息不完全的情况。我国邓聚龙教授于1982年提出了一种针对少数据、贫信息不确定性问题的新理论——灰色系统理论。该理论以“部分信息已知，部分信息未知”的小样本、贫信息不确定性系统为研究对象，主要通过对部分已知信息的生成、开发，提取有价值的信息，实现对系统运行行为、演化规律的正确描述和有效监控。灰色系统理论作为一种研究信息不完备系统的数学方法，它把控制论的观点和方法延伸到复杂的大系统中，将自动控制与运筹学的数学方法相结合，用独树一帜的方法和手段，研究了广泛存在于客观世界中具有灰色性的问题（Deng，1982；邓聚龙，2005）。

7.2.1 灰色系统的定义

7.2.1.1 什么是灰色系统

在控制论中，常以颜色深浅来表示对系统信息掌握的多少（邓聚龙，1990）。

1. 当信息完全、确定（已知）时称为白色

当研究对象系统的内部结构、特征及其运行机制被完全掌握时，表明人们所获取得到的系统信息是充分、完整的，也就意味着整个系统是透明的，这种系统也就是所谓的白色系统。对于白色系统而言，研究者不仅知道该系统的输入-输出关系，而且知道实现输入-输出关系的结构与过程。如一个加有电压的电阻，也是一个系统。根据欧姆定律，当电阻的大小知道后，便可由电压计算出相应的电流。由于电压与电流之间有明确的关系或函

数，这个电路就构成了一个白色系统。

2. 当信息缺失、不确定（未知）时称为黑色

当对人们对目标系统的内部结构、特征及运行机制等信息一无所知时，只能通过目标系统同外部的联系及其表现来观测研究，这种系统便称之为黑色系统。对于黑色系统，研究者只知道该系统的输入和输出，但不知道系统实现输入-输出的结构与过程，以及输入与输出之间的确切关系。如人类虽然知道宇宙中存在中不计其数的星球和星系，但对于其中绝大多数的星球或星系而言，人类目前也仅仅是知道它的存在，而对于其大小、规模、组成、有什么样的生物存在等都一无所知，这样的系统对目前的人类而言就是黑色系统。

3. 当信息不充分、不完全时称为灰色

灰色系统是一种介于白色系统与黑色系统之间的系统，它是一种信息不完全的系统，也就是一部分信息是已知的，而其余部分则是未知的。所谓的系统信息不完全体现在 4 个方面：系统的元素（参数）信息不完全、系统的结构或关系的信息不完全、系统与环境边界的信息不完全（特指内、外关系）、系统的运行行为信息或功能结果信息不完全（刘思峰 等，2017）。

白色系统和灰色系统区别的重要标志是系统各因素间是否存在确定的关系，在数学上就体现为映射、函数关系等。因素之间具有明确映射关系的系统就是白色系统。如在宏观物体的运动学中，物体运动的速度、加速度与物体的质量和受到的外力有关，这种关系已经被牛顿力学定律所明确确定，因此宏观物体的运动就可以看作是一种白色系统；而对于微观粒子的运动，目前为止并未完全掌握其运动规律，因此微观粒子的运动就可以视为一种灰色系统。

实际上所谓的黑色系统、灰色系统、白色系统只是人们区分对目标对象认识程度的一个相对比较概念，是在一定尺度上的体现。在目前人类所认知的客观事物当中既不存在绝对的白色系统，也不存在绝对的黑色系统。这是因为在任何系统中都包含有未被人们所确知的部分，而绝对的黑色系统是无法被人类所认知的。一般的黑色系统、灰色系统、白色系统的对比见表 7－1（刘思峰 等，2017）。

表 7－1　　黑、灰和白色系统的对比

对比项目	黑色系统	灰色系统	白色系统
从信息上看	未知	不完全	完全
从表象上看	暗	若明若暗	明朗
在过程上	新	新旧交替	旧
在性质上	混沌	多种成分	纯
在方法上	否定	扬弃	肯定
在态度上	放纵	宽容	严厉
从结果看	无解	非唯一解	唯一解

7.2.1.2　灰色系统的特点

一般灰色系统都具备以下几个方面的特点。

1. 可以用来研究不确定性系统

对于不确定性系统的研究，概率统计、模糊数学、灰色系统理论和粗糙集理论是目前4种最常用的方法。其中概率统计是一种经典的不确定性理论，而模糊数学、灰色系统理论和粗糙集理论则是目前最为活跃的3种新兴不确定性系统理论，这4种方法对研究对象的要求及对不确定量的量化等方面均有所不同，见表7-2（刘思峰 等，2017）。

表7-2　4种不确定性系统研究方法的对比

项目	概率统计	模糊数学	灰色系统理论	粗糙集理论
研究对象	随机不确定	认知不确定	贫信息不确定	边界不清晰
基础集合	康托集	模糊集	灰色朦胧集	近似集
方法依据	映射	映射	信息覆盖	划分
途径手段	频率分布	截集	灰序列生成	上、下近似
数据要求	典型分布	隶属度可知	任意分布	等价关系
侧重	内涵	外延	内涵	内涵
目标	历史统计规律	认知表达	现实规律	概念逼近
特色	大样本	凭借经验	小样本	信息表

灰色系统研究的是“部分信息明确，部分信息未知”的小样本、贫信息不确定性系统，它通过对已知“部分”信息的生成去开发了解、认识现实世界。着重研究“外延明确，内涵不明确”的对象，用灰色数学来处理不确定量，从而使不确定量予以量化。例如：我们说一辆小汽车的行驶速度在“60km/h到80km/h之间”，这就是一个灰概念，其外延明确，但内涵不清晰。

概率统计研究的是“随机不确定”现象的历史统计规律，着重于考察随机不确定现象中每一种结果发生的可能性的大小。其出发点是大样本，并要求对象服从某种分布，通过随机变量和随机过程来进行量化处理。

模糊数学则着重研究的是认知不确定问题，其研究对象具有“内涵明确，外延不明确”的特点，例如：跑得快、高矮、有钱等。主要凭借经验，借助于隶属度函数对模糊概念进行量化处理。

粗糙集理论研究的是边界不清晰问题，其研究对象具有不确定性和不精确性的特点，对不精确概念描述是通过上近似和下近似的概念来描述。其研究的出发点就是直接对数据进行分析和推理，从中发现隐含的知识，揭示潜在的规律。它不需要提供问题所需处理的数据集合之外的任何先验知识，而且与处理其他不确定性问题的理论有很强的互补性（特别是模糊理论）。

2. 可以充分利用已知信息寻求系统的运动规律

对于灰色系统而言，可以根据其已知部分的明确信息，运用灰色理论和方法来获取其未知部分的信息，并以此来研究整个系统的运行规律。在这一过程中首先是要使灰色系统白色化，然后再通过构建适宜的模型来反映系统，也就是系统的模型化，最后利用该模型对系统未来的运行进行预测分析。在构建灰色预测模型的过程中，由于初始的统计数据不能够直接反映出系统的运行规律，因此被视为灰色量。灰色量不能够直接用来构建预测模

型，需要对其进行白化处理，通常是利用累加生成或累减生成等数据处理方法使灰色量逐步白化。另外，在求解微分方程的过程中，所利用的数列必须是时间序列，而不能是随机序列。

3. 灰色系统理论能处理贫信息系统

通常在利用时间序列分析、多元分析等概率统计方法构建预测模型时，为保证预测模型的准确性和可靠性，都需要长时间序列的统计资料。而在利用灰色理论构建灰色预测模型时，对统计资料的时间序列长度要求不高，极端情况下原始数据序列可以少至4个。因此，对于一些缺乏观测数据的对象来说，如果要预测目标对象未来短时间内的变化趋势，灰色预测将是一种行之有效的方法。

在河流系统健康预警指标体系中，很多预警指标都缺乏长系列的连续观测资料，如何利用有限的资料开展对河流系统健康的预警研究，灰色系统理论提供了一个非常适宜的研究手段。

7.2.2 灰色系统理论基本概念

7.2.2.1 灰数

灰数是那些只知道大概范围而不知其确切值的数（只知道部分数学特征，而不知道具体数值的参数），通常用“$\otimes$”来表示灰数。而用“$\tilde{\otimes}$”表示“$\otimes$”的白化默认（即对形象、形态、实体、数字的默认）数，简称白化数。在灰色系统理论中，一个基本观点是把一切随机量都看作是在一定范围内变化的灰色量，也就是灰数$\otimes$，即是在指定范围内变化的所有白化数$\tilde{\otimes}$的全体（邓聚龙，1990，2005；刘思峰 等，2017）。

例如：在目测一个人的身高体重时，一般都是用高约为165cm、体重约为62kg来表示，而这里的“165cm”和“62kg”就是灰数，可以分别记为$\otimes 165$和$\otimes 62$；另外，如果猜测该人的年龄在15岁左右，也可以记为$\tilde{\otimes}=15$，或$15\in\otimes$。

又如，某人身高在155cm到160cm之间，则关于其身高的灰数为：$\otimes(h)\in[155, 160]$；同样，今天气温在27℃到30℃之间，可以记为$\otimes(t)\in[27,30]$。

根据取值情况，灰数可以分为仅有下界的灰数、仅有上界的灰数、区间灰数、连续灰数与离散灰数、黑数与白数、本征灰数与非本征灰数。

1. 仅有下界的灰数

有下界而无上界的灰数记为

$$\otimes\in[\underline{a},\infty)\text{或}\otimes(\underline{a})$$

式中：$\underline{a}$为灰数$\otimes$的下确界，为一确定数。一般称$[\underline{a}, \infty)$为$\otimes$的取值域，简称$\otimes$的灰域。

对于一个遥远的天体而言，其质量便是有下界的灰数。因为天体的质量必定大于零，只是不可能用一般手段知道其质量的确切值，则可以用$\otimes\in[0, \infty)$来表示该天体的质量。

2. 仅有上界的灰数

有上界而无下界的灰数记为

$$\otimes \in (-\infty, \overline{a}] \text{或} \otimes(\overline{a})$$

式中：$\overline{a}$ 为灰数⊗的上确界，为一确定数。

如对于高铁的安全运行而言，其运行速度有一个最高临界值，那么这个运行速度的允许值就是有上界的灰数。

实际上，有上界而无下界的灰数是一类取负数但其绝对值难以限量的灰数，是有下界而无上界灰数的相反数。如前述天体质量的相反数就是一个仅有上界的灰数。

3. 区间灰数

既有上界 $\overline{a}$ 又有下界 $\underline{a}$ 的灰数称为区间灰数，记为

$$\otimes \in [\underline{a}, \overline{a}] \text{且} \underline{a} \neq \overline{a}$$

例如：人的寿命一般在 0 岁至 120 岁之间，某人血压的收缩压在 70 至 100 之间，可分别表示为

$$\otimes_1 \in [0,120], \quad \otimes_2 \in [70,100]$$

4. 连续灰数与离散灰数

在某一区间内取有限个值或可数个值的灰数称为离散灰数，取值连续地充满某个区间的灰数称为连续灰数。

例如：某中学生年龄在 12 岁到 18 岁之间，可能是 12、13、14、15、16、17、18 这几个数，因此年龄是离散灰数；而其身高、体重等则是连续灰数。

5. 黑数与白数

当$\otimes \in [\underline{a}, \overline{a}]$ 且 $\underline{a} = \overline{a}$ 时，则称⊗为白数。

当$\otimes \in (-\infty, \infty)$ 或$\otimes \in [\otimes_1, \otimes_2]$ 时，则称⊗为黑数。

6. 本征灰数与非本征灰数

本征灰数是指不能或暂时还不能找到一个白数作为其“代表”的灰数。比如一般的事前预测值、宇宙的总能量、准确到秒或微秒的“年龄”等都是本征灰数。

非本征灰数是凭借先验信息或某种手段，可以找到一个白数作为其代表的灰数，该白数则为相应灰数的白化值，记为$\tilde{\otimes}$，并用$\tilde{\otimes}(a)$ 表示以 a 为白化数的灰数。如估计高速公路上某辆轿车的行驶速度在 120km/h 左右，则可将 120km/h 作为该轿车的实际车速$\otimes(120)$ 的白化数，记为$\tilde{\otimes}(120) = 120$。

7.2.2.2 灰色序列生成

灰色系统理论认为，尽管事物客观表象复杂，描述其行为特征的数据可能是杂乱无章的，然而它必然是有序的、有某种功能的、有某种因果关系的或者说任何系统本身都是有某种内在规律的。不过这些规律被纷缭的现象所掩盖，被数据间的这种杂乱无章的表象所迷惑。对系统的行为特征数据进行生成，就是企图从杂乱无章的现象中去发现内在规律，关键在于如何选择适当的方式去挖掘和利用这些数据，而灰色系统是通过对原始数据的整理来寻求数据间的规律。灰色系统理论中把对原始数据进行挖掘、通过分析整理来寻求数据现实规律的过程，称为灰色序列的生成。一切灰色序列生成就是为了弱化数据的随机性，而凸显其规律性。在灰色系统理论中，最基本的生成方式有累加生成、累减生成和加权邻值累加生成等（邓聚龙，1990，2005；刘思峰 等，2017）。

1. 累加生成

通过把数列各项（时刻）数据依次累加、以得到新的数据与数列的过程称为累加生成过程（Accumulated Generating Operation，AGO）。累加前的数列称为原始数列，累加后的数列称为生成数列，也称为累加生成数列。

设原始数据序列 $\boldsymbol{X}^{(0)}$ 为非负序列：

$$\boldsymbol{X}^{(0)}=\{x^{(0)}(1),x^{(0)}(2),\cdots,x^{(0)}(n)\} \tag{7-26}$$

令

$$x^{(1)}(k)=\sum_{i=0}^{k}x^{(0)}(i)=x^{(1)}(k-1)+x^{(0)}(k) \tag{7-27}$$

其中

$$x^{(0)}(k)\geqslant 0 \quad (k=1,2,\cdots,n)$$

则称新序列

$$\boldsymbol{X}^{(1)}=\{x^{(1)}(1),x^{(1)}(2),\cdots,x^{(1)}(n)\} \tag{7-28}$$

为序列 $\boldsymbol{X}^{(0)}$ 的 1 次累加生成数列。上标“0”表示原始序列，上标“1”表示一次累加生成序列，可以记为 1 - AGO。类似地有

$$x^{(r)}(k)=\sum_{i=0}^{k}x^{(r-1)}(i) \quad (k=1,2,\cdots,n;r\geqslant 1) \tag{7-29}$$

则所得到的新数列称为 $X^{(0)}$ 的 r 次累加生成数列，可以记为 r - AGO。

累加生成是使灰过程由灰变白的一种方法，它在灰色系统理论中占有极其重要的位置，它能使任意非负数列、摆动的与非摆动的，转化为非减的、递增的数列。通过累加可以看出灰量积累过程的发展态势，使离乱的原始数据中蕴涵的积分特性或规律得到充分显露。

2. 累减生成

对于原始数据列依次做前后相邻的两个数据相减的运算过程称为累减生成过程（Inverse Accumulated Generating Operation，IAGO），它是累加生成的逆运算。累减生成可将累加生成还原为非生成数列，在建模过程中用来获得增量信息。

如果原始数据列为

$$\boldsymbol{X}^{(1)}=\{x^{(1)}(1),x^{(1)}(2),\cdots,x^{(1)}(n)\} \tag{7-30}$$

对 $\boldsymbol{X}^{(1)}$ 做一次累减生成，令

$$x^{(0)}(k)=x^{(1)}(k)-x^{(1)}(k-1) \quad (k=2,3,\cdots,n) \tag{7-31}$$

并规定 $x^{(1)}(0)=0$。则称所得到的数列 $\boldsymbol{X}^{(0)}$ 为 $\boldsymbol{X}^{(1)}$ 的 1 次累减生成数列。

可以看出，从原始数列 $\boldsymbol{X}^{(0)}$，通过累加得到新数列 $\boldsymbol{X}^{(1)}$，再通过累减生成可以还原出原始数列。其实，在实际运用中都是通过在数列 $\boldsymbol{X}^{(1)}$ 的基础上预测出 $\hat{\boldsymbol{X}}^{(1)}$，然后再通过累减生成得到预测数列 $\hat{\boldsymbol{X}}^{(0)}$。

3. 加权邻值累加生成

设原始数据序列 $\boldsymbol{X}^{(0)}$ 为非负序列

$$\boldsymbol{X}^{(0)}=\{x^{(0)}(1),x^{(0)}(2),\cdots,x^{(0)}(n)\} \tag{7-32}$$

则称 $x^{(0)}(k-1)$、$x^{(0)}(k)$ 为数列 $\boldsymbol{X}^{(0)}$ 的邻值。其中$x^{(0)}(k)$ 为后邻值，$x^{(0)}(k-1)$ 为

前邻值。对于常数 $\alpha \in [0,1]$，令

$$x^{(1)}(k)=\alpha x^{(0)}(k)+(1-\alpha)x^{(0)}(k-1) \quad (k=2,3,\cdots,n) \tag{7-33}$$

则数列 $\boldsymbol{X}^{(1)}$ 称为数列 $\boldsymbol{X}^{(0)}$ 在权 α 下的邻值累加生成数，权 α 也称为生成系数。特别的，当生成系数 $\alpha=0.5$ 时，则称数列

$$x^{(1)}(k)=0.5x^{(0)}(k)+0.5x^{(0)}(k-1) \quad (k=2,3,\cdots,n) \tag{7-34}$$

为均值生成数，也称等权邻值累加生成数。

7.2.2.3　关联度

一个系统往往是由众多相互联系的因素组成，而这些因素之间的联系大多数情况下是灰色的，仅仅通过一些客观的表面数据是无法判别因素之间的密切程度。为此，人们基于数理统计学原理尝试利用各种方法来研究两个因素之间的相似或相关程度，例如常见的相关系数和相似系数等，但这些方法都是假定有足够的样本数或者统计数据服从一定的概率分布。为克服这一缺陷，灰色理论提出了利用灰色关联度分析法来研究各系统、子系统或因素之间的数值关系。所谓灰色关联度分析法就是根据所有目标对象发展态势的相似或相异程度，即灰色关联度作为衡量目标对象之间关联程度的一种方法，它能够量化一个系统发展变化态势的度量，不但有助于揭示灰色系统的主要矛盾和主要特性，而且也非常适合于对系统的动态历程分析。因此，关联分析实际是灰色系统分析、预测和决策的前提基础。

灰色关联度分析与相关分析的主要区别在于以下几个方面（刘祥妹，2012）。

（1）两者的理论基础不同。灰色关联度分析是基于灰色系统的灰色过程，而相关分析则是基于概率论的随机过程。

（2）分析方法不同。灰色关联度分析是对样本数据时间序列的比较，而相关分析则只是对样本数据自身的比较，与时间序列无关。

（3）对样本数据的数量要求不同。灰色关联度分析并不要求太多样本数据，而相关分析则需要足够多的样本数据才能满足一定的分析精度要求。

（4）研究重点不同。灰色关联度分析主要研究目标对象的动态过程，而相关分析则以静态研究为主。因此，对于社会、经济等系统的趋势性研究方面，灰色关联度分析具有更好的适用性。

灰色关联度分析法不但弥补了利用数理统计方法进行系统分析时所面临的缺陷和不足，而且它对样本数据的限制也达到了最少，基本上样本数量的多少和样本数据有无规律都同样适用。另外，在灰色关联分析过程中计算量通常都不大，也不会出现量化结果与定性分析结果不符的情况。

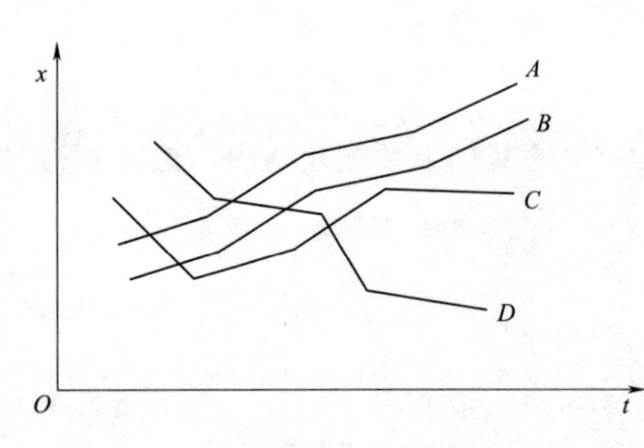

图 7-1　不同因素时间序列的几何关联性

关联分析的基本思想是根据序列曲线集合形状的相似程度来判断其联系是否紧密。曲线越相似表明其所代表的序列之间的关联度就越大，反之就越小。假设一个系统中有 A、B、C、D 四种因素，其随时间序列变化的曲线如图 7-1 所示。

从图 7-1 可以看出，因素 A 与 B 因素随时间变化的曲线几乎一致平行，就可以认为因素 A 与因素 B 之间的关联程度高；而因素 C 与因素 A 随时间变化的曲线在某些时候并不一致，则认为因素 A 与因素 C 之间的关联程度相对较低；因素 A 与因素 D 随时间变化的曲线之间差异最大，则认为因素 D 是所有因素中与因素 A 关联程度最低的因素。将因素 A 与因素 B、因素 C、因素 D 的关联程度分别记为 r_{AB}、r_{AC}、r_{AD}，则由上述分析可以看出 $r_{AB}>r_{AC}>r_{AD}$，而序列 $\{r_{AB}, r_{AC}, r_{AD}\}$ 则被称为关联序。

因此，所谓关联度就是对两个系统或两个因素之间关联性大小的量度，它描述的是系统发展过程中因素间相对变化的情况，也就是变化大小、方向及速度等指标的相对一致性。对于一个发展变化的系统，实施关联度分析实际上是对其动态过程发展态势的量化分析。具体而言就是对发展态势的量化分析及发展态势的比较，也就是系统历年来有关统计数列几何关系的比较。这种比较实质上是几种曲线间几何形状的分析比较，即认为几何形状越接近，则发展变化态势越接近，关联程度越大。因此，按这种观点进行分析，至少不会出现量化结果与定性分析结果不符的情况。

灰色关联分析的具体计算步骤如下。

（1）确定分析数列。确定反映系统行为特征的参考数列和影响系统行为的比较数列。反映系统行为特征的数据序列，称为参考数列；影响系统行为的因素组成的数据序列，则称为比较数列。设

参考序列为

$$\boldsymbol{X}_0=\{x_0(1),x_0(2),\cdots x_0(n)\} \tag{7-35}$$

比较序列为

$$\boldsymbol{X}_i=\{x_i(1),x_i(2),\cdots x_i(n)\} \quad (i=1,2,\cdots,m) \tag{7-36}$$

（2）数据无量纲化。对单位不一、初值不同的序列，为避免得到错误的比较结论，在计算关联系数之前应首先进行无量纲化。一般是将该序列的所有数据分别除以第一个数据，将变量化为无单位的相对数值。

$$x_i(k)=\frac{X_i(k)}{X_i(1)} \quad (i=0,1,2,\cdots,m;k=1,2,\cdots,n) \tag{7-37}$$

（3）计算关联系数。X_0 与 X_i 之间的关联系数定义为

$$\eta_i(k)=\frac{\min\limits_j\min\limits_l|x_0(l)-x_j(l)|+\xi\max\limits_j\max\limits_l|x_0(l)-x_j(l)|}{|x_0(k)-x_i(k)|+\xi\max\limits_j\max\limits_l|x_0(l)-x_j(l)|} \tag{7-38}$$

式中：$|x_0(k)-x_i(k)|$ 为第 k 点 x_0 与 x_i 的绝对差；$\min\limits_j\min\limits_l|x_0(l)-x_j(l)|$ 为两级最小差。其中 $\min\limits_l|x_0(l)-x_j(l)|$ 是第一级最小差，表示在 X_j 序列上找各点与 X_0 的最小差；$\min\limits_j\min\limits_l|x_0(l)-x_j(l)|$ 为第二级最小差，表示在各序列中找出的最小差组成的序列基础上寻求其中的最小差；$\max\limits_j\max\limits_l|x_0(l)-x_j(l)|$ 是两级最大差，其含义与两级最小差相似。

ξ 为分辨系数，ξ 越小，分辨力越大。一般 ξ 的取值区间为 $0<\xi<1$。具体取值可根据实际需要确定。当 $\xi\leqslant 0.5463$ 时，分辨力最好，通常 $\xi=0.5$。

（4）计算关联度。关联系数只表示了各个时刻参考序列和比较序列之间的关联程度，

信息过于分散，不便于比较。为了从总体上分析两个序列之间的关联程度，通常计算出两个序列在所有时刻关联系数的平均值，即关联度。

关联度的一般表达式为

$$r_i=\frac{1}{n}\sum_{k=1}^{n}\eta_i(k) \tag{7-39}$$

r_i 就称为曲线 X_i 对参考曲线 X_0 的关联度，也称绝对值关联度。是目前关联度分析中应用较为普遍的一个参数。

(5) 关联度排序。对计算得到的所有关联度按大小排序，如果 $r_1<r_2$，则说明比较数列 X_2 与比较数列 X_1 相比较，X_2 与参考数列 X_0 更为密切或相似。

7.2.3 灰色系统理论主要内容

灰色系统理论经过近40年的发展，已基本建立起一门新兴的结构体系，其研究内容主要包括：以灰色朦胧集（包括灰色代数系统、灰色方程、灰色矩阵等）为基础的理论体系，以灰色序列生成为基础的方法体系，以灰色关联空间为依托的分析体系，以灰色模型GM为核心的模型体系，以系统分析、评估、建模、预测、决策、控制、优化为主体的技术体系，其主要内容如下（李岗 等，2004）。

(1) 灰色朦胧集（灰色代数系统、灰色方程、灰色矩阵等）是灰色理论的基础，从学科体系自身完善、发展的角度出发，仍有许多问题值得进一步地深入研究。

(2) 灰色系统分析除了灰色关联分析以外，还包括灰色聚类和灰色统计评估等方面的内容。灰色关联分析是对一个系统发展变化态势的定量比较与描述，其目的是通过一定的方法，寻求系统各因素（或子系统）之间的重要关系，找出影响目标值的重要因素。灰色聚类是根据灰色关联矩阵或灰数的白权化函数将一些观测指标或观测对象聚集成若干个可定义类别的方法。它主要应用于同类因素的归并，以使复杂系统简化。

(3) 灰色序列的生成是通过对原始数据的整理来寻求其变化规律的。一般序列算子主要包括：缓冲算子（分为弱化算子和强化算子）、均值生成算子、累加生成算子和累减生成算子等。

(4) 灰色模型一般按照五步思想构建，通过灰色生成或序列算子的作用弱化随机性，挖掘潜在的规律，通过灰色差分方程与灰色微分方程之间的互换实现了利用离散的数据序列建立连续的动态微分方程的新飞跃。模型的建立，一般要经历思想开发、因素分析、关系量化、动态化、优化五个步骤。灰色预测是基于GM模型做出的对系统行为特征值的发展、变化的预测；对行为特征值中的异常值发生的时刻进行估计；对特定时区发生的时间做未来时间分布的计算等。按照其功能和特征可分为：数列预测、灾变预测、季节灾变预测、拓扑预测和系统预测等模型。一般预测的模型都是因素模型，为避免坠入因素的"海洋"，所以灰色理论通常主张用单因素模型做预测。

(5) 决策问题包含于各个领域当中，渗透于每个领域的各个方面。灰色决策是在决策模型中包含灰元或一般决策模型与灰色模型相结合的情况下进行的决策，重点研究方案选择的问题。灰色决策包括：灰靶决策、灰色关联决策、灰色统计、聚类决策、灰色局势决策和灰色层次决策等。

(6) 灰色控制指的是对本征性灰色系统的控制，包括一般控制系统含有灰参数的情形及运用灰色系统的分析建模预测对决策思路进行控制的情形。灰色控制的思想能够更深刻揭示问题的本质，更有利于控制目标的实现。

(7) 灰色优化实质上属于决策范畴，主要研究在一定约束条件下，如何使目标达到最优。灰色优化技术包括灰色线性规划、灰色非线性规划、灰色整数规划和灰色动态规划等。

7.3 河流系统健康灰色预测模型

7.3.1 灰色预测模型的选取

灰色预测建模技术是灰色系统理论最重要的组成部分之一，也是预测理论体系中一个新的研究分支。灰色预测主要针对现实世界中大量存在的灰色不确定性预测问题，利用少量有效数据和灰色不确定性数据，通过序列的累加（累减）生成等数据处理方法构建灰色预测模型，并通过这些灰色预测模型揭示系统的未来发展趋势（邓聚龙，2005）。经过近40年的发展，灰色预测已经在社会经济管理、工农业生产的众多领域得到了广泛的应用。由于初始数据序列特征的差异及对预测需求精度的不同，为适应不同的需求，以灰色模型GM为基础，逐渐形成了数列灰预测、灾变灰预测、季节灾变灰预测、拓扑灰预测和系统灰预测等不同形式和功能的灰色预测模型，成功地解决了生产、生活和科学研究中的大量实际问题。这些常见灰色预测模型的功能和适用范围的简要说明如下（邓聚龙，1990，2002，2005；刘思峰 等，2017）。

7.3.1.1 数列灰预测

所谓数列灰预测就是利用等时距观测到的、反映预测对象特征的数列（如产量、销量、人口数量、存款数量、利率等）作为GM(1，1) 建模序列构造GM(1，1) 模型，然后通过该模型预测未来某一时刻的特征量或者达到某特征量的时间。

7.3.1.2 灾变灰预测

灾变灰预测也称畸变灰预测，灾变灰预测是通过灰色模型预测对目标对象的异常值时间分布（所谓时间分布，是指异常值出现的时段在时间轴上的分布）的预测，是异常值可能在未来的哪些时段发生的预测。所谓异常值是指过大或过小的值，但什么样的值属于异常值，往往是人们凭主观确定的。例如：降雨过多或过少、农作物产量特别高或产量过低等，其界限标准都是由人们根据不同的情况确定，在不同地区或不同种类其标准都会不同。

灾变灰预测的任务是给出下一个或几个异常值出现的时刻，以便人们提前准备，采取有效的对策。

7.3.1.3 季节灾变灰预测

对发生在每年特定时区内的事件（发生灾变或异常值）进行预测，称作季节灾变灰预测，比如：春雨，出现在春季；初霜，出现在秋末冬初的，9—11月；棉铃虫虫灾，中原地区出现在6月下旬；长江洪水，发生在夏季的7—9月，这些均为季节性事件。

7.3.1.4 拓扑灰预测

拓扑灰预测也称波形预测，是在GM(1，1）基础上，对非单调的图形（序列）进行预测，是季节事件（灾变）灰预测的延伸。当原始数据波动频繁且摆动幅度较大时，可以将现有数据做成曲线，在曲线上按某个定值找多个发生的时刻数据，然后用时刻数据分别建立GM(1，1）模型，以预测这些定值未来出现的时刻。然后将各个未来发生的定值连成曲线，以了解整个数据曲线未来的发展变化，这既是所谓的拓扑灰预测。在水利工程领域，拓扑灰预测可以用来预测未来径流量的总量。

7.3.1.5 系统灰预测

对于含有多个相互关系的因素与多个自主控制变量的复杂系统，任何单个模型都不能反映系统的发展变化，必须考虑建立系统模型才能进行有效的预测。系统灰预测就是针对同一系统中多种行为变量的预测，采用GM(1，1）和GM(1，N）相结合的方式，对系统中多个变量同时进行预测，以了解变量之间发展变化的相互协调关系。例如农业上对人口、粮食和畜牧业的相互协调预测，经济上对第一、第二、第三产业经济的相互协调预测等。

在河流系统的健康预警中，每一个警兆指标的变化都会直接影响到河流系统的健康状态。因此，把握每一个警兆指标未来发展变化的趋势，及其对河流系统未来健康的影响都十分重要。为此，可以通过对警兆指标体系中每一指标发展变化或未来特定时刻出现的数值分别进行单因素预测，然后利用各指标的预测结果进行河流系统健康的评价，就可以得到河流系统健康未来状况的预测结果。因此，对各警兆指标体系的预测是一种数列预测。在河流系统健康预警的警兆指标体系中，各组成指标的数据变化趋势大致可以分为3种类型：逐步递增序列、逐步递减序列、振荡序列。因此，可以根据这3种数据序列的变化趋势，分别构建对应警兆指标的灰色预测模型。

7.3.2 灰色预测模型的构建原理

客观系统无论本征非灰还是本征灰，一般都存在能量吸收、存储、释放等过程，加之生成数列一般都有较强的指数化变化趋势，所以灰色系统理论指出用离散的随机数，经过生成变为随机性被显著削弱的、较有规律的生成数，这样便可以对变化过程做较长时间的描述，进而建立微分方程形式的模型。所以灰色系统中建模的实质就是建立微分方程的系数，而事实上微分方程的系数描述了我们所希望辨识的系统内部的物理或化学过程的本质（邓聚龙，1984）。

灰色预测模型通常被构造成一个连续的灰色微分方程和离散的灰色微分方程，通过分析和挖掘差异信息，可以得出系统主要变量的演化趋势，并对其加以预测和控制，灰色预测模型构建的一般过程如图7－2所示。在确定恰当的灰色模型形式之前，应当首先进行模型的变量筛选，以便更好地符合所需要解释的变量关系及对系统主变量的有效预测。在河流系统健康预警中，可以是针对警情指标，也可以是针对每一个警兆指标分别进行单因素的预测分析，所以预警指标就是预测模型的变量。其次是根据所确定的变量进行数据收集和处理。通常来说所收集的数据是符合等时间间隔的。如果原始数据序列不适用于构建模型，则可以用序列生成、数据压缩变换或其他数据变换方法来处理数据以便生成符合建

模需要的数据序列。然后在构造背景值的基础上构建合适的灰色预测模型，如 GM(1，1) 模型或 GM(1，N) 模型，进而采用最小二乘法或其他参数求解方法获得所有变量的系数值。最后可以通过分析模型的性质和误差确定所构建模型的适用范围及是否适用于模拟和预测，如果模拟精度较高，则可以将模型应用于实际问题预测中（谢乃明 等，2016）。

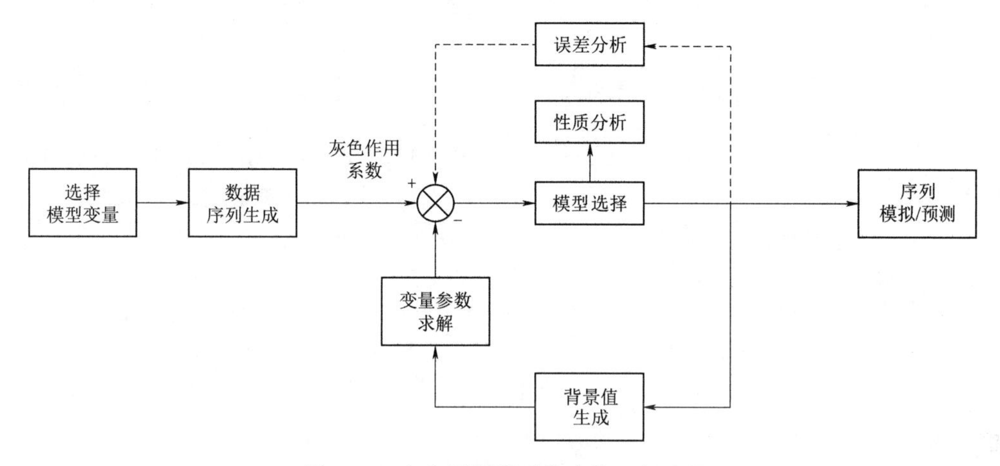

图 7-2　灰色预测模型构建的一般过程

7.3.3　灰色预测模型的建立

7.3.3.1　事前检验与数据序列处理

1. 事前检验

为了判断利用已有数列实施 GM(1，1) 建模的可行性，需要对初始数列进行检验分析，一般是通过对序列级比的大小及其所属区间来判断是否适合进行灰色建模（邓聚龙，2002）。

设原始数据列 $\boldsymbol{X}^{(0)}$ 为

$$\boldsymbol{X}^{(0)}=\{x^{(0)}(1),x^{(0)}(2),\cdots,x^{(0)}(n)\} \tag{7-40}$$

则数列 $X^{(0)}$ 的级比 $\sigma^{(0)}(k)$ 为

$$\sigma^{(0)}(k)=\frac{x^{(0)}(k)}{x^{(0)}(k-1)}\quad(k=2,3,\cdots,n) \tag{7-41}$$

一般称 $\sigma^{(0)}(k)\in(0.1353,7.389)$ 为机理覆盖，称 $\sigma^{(0)}(k)\in(e^{\frac{-2}{n+1}},e^{\frac{2}{n+1}})$ 为数值覆盖，并且有

$$(e^{\frac{-2}{n+1}},e^{\frac{2}{n+1}})\subset(0.1353,7.389) \tag{7-42}$$

因此，若建模序列 $X^{(0)}$ 的级比满足

$$\sigma^{(0)}(k)\in(e^{\frac{-2}{n+1}},e^{\frac{2}{n+1}}) \tag{7-43}$$

则认为 $\boldsymbol{X}^{(0)}$ 是可做 GM(1，1) 建模的。

对于能否利用序列 $X^{(0)}$ 建立较高精度的 GM(1，1) 模型，一般用序列 $X^{(0)}$ 的光滑比进行光滑性检验。

序列 $X^{(0)}$ 的光滑比 $\rho(k)$ 为

$$\rho(k)=\frac{x^{(0)}(k)}{\sum_{i=1}^{k-1}x^{(0)}(i)}\quad(k=2,3,\cdots,n)\tag{7-44}$$

构建GM(1，1)模型要求 $X^{(0)}$ 为光滑序列，其充要条件为（邓聚龙，1985）

$$\forall\varepsilon>0,\quad\exists k_0,\quad 当k>k_0时,\quad\rho(k)<\varepsilon\tag{7-45}$$

在实际应用中数列几乎很难完全满足式（7－45）的要求，一般认为很接近光滑序列的数列也可以用来构建GM(1，1)模型，通常用光滑比 $\rho(k)$ 来定义准光滑序列，若序列 $X^{(0)}$ 满足（刘思峰 等，2017）：

（1）$\frac{\rho(k+1)}{\rho(k)}<1$；$k=2$，3，…，$n-1$。

（2）$\rho(k)\in(0,\varepsilon)$；$k=2$，3，…，$n$。

（3）$\varepsilon<0.5$。

则称序列 $X^{(0)}$ 为准光滑序列。

建模数据序列光滑性的好坏直接关系到灰色预测模型预测结果精度的高低。建模序列光滑性越好，则预测模型的预测精度就越高。只要数据序列能够满足准光滑条件，理论上就可以直接实施灰色建模。但在实际应用中，初始数据序列可能不满足准光滑条件，也可能虽然满足准光滑条件但其光滑性不足以提供理想的预测精度，此时就需要对初始数据序列进行预处理，使处理后得到的数据序列能够满足准光滑条件，并具有良好的光滑性。

2. 数据序列处理

为使得数据序列能够达到灰色建模的要求，人们提出了许多数据序列处理方法（通常称为算子），目前常用的有平移算子、对数算子、幂函数算子、对数-幂函数复合算子、指数算子、反双曲正弦算子等（邓聚龙，1985；罗桂荣 等，1988；陈涛捷，1990；于德江，1991；李群，1993；王建根 等，1996）。

设原始数据列 $X^{(0)}$ 为

$$X^{(0)}=\{x^{(0)}(1),x^{(0)}(2),\cdots,x^{(0)}(n)\}\tag{7-46}$$

D 为作用 $X^{(0)}$ 的算子，$X^{(0)}$ 经过 D 作用后得到新序列：

$$X^{(0)}D=\{x^{(0)}(1)d,x^{(0)}(2)d,\cdots,x^{(0)}(n)d\}\tag{7-47}$$

（1）平移算子：

当 $x^{(0)}(k)d=x^{(0)}(k)+c$，c 为常数时，则称 D 为平移算子。

（2）对数算子：

当 $x^{(0)}(k)d=\ln x^{(0)}(k)$时，则称 D 为对数算子。

（3）幂函数算子：

当 $x^{(0)}(k)d=[x^{(0)}(k)]^{\frac{1}{t}}$，则称 D 为幂函数算子。

（4）对数-幂函数复合算子：

当 $x^{(0)}(k)d=[\ln x^{(0)}(k)]^{\frac{1}{t}}$时，则称 D 为对数-幂函数复合算子。

（5）指数算子：

当 $x^{(0)}(k)d=a^{-x^{(0)}(k)}$ 时，则称 D 为指数算子。

（6）反双曲正弦算子：

当 $x^{(0)}(k)d=\ln\left(x^{(0)}(k)+\sqrt{x^{(0)}(k)^2+1}\right)$，则称 D 为反双曲正弦算子。

（1）～（6）中，$k=1,2,\cdots,n$。

初始序列利用上述算子进行变换后得到新的序列，当新序列的级比都落在数值覆盖范围内时，就可以利用新序列构建灰色模型。

7.3.3.2 GM(1.1) 模型

灰色预测模型通常简称为 GM 模型，GM(1，1) 中第一个“1”表示的是一阶微分的，第二个“1”则表示在这个一阶微分方程预测模型中只有一个变量。GM(1，1) 模型主要用于时间序列的预测，是灰色预测理论体系的基础与核心（谢乃明 等，2016）。

设序列 $X^{(0)}$ 为非负、准光滑序列，则 $X^{(0)}$ 的一次累加生成序列（1－AGO)$X^{(1)}$ 具有准指数规律。

设原始数据序列 $X^{(0)}$ 为非负序列：

$$X^{(0)}=\{x^{(0)}(1),x^{(0)}(2),\cdots,x^{(0)}(n)\} \tag{7-48}$$

其中
$$x^{(0)}(k)\geqslant 0 \quad (k=1,2,\cdots,n)$$

其 1－AGO 序列 $X^{(1)}$ 为

$$X^{(1)}=\{x^{(1)}(1),x^{(1)}(2),\cdots,x^{(1)}(n)\} \tag{7-49}$$

其中

$$x^{(1)}(k)=\sum_{i=1}^{k}x^{(0)}(i) \quad (k=1,2,\cdots,n) \tag{7-50}$$

序列

$$Z^{(1)}=\{z^{(1)}(1),z(2),\cdots,z^{(1)}(n)\} \tag{7-51}$$

被称为 $X^{(1)}$ 的紧邻均值生成序列或系统的背景值，其中

$$z^{(1)}(k)=0.5x^{(1)}(k)+0.5x^{(1)}(k-1) \quad (k=2,3,\cdots,n) \tag{7-52}$$

则称方程

$$x^{(0)}(k)+az^{(1)}(k)=b \tag{7-53}$$

为一阶、单变量灰色预测模型，即 GM(1，1) 模型。其中 a 是主变量参数或系统发展系数；b 是 GM(1，1) 模型的灰作用系数或背景值。参数列 $\hat{a}=(a,b)^{\mathrm{T}}$ 可以通过最小二乘法求得。

设

$$\boldsymbol{Y}=\begin{bmatrix}x^{(0)}(2)\\x^{(0)}(3)\\\vdots\\x^{(0)}(n)\end{bmatrix},\quad \boldsymbol{B}=\begin{bmatrix}-z^{(1)}(2) & 1\\-z^{(1)}(3) & 1\\\vdots & \vdots\\-z^{(1)}(n) & 1\end{bmatrix} \tag{7-54}$$

则微分方程 $x^{(0)}(k)+az^{(1)}(k)=b$ 的最小二乘估计参数列，满足

$$\hat{a}=(a,b)^{\mathrm{T}}=(\boldsymbol{B}^{\mathrm{T}}\boldsymbol{B})^{-1}\boldsymbol{B}^{\mathrm{T}}\boldsymbol{Y} \tag{7-55}$$

称方程

$$\frac{\mathrm{d}x^{(1)}}{\mathrm{d}t}+ax^{(1)}=b \tag{7-56}$$

为GM(1，1)模型的白化方程，也叫影子方程。利用式（7－55）求解得到的 a、b 参数值，代入式（7－56），可以得到白化方程 $\frac{\mathrm{d}x^{(1)}}{\mathrm{d}t}+ax^{(1)}=b$ 的解或称时间响应函数为

$$\hat{x}^{(1)}(t)=\left(x^{(1)}(0)-\frac{b}{a}\right)\mathrm{e}^{-at}+\frac{b}{a} \tag{7-57}$$

取 $x^{(1)}(0)=x^{(0)}(0)$，则GM(1，1)灰微分方程 $x^{(0)}(k)+az^{(1)}(k)=b$ 的时间响应序列为

$$\hat{x}^{(1)}(k+1)=\left(x^{(0)}(1)-\frac{b}{a}\right)\mathrm{e}^{-ak}+\frac{b}{a}\quad(k=1,2,\cdots,n-1) \tag{7-58}$$

利用方程

$$\hat{x}^{(0)}(k+1)=\hat{x}^{(1)}(k+1)-\hat{x}^{(1)}(k) \tag{7-59}$$

可分别求得原始序列的模拟值和预测值。

7.3.3.3　NDGM(1，1)模型

在利用GM(1，1)模型构建预测模型时，需要假设原始数据序列具有近似指数增长序列的特征，但在实际中符合近似指数规律的情况其实十分少见。在大多数情况下，原始数据序列更符合近似非齐次指数增长规律，为进一步提高模型精度，对河流系统健康预警指标体系中的警兆指标进行预测时，将利用近似非齐次指数的离散灰色模型NDGM(1，1)构建预测模型（谢乃明 等，2016）。

设 $\boldsymbol{X}^{(0)}$ 为近似非齐次指数增长的初始序列：

$$\boldsymbol{X}^{(0)}=\{x^{(0)}(1),x^{(0)}(2),\cdots,x^{(0)}(n)\} \tag{7-60}$$

$\boldsymbol{X}^{(1)}=AGOX^{(0)}$，即

$$\boldsymbol{X}^{(1)}=\{x^{(1)}(1),x^{(1)}(2),\cdots,x^{(1)}(n)\} \tag{7-61}$$

其中

$$x^{(1)}(k)=\sum_{i=0}^{k}x^{(0)}(i)\quad(k=1,2,\cdots,n)$$

则称

$$\begin{cases}\hat{x}^{(1)}(k+1)=\beta_1\hat{x}^{(1)}(k)+\beta_2 k+\beta_3\\ \hat{x}^{(1)}(1)=x^{(1)}(1)+\beta_4\end{cases} \tag{7-62}$$

为近似非齐次指数规律的离散灰色模型（Non－homogenous Discrete Grey Model，NDGM）。其中 $\hat{x}^{(1)}(k)$ 是原始数据序列的拟合值，$\hat{x}^{(1)}(1)$ 是迭代基值。

预测方程中的模型参数（β_1，β_2，β_3）可以采用最小二乘法求解得

$$\boldsymbol{\beta}^{\mathrm{T}}=(\beta_1,\beta_2,\beta_3)=(\boldsymbol{B}^{\mathrm{T}}\boldsymbol{B})^{-1}\boldsymbol{B}^{\mathrm{T}}\boldsymbol{Y} \tag{7-63}$$

其中

$$\boldsymbol{Y}=\begin{bmatrix}x^{(1)}(2)\\x^{(1)}(3)\\\vdots\\x^{(1)}(n)\end{bmatrix},\quad\boldsymbol{B}=\begin{bmatrix}x^{(1)}(1)&1&1\\x^{(1)}(2)&2&1\\\vdots&\vdots&\vdots\\x^{(1)}(n-1)&n-1&1\end{bmatrix} \tag{7-64}$$

则可以得到 NDGM 模型的递推函数表达式为

$$\hat{x}^{(1)}(k+1)=\beta_1^k\hat{x}^{(1)}(1)+\beta_2\sum_{j=1}^{k}j\beta_1^{k-j}+\frac{1-\beta_1^k}{1-\beta_1}\beta_3 \quad (k=1,2,\cdots,n-1) \tag{7-65}$$

对于定位序列初始值 $\hat{x}^{(1)}(1)=x^{(1)}(1)+\beta_4$，可以采用类似最小二乘法原则的方法，建立一个无约束优化模型，求解 $\hat{x}^{(1)}$（k）和 $x^{(1)}$（k）的误差平方和最小，也就是求解优化问题：

$$\min_{\beta_4}\sum_{k=1}^{n}|\hat{x}^{(1)}(k)-x^{(1)}(k)|^2 \tag{7-66}$$

可以解得

$$\beta_4=\frac{\sum_{k=1}^{n-1}\left[x^{(1)}(k+1)-\beta_1^k x^{(1)}(1)-\beta_2\sum_{j=1}^{k}j\beta_1^{k-j}-\frac{1-\beta_1^k}{1-\beta_1}\beta_3\right]\beta_1^k}{1+\sum_{k=1}^{n-1}(\beta_1^k)^2} \tag{7-67}$$

将上述模型还原到序列 $X^{(0)}$ 的预测模型：

$$\hat{x}^{(0)}(k+1)=\hat{x}^{(1)}(k+1)-\hat{x}^{(1)}(k) \tag{7-68}$$

式（7-67）即为近似非齐次指数递增序列 $X^{(0)}$ 的间接 NDGM(1，1) 预测模型。

7.3.3.4 TDGM(1.1) 模型

在河流系统健康预警指标体系中，当指标的初始数据序列不是单调分布，而是属于振荡波动分布时，采用 GM(1，1) 或 NDGM(1，1) 构建预测模型，其模拟和预测精度都难以达到要求，此时可以采用振荡序列的灰色预测模型 TDGM(1.1) 进行预测，其建模步骤如下（钱吴永 等，2009）：

1. 加速平移生成

设 $\boldsymbol{X}^{(0)}$ 为初始序列：

$$\boldsymbol{X}^{(0)}=\{x^{(0)}(1),x^{(0)}(2),\cdots,x^{(0)}(n)\} \tag{7-69}$$

当 $\exists k$，$k'\in(2,3,\cdots,n)$ 有

$$x^{(0)}(k)-x^{(0)}(k-1)>0,\quad x^{(0)}(k')-x^{(0)}(k'-1)<0 \tag{7-70}$$

则定义 $\boldsymbol{X}^{(0)}$ 的振幅为

$$T(\boldsymbol{X}^{(0)})=M-m \tag{7-71}$$

其中

$$\begin{cases}M=\max\{x^{(0)}(k)\mid k=1,2,\cdots,n\}\\ m=\min\{x^{(0)}(k)\mid k=1,2,\cdots,n\}\end{cases} \tag{7-72}$$

对 $X^{(0)}$ 进行加速平移变换，得到新序列：

$$X^{(0)}D=\{x^{(0)}(1)d,x^{(0)}(2)d,\cdots,x^{(0)}(n)d\} \tag{7-73}$$

其中

$$x^{(0)}(k)d=x^{(0)}(k)+(k-1)T(X^{(0)}) \quad (k=1,2,\cdots,n) \tag{7-74}$$

则称序列 $X^{(0)}$ D 为序列 $X^{(0)}$ 的平滑序列，D 为序列 $X^{(0)}$ 的一阶平滑算子。

对于序列 $X^{(0)}$ D 有

$$x^{(0)}(k)d-x^{(0)}(k-1)d=[x^{(0)}(k)-x^{(0)}(k-1)]+T(X^{(0)})>0 \tag{7-75}$$

因此，对于随机振荡序列 $X^{(0)}$ 进行加速平移变换后所得到的 $X^{(0)}D$ 为单调递增序列。

2. 加权均值生成

对于初始序列 $X^{(0)}$，称

$$x^{(0)}(k)d=\frac{\sum_{i=1}^{k}[x^{(0)}(i)]}{k} \tag{7-76}$$

为 $X^{(0)}$ 的加权均值生成变换。

设序列 $X^{(0)}$ 的相应真值序列为

$$X^{*(0)}=\{x^{*(0)}(1),x^{*(0)}(2),\cdots,x^{*(0)}(n)\} \tag{7-77}$$

随机误差序列 $\varepsilon^{(0)}$ 为

$$\varepsilon^{(0)}=\{\varepsilon^{(0)}(1),\varepsilon^{(0)}(2),\cdots,\varepsilon^{(0)}(n)\} \tag{7-78}$$

则

$$x^{(0)}(k)=x^{*(0)}(k)+\varepsilon^{(0)}(k)\quad(k=1,2,\cdots,n) \tag{7-79}$$

因此可以得到

$$x^{(0)}(k)d=\frac{\sum_{i=1}^{k}[x^{(0)}(i)]}{k}=\frac{\sum_{i=1}^{k}x^{*(0)}(k)}{k}+\frac{\sum_{i=1}^{k}\varepsilon^{(0)}(i)}{k} \tag{7-80}$$

由此可以看出，加权均值生成变换使原有数据序列的波动性减弱。

3. 建模原理

对振荡序列 $\boldsymbol{X}^{(0)}$ 进行加速平移变换得到序列 $\boldsymbol{X}_1^{(0)}$，再对序列 $\boldsymbol{X}_1^{(0)}$ 加权均值生成后得到序列 $\boldsymbol{Y}^{(0)}=\{y^{(0)}(1),y^{(0)}(2),\cdots,y^{(0)}(n)\}$，根据 $\boldsymbol{Y}^{(0)}$ 建立 GM(1，1) 模型，可以得到灰色微分方程：

$$\frac{\mathrm{d}y^{(1)}}{\mathrm{d}t}+ay^{(1)}=b \tag{7-81}$$

其中参数列 $\hat{\boldsymbol{a}}=(a,\ b)^{\mathrm{T}}$ 可以通过最小二乘法求得

$$\hat{\boldsymbol{a}}=(a,b)^{\mathrm{T}}=(\boldsymbol{B}^{\mathrm{T}}\boldsymbol{B})^{-1}\boldsymbol{B}^{\mathrm{T}}\boldsymbol{Y} \tag{7-82}$$

其中

$$\boldsymbol{Y}=\begin{bmatrix}y^{(0)}(2)\\y^{(0)}(3)\\\vdots\\y^{(0)}(n)\end{bmatrix},\quad \boldsymbol{B}=\begin{bmatrix}-0.5[y^{(1)}(1)+y^{(1)}(2)] & 1\\-0.5[y^{(1)}(2)+y^{(1)}(3)] & 1\\\vdots & \vdots\\-0.5[y^{(1)}(n-1)+y^{(1)}(n)] & 1\end{bmatrix} \tag{7-83}$$

求解上述微分方程的响应函数：

$$\hat{y}^{(1)}(t+1)=\left[y^{(0)}(1)-\frac{b}{a}\right]\mathrm{e}^{-at}+\frac{b}{a} \tag{7-84}$$

还原得到

$$\begin{aligned}\hat{y}^{(0)}(k+1)&=y^{(1)}(k+1)-\hat{y}^{(1)}(k)\\&=(1-\mathrm{e}^{a})\left[y^{(0)}(1)-\frac{b}{a}\right]\mathrm{e}^{-ak}\end{aligned} \tag{7-85}$$

对 $\hat{\boldsymbol{Y}}^{(0)}$ 进行还原可以得到 $\hat{\boldsymbol{X}}_1^{(0)}$，由

$$\hat{y}^{(0)}(k)=\frac{\sum_{i=1}^{k}[\hat{x}_1^{(0)}(i)]}{k} \tag{7-86}$$

可得

$$\hat{x}_1^{(0)}(k)=k\hat{y}^{(0)}(k)-\sum_{i=1}^{k-1}[\hat{x}_1^{(0)}(i)] \tag{7-87}$$

其中 $\hat{x}_1^{(0)}(1)=x_1^{(0)}(1)\quad(k=2,3,\cdots,n)$

从而可以得到

$$\hat{x}_1^{(0)}(k+1)=(k+1)\hat{y}^{(0)}(k+1)-k\hat{y}^{(0)}(k) \tag{7-88}$$

其中 $\hat{x}_1^{(0)}(1)=x_1^{(0)}(1)\quad(k=1,2,\cdots,n)$

根据 $x_1^{(0)}(k)=x^{(0)}(k)+(k-1)T(\boldsymbol{X}^{(0)})$ 进一步还原可以得到

$$\begin{aligned}\hat{x}^{(0)}(k+1)&=\hat{x}_1^{(0)}(k+1)-kT(X^{(0)})\\&=(k+1)\hat{y}^{(0)}(k+1)-k\hat{y}^{(0)}(k)-kT(X^{(0)})\end{aligned} \tag{7-89}$$

其中 $\hat{x}_1^{(0)}(1)=x_1^{(0)}(1)\quad(k=1,2,\cdots,n)$

7.3.4 灰色预测模型的检验

在预测模型构建完成后，必须对该模型进行验证，以判断其预测精度能否满足预测要求。在灰色系统理论中，通常是通过残差检验法、关联度检验法和后验差检验法来进行检验（刘思峰 等，2017）。

设初始数据序列 $\boldsymbol{X}^{(0)}$ 为

$$\boldsymbol{X}^{(0)}=\{x^{(0)}(1),x^{(0)}(2),\cdots,x^{(0)}(n)\} \tag{7-90}$$

经预测模型预测得到的预测序列 $\hat{\boldsymbol{X}}^{(0)}$ 为

$$\hat{\boldsymbol{X}}^{(0)}=\{\hat{x}^{(0)}(1),\hat{x}^{(0)}(2),\cdots,\hat{x}^{(0)}(n)\} \tag{7-91}$$

则不同检验方法的步骤和过程如下。

7.3.4.1 残差检验法

定义残差序列 $\boldsymbol{E}$ 为

$$\boldsymbol{E}=\{e(1),e(1),\cdots,e(n)\}=\boldsymbol{X}^{(0)}-\hat{\boldsymbol{X}}^{(0)} \tag{7-92}$$

其中 $e(k)=x^{(0)}(k)-\hat{x}^{(0)}(k)\quad(k=1,2,\cdots,n)$

定义相对残差为

$$\delta(k)=\frac{e(k)}{x^{(0)}(k)}\times100\%\quad(k=1,2,\cdots,n) \tag{7-93}$$

则预测模型的平均相对残差为

$$\delta_{\text{avg}}=\frac{\sum_{k=1}^{n}|\delta(k)|}{n} \tag{7-94}$$

称

$$p^0=(1-\delta_{avg})\times 100\% \tag{7-95}$$

为建模精度。

残差检验法对精度检验一般参照表7-3来进行判断，当模型精度等级下降到第四级时，该模型就不适合用来进行预测。

表7-3　残差检验法的精度检验等级参照表

精度等级	δ_{avg}临界值	精度等级	δ_{avg}临界值
一级（好）	0.01	三级（勉强）	0.10
二级（合格）	0.05	四级（不合格）	0.20

7.3.4.2　关联度检验法

关联度检测法实际是针对多个灰色建模方法所得到模型值进行比对，寻求与参考数列最为接近的比较数列，一般都是通过灰色关联度来进行排序。其中灰色关联度最大的比较数列，说明该模型为所建模型中最好的模型。关联度的具体分析计算过程见本章的7.2.2.3小节。利用关联度检验法检验预测模型精度时，对预测精度的分级见表7-4。一般认为选定的建模方法其关联度应该大于0.6才能取得比较好的预测效果。

表7-4　关联度检验法的精度检验等级参照表

精度等级	关联度r临界值	精度等级	关联度r临界值
一级（好）	0.90	三级（勉强）	0.70
二级（合格）	0.80	四级（不合格）	0.60

7.3.4.3　后验差检验法

首先分别计算初始数据序列$\boldsymbol{X}^{(0)}$和残差序列$\boldsymbol{E}$的方差S_O^2和S_E^2：

$$S_O^2=\frac{1}{n}\sum_{k=1}^{n}[x^{(0)}(k)-\overline{x}]^2 \tag{7-96}$$

$$S_E^2=\frac{1}{n}\sum_{k=1}^{n}[e(k)-\overline{e}]^2 \tag{7-97}$$

其中

$$\overline{x}=\frac{1}{n}\sum_{k=1}^{n}x^{(0)}(k),\quad \overline{e}=\sum_{k=1}^{n}e(k)$$

则后验差比C为

$$C=\frac{S_E}{S_O} \tag{7-98}$$

小概率误差p为

$$p=P\{|e(k)-\overline{e}|<0.6745S_O\} \tag{7-99}$$

在模型检验时指标C越小越好，C越小表示S_O大而S_E小。S_O大表示原始数据方差大，即原始数据离散程度大；S_E小表示残方差小，即残差离散程度小。C小就表明尽管原始数据很离散，而模型所得计算值与实际值之差并不太离散。而指标p则是要越大越好。p越大，表明残差与残差平均值之差小于给定值$0.6745S_O$的点较多，也就表明拟合

值（或预测值）分布较为均匀。通过 C、p 两个指标，就可以综合评定预测模型的精度。模型的精度由后验差和小误差概率共同决定。一般将模型的精度分为四个等级，见表 7-5。

表 7-5　　后验差检验法的精度检验等级参照表

精度等级	均方差比值 C	小误差概率 p	精度等级	均方差比值 C	小误差概率 p
一级（好）	$C\leqslant 0.35$	$p\geqslant 0.95$	三级（勉强）	$0.5<C\leqslant 0.65$	$0.70\leqslant p<0.80$
二级（合格）	$0.35<C\leqslant 0.5$	$0.80\leqslant p<0.95$	四级（不合格）	$C>0.65$	$p<0.70$

模型的精度级别为：$\max\{p$ 的级别，C 的级别$\}$。

7.3.5　等维灰数递补动态预测

利用数据序列构建的灰色预测模型实际上是一个指数函数，在通过该模型对未来进行预测时，最近时间的预测结果是最精确的，随着后续时间的增加预测误差会逐渐增大。因此，灰色预测模型中具有预测意义的数据仅仅是数据 $x^{(0)}(n)$ 以后的前几个数据，随着时间的推移，预测模型的白化效应不断降低，其中的灰色性越来越突出，使得模型的预测精度不断下降。为了提高预测模型的适用性和精度，可以通过对原灰色模型实施等维灰数递补，即构造等维灰数递补预测模型来改进原灰色预测模型。

所谓等维灰数递补预测模型就是在利用原有数据序列构造灰色预测模型并预测最近的一个数值，然后把这个预测值（实际上是一个灰色数据）补充到原有数据序列，同时为了不增加建模序列的长度去掉最老的一个数据，使得数据序列等维，然后利用这个新构建的数据序列重新建立一个灰色预测模型，再根据新的灰色预测模型预测下一个数值，并将预测值重新补充到数据序列，然后再去掉数据序列中最老的数据。这样用预测灰数新陈代谢、逐个预测、依次递补，直到完成预测目标为止。数据序列在这一不断补充新数据、剔除老数据的过程中，由于其维数始终维持不变，因而叫等维信息数据列，相应构建的模型称为等维灰数动态递补预测模型，或称为新陈代谢模型（王学萌，1989）。等维灰数动态递补预测模型的构建步骤和过程如下。

设原始数列为

$$X^{(0)}=\{x^{(0)}(1),x^{(0)}(2),\cdots,x^{(0)}(n)\} \tag{7-100}$$

假设序列 $X^{(0)}$ 构建的灰色预测模型为 GM(1，1)，利用 GM(1，1) 模型预测得到的第一个预测值为 $x^{(0)}(n+1)$。

把预测得到的新信息 $x^{(0)}(n+1)$ 置入原序列，并去掉其中最老的信息 $x^{(0)}(1)$，组成新数列：

$$X^{(0)}=\{x^{(0)}(2),x^{(0)}(3),\cdots,x^{(0)}(n+1)\} \tag{7-101}$$

利用这一新数列重新构建新的灰色预测模型，即为等维信息灰色预测模型。

等维信息灰色预测模型在预测过程中由于能够及时补充和利用灰信息，提高预测模型的白色度，降低预测值的灰色度，从而有效地提高了预测的精度。在预测过程中每预测一次，对灰数进行一次修正，相应的预测模型也得到修正和改进，使预测值产生在动态过程中，因此也更为接近实际。但也必须注意到，随着递补次数的增加，补充的灰数其灰度也在增加，蕴含的有效信息量减少，所以也不能无限制的预测下去。

7.4　警限与警度

7.4.1　预警的一般数学模式

对河流系统健康预警指标体系中的警兆指标，利用灰色理论建立针对各自指标的灰色预警模型以后，利用预警模型对各警兆指标进行预测，然后利用河流系统健康评价的多目标的层次——模糊综合评价模型对河流系统未来的健康状态进行评价。在获得河流系统健康在未来某时刻的健康状态后，需要根据一定的依据释放相应的预警信息。河流系统的健康状态在变化过程中，往往存在着一些特殊临界点，而临界点两侧往往代表了不同的发展方向、状态或属性。当我们用河流系统健康指数来表征河流系统的健康状态时，河流系统健康指数（$RSHI$）也就存在着临界值（RP），一旦超过了临界值，我们就可以认为河流系统就处于不同的健康状态。另外，当一个流域内有多个河流系统的健康都处于退化状态时，河流管理者就必须对所有河流系统的健康发展趋势作出判断分析，并优先整治和修复处于最不利状态的河流系统。此时就可以通过判断河流系统健康的状态和退化速度，对所有河流系统进行排序，从而确定整治和修复的先后次序。同时也可以设置河流系统健康退化速度的临界值（ΔRP_S），当河流系统健康的退化速度超过了该临界值，则认为恶化速度较快，留给人们的回旋时间较少，可能造成严重的系统健康问题。

假设预警的初始时刻为 T_1，对未来某一时刻 T_2 的河流系统健康状态进行预警，预警的时段长为 $\Delta T=T_2-T_1$。T_1、T_2 时刻河流系统健康指数值分别为 $RSHI(T_1)$ 和 $RSHI(T_2)$，以参数 $RP(i)$ 表示河流系统不同健康状态下健康指数的临界值、ΔRP_T 表示河流系统健康指数值在时段 ΔT 内波动的临界值、ΔRP_S 表示河流系统健康退化速度在时段 ΔT 内的临界值。在给定参数 RP、ΔRP_T 和 ΔRP_S 的条件下，河流系统健康预警的数学关系如下。

（1）状态预警：

$$RSHI(T)<RP(i) \tag{7-102}$$

式中：i 为河流系统的不同健康状态等级，也即是警度级别；$RP(i)$ 为河流系统不同警度时，河流系统健康指数（$RSHI$）的临界值，也称之为警限。

（2）发展趋势预警。主要用于分析一段时间内河流系统健康状态的波动情况，当河流系统健康指数（$RSHI$）波动超过一定幅度以后就可以判断出河流系统健康的发展趋势。

如果 $RSHI(T_1)>RSHI(T_2)$，当

$$RSHI(T_1)-RSHI(T_2)>\Delta RP_{TD} \tag{7-103}$$

则称河流系统健康有恶化的趋势，在向健康恶化的方向发展。

如果 $RSHI(T_1)<RSHI(T_2)$，当

$$RSHI(T_2)-RSHI(T_1)>\Delta RP_{TU} \tag{7-104}$$

则称河流系统健康有好转的趋势，也即是向健康方向发展。

式中：ΔRP_{TD}、ΔRP_{TU} 分别为河流系统健康指数波动的恶化临界值和好转临界值。这两

个临界值可以相同，也可以不同，一般根据河流系统的管理目标确定。

(3) 退化速度预警。当 $RSHI(T_2)<RSHI(T_1)$ 时，表明河流系统健康处于退化状态，当退化速度大于某一临界值 ΔRP_S 时，就需要对河流系统健康退化速度发出预警，即

$$\frac{RSHI(T_1)-RSHI(T_2)}{\Delta T}>\Delta RP_S \tag{7-105}$$

当河流系统处于不同的健康状态时，其退化速度临界值 ΔRP_S 可以根据不同状态分别设置。当多个河流系统处于相同的健康状态时，就可以根据其退化速度临界值 ΔRP_S 进行排序，从而优先整治和修复处于最不利状态的河流系统。这对于同一流域中不同河流系统的综合整治与生态修复尤为重要。

综上可以看出，判断河流系统健康处于何种状态是进行预警的前提和基础。也就是需要确定河流系统健康指数对应于不同状态时的临界值，这个临界值在预警理论中称之为警限，而河流系统不同的健康状态也称之为警度。因此，预警指标体系中不同警度警限的确定是河流系统健康预警的一个关键环节。

7.4.2 警限的设置原则与依据

警限是判断河流系统健康预警指标体系中警情和警兆指标代表对象所处状态的重要参数，其设置的是否科学合理会直接影响到预警结果的真实性和可靠性。而警度则与警限的划分密切相关，二者共同组成一个完整的预警准则。

7.4.2.1 警限的设置原则

由于气候、地理、社会经济发展目标和发展程度的不同，使得不同区域的河流系统差异性十分显著，这也造成河流系统健康预警指标体系中相关指标警限的设置不可能具有普遍的适用性和一致性，应结合目标河流系统的具体情况，综合考虑利用不同的方法，从多方面进行分析比较。一般而言，在设置预警指标的警限时应遵循以下原则。

1. 科学合理性

警限设置的科学合理性包括两方面的含义。

(1) 不能过于宽松。所谓过于宽松就是指警限阈值的设置过高，实质上是认为降低了警患的威胁程度。一方面造成实际上很难导致达到预警的门槛从而容易出现漏警的情况，也就是在危险发生前未能发出预警信号，丧失了预警的作用；另一方面也会造成一旦出现警情就会是非常严重的情况，容易丧失提前消除严重或恶劣警患的机会。

(2) 不能过于严格。所谓过于严格就是指警限阈值设置得过低，也就是人为提高了警患的威胁程度。后果是造成预警系统在并未产生严重后果的情况下就发出预警信号，使得相关管控人员必须频繁采取应对措施，不但会浪费大量的人力、物力，而且也会降低人们对预警体系的信任。

另外，不同警度之间的警限阈值设置应该适当区隔，避免造成预警混乱。

因此，预警指标的警限设置既要能满足及时发出预警信息的要求，也要避免无谓的、频繁报警的现象出现。

2. 时空差异性

由于地理环境的差异性、季节的演替及社会需求的不同，河流系统的健康具有时间变

异性和空间变异性特征。因此，针对每一个具体的河流系统，其预警指标不同警度的警限设置无法采用统一的标准，需要结合预警目的综合考虑警限的时空变化。例如，对于城市防洪，世界各国所采用的防洪标准也不尽相同：美国20世纪50年代规定了江河防洪标准一般采用历史最大洪水，对密西西比河采用比历史最大洪水大25%的计划洪水，高于100年一遇，20世纪60年代实行洪泛区管理后，以100年一遇作为洪泛区建筑物防洪标准。在美国城市防洪一般采用100～500年一遇标准，美国陆军工程师兵团建议城市防洪标准为200年一遇，实际一些人口为2万～3万人的县城自定义为100年一遇，农村地区为50年一遇。日本20世纪60年代规定，一级河流防200年一遇的洪水，二级河流防100年一遇的洪水，次要河流防50年一遇的洪水。印度对重要流域堤防防洪标准为50年一遇，农村堤防20年一遇。孟加拉国主要堤防按100年一遇洪水设计。苏联建筑法规规定在25年一遇的洪水位以下的地区不得设居民区，一些大城市的防洪标准在100～1000年一遇（程光明，1998）。

3. 动态性

随着河流系统在自然和人工干预下的演变、人类科学技术水平的提升和人类对河流系统健康认识的深入，某些预警指标不同警度的警限值设置也需要随之调整。如对水资源利用效率（包括污水处理能力、水的重复利用率等）的提高，会增加河流水资源的利用率；由于人口的增加、社会经济的发展，对区域防洪的要求也会随之提高；另外，随着科学技术水平的提高和社会需求的变化，部分预警指标的评价标准也会随之发生变化，如《防洪标准》就先后经历了两次修订（GB 50201—94 和 GB 50201—2014）。因此，预警指标的警限应根据实际情况及时进行动态调整，以满足河流系统健康预警的需要。

7.4.2.2　警限的设置依据

对于河流系统健康预警指标警限的设置，目前并无成熟的、明确的规范或标准，大多数都是根据目标河流系统的实际情况，在综合相关研究成果、行业规范标准及专家判断等基础上确定不同警度的警限。常见的警限设置方法如下。

1. 依据现有国家、行业或地方标准和规范

例如对于河流水质可以根据国家标准《地表水环境质量标准》（GB 3838—2002）、《景观娱乐用水水质标准》（GB 12941—91）等进行警限设置，而防洪则可以根据《防洪标准》（GB 50201—2014）进行不同警度的警限设置。另外，还可以根据行业规范标准、地方政府颁布的规范标准等进行警限设置。

国家、行业和地方制定的相关标准和规范，不但有坚实的理论基础，而且也吸收了经过长期实践检验的经验知识，高度结合了理论与实践的优点，特别是行业和地方标准、规范都具有很强的针对性。因此这些相关标准和规范一般是警限设置的首选方法。

2. 基于目前河流管理中广泛使用的标准

河流建设与管理过程中广泛使用的一些标准虽然不属于正式的行业标准或规范，但都经过长期的实践检验，在行业内应用广泛并得到行业认可，在此基础上进行警限的设置可以得到大多数人的认可。例如：目前对河道生态需水量的评估方法多样且并无统一标准，但 Tennant 方法的评价标准得到行业内大多数研究者的认可。因此，预警指标——河道生态需水量不同警度的警限就可以依据 Tennant 方法的评价标准进行设置。

3. 基于历史调查数据资料

如果目标河流系统具备较为完善和系统的历史调查资料，则可以利用这些历史调查数据资料作为相关预警指标不同警度的警限设置依据。根据历史调查资料内容的完整性，可以有以下几种利用方式。

(1) 在对目标河流所在生态分区实施背景调查的基础上，通过频率分析的方法确定参考点，然后再根据参考点状况确定相应的参考标准。如针对反映河流中水中生物的预警指标，可以通过事先调查把所有样点上的人类活动强度按由弱到强进行排序，并选择其中前5%～10%的样点（也即是较少或无人类活动影响）作为参考点，并把这些参考点上的水生生物状态作为参考标准。

(2) 基于全国范围的典型专项调查数据及评估成果确定标准。例如：对于流量变异程度指标可以根据1956—2000年全国重点水文站点的实测径流与天然径流资料确定河流的基准流量，并在此基础上确定不同警度的警限。

(3) 基于历史调查数据（20世纪80年代以前）作为目标河流系统某些预警指标的背景或本底标准。例如：我国曾在20世纪80年代对全国主要河流流域的鱼类资源实施了普查，相关的调查资料成果可以作为鱼类预警指标的背景值，并根据现有情况设置不同警度的警限。

(4) 如果目标河流的历史统计资料相对完整，则可以选择该河流历史上某一时期的自然生态环境状况作为当前河流自然生态子系统的参照标准。利用这种方法确定预警指标的警限虽然简单、经济，但其对历史统计资料的完整性、准确性和可靠性有较高的要求，且无法检验。另外，这种方法也忽略了河流系统是不断变化的、始终处于动态演化的进程中，河流的历史状况是无法准确地反映和代表现在河流的理想状况。

4. 参考国内外已有研究成果

国外在河流生态系统健康评价方面开展了大量的研究工作，并建立了较为实用的健康等级评价标准。因此，河流自然生态子系统方面的预警指标的警限设置就可以参考这些已有的评价标准。如河流物理结构形态方面的部分预警指标，其不同警度的警限设置可以参考ISC方法中河流物理形态健康的等级划分标准。

另外，也可以选择与目标河流系统的自然生态和社会发展状况相类似、河床演变和功能状态良好的另一河流系统作为参照，进行预警指标的警限设置。

利用国内外已有研究成果或类似河流系统进行警限设置的方法，不但简单易行，而且通俗易懂容易被各方接受，但其忽略了河流系统健康的空间异质性，这些差异在某些情况下可能会对河流系统健康预警带来一定的偏差。

5. 基于专家咨询或管理预期目标

对于定性类的或某些缺乏划分标准的预警指标，还可以通过向熟悉目标河流系统和具备相应专长的专家群咨询确定警限。对于主观性较强的预警指标，也可以扩大咨询规模，通过公众调查的方式予以确定不同警度的警限，如对于景观指标警限的设置。另外，对于河流系统中某个或某些预警指标，由于社会经济等方面的原因需要设置具体的管理预期目标，则其不同警度的警限设置必须依据管理目标来实施。

专家咨询法是针对目标河流的历史资料、现存问题和未来可能出现的问题，通过专家的专业知识和经验，对不同警度警限的设置给出相应的标准。但该方法存在很强的主观性，警限阈值的设置反映了专家的认知和偏好。公众参与的方法只适合与公众直接相关的、主观性很强的预警指标警限的设置，不适宜大范围使用，如公众的满意度等。河流的管理预期目标是河流管理者在综合考虑的基础上提出的针对河流系统某一因素或几个因素的具体要求，一般都是河流系统功能中最为关键的部分。因此，根据河流管理目标确定预警指标不同警度的警限，是警限设置的关键方法之一。

上述警限的设置方法各有优缺点，对于河流系统健康预警指标体系中不同预警指标警限的设置，可以根据各预警指标的实际情况综合考虑，选取适宜的方法。

7.4.3　警情指标的警限与警度

河流系统健康预警是以河流系统健康评价为前提和基础的，因此预警警限可以依据河流系统健康评价标准进行设置。因为河流系统健康标准反映了人类对河流系统健康状态的认识与需求，而河流系统健康预警也是对未来可能发生的健康问题作出预先警报。故将两者联系起来，以河流系统健康的等级标准作为警限，它简洁易行，有明确的定量标准，具有较好的适用性。根据第4章4.3.2节中的表4-2，表征河流系统健康状况的河流系统健康指标的警度和警限见表7-6。

表7-6　河流系统健康指标的警度与警限

等级	健康	亚健康	轻度病变	重度病变	病危
警度	无警	轻警	中警	重警	巨警
警限	≥80	≥60	≥40	≥20	<20
预警信号	绿色	蓝色	黄色	橙色	红色

7.4.4　警兆指标的警限与警度

为了和警情指标的警度划分保持一致，同时也便于后续分析，警兆指标的警度同样也划分为五个级别：无警、轻警、中警、重警、巨警，相应的预警信号则为：绿色、蓝色、黄色、橙色、红色。在警限设置原则的基础上，根据警限设置的不同方法，确定了河流系统健康警兆指标体系中各指标不同警度的警限，见表7-7和表7-8。

表7-7　河流自然生态子系统预警指标的警度与警限

警限 / 警度 指标		无警（安全）	有警			
		无警	轻警	中警	重警	巨警
蜿蜒度变化度		<1%	3%	5%	10%	>10%
横向连通性		≥80%	60%	40%	20%	<20%
纵向连通性		≥90	75	50	30	<30
垂向连通性		≥80%	60%	40%	20%	<20%
河岸带宽度	R_W[①]>15m	≥3W_B[②]	1.5W_B	0.5W_B	0.25W_B	<0.25W_B
	R_W<15m	≥40.0m	30.0m	10.0m	5.0m	<5.0m

续表

警限 警度 指标	无警（安全）	有警			
	无警	轻警	中警	重警	巨警
河岸岸坡稳定性	≥90	75	50	25	<25
河岸植被覆盖度	≥75%	60%	40%	20%	<20%
河岸带植被的纵向连续性	=100	75	50	25	<25
植被覆盖的垂向结构完整性	≥90	75	50	25	<25
河岸带本土植被情况	100%	90%	60%	40%	<40%
河岸带免人工干扰程度评分	≥90	75	50	25	<25
生态需水量保障	=100	80	60	40	<40
流量过程变异	≤0.1	0.3	1.0	2.0	>2.0
输沙量变异	≤0.1	0.3	1.0	2.0	>2.0
鱼类损失指数	≤5%	20%	30%	40%	>40%
珍稀鱼类的保护	≥95	80	60	40	<40
预警信号	绿灯	蓝灯	黄灯	橙灯	红灯

① R_W 为河宽。

② W_B 为基础流量宽度，是多年平均流量时的河道平均宽度。

表 7-8　河流系统人类活动、社会服务及人类发展水平预警指标的警度与警限

警限 警度 指标	无警（安全）	有警			
	无警	轻警	中警	重警	巨警
防洪堤防达标率	≥95%	85%	60%	40%	<40%
水资源开发利用率	≤20%	30%	40%	50%	>50%
水能开发达标率	=100%	90%	60%	30%	<30%
通航保证率	≥95%	80%	65%	50%	<50%
水质	优（100）	良好（80）	轻度污染（60）	中度污染（40）	重度污染（<40）
休闲娱乐指数	>80	60	40	20	<20
相对丰富度指数	≥0.8	0.6	0.4	0.2	<0.2
公众满意度	≥90%	75%	50%	30%	<30%
人类发展指数	≥0.80	0.70	0.55	0.35	<0.35
预警信号	绿灯	蓝灯	黄灯	橙灯	红灯

上述预警指标的警限设置，大部分指标属于通用性的指标，但也有部分指标可以根据目标河流系统的特点进行调整，特别是一些评分性指标或具有地域特色的指标：如珍稀鱼类的保护、水能利用、休闲娱乐、公众满意度等。另外，对于水质的评价，如果河流设置了水功能区划，则警限的设置需要根据水质是否达到水功能区划对水质要求来实施。因此，在针对具体河流系统时，预警指标不同警度的警限设置需要与河流系统的实际情况相结合，对预警指标或警限设置进行调整。

第8章 东江河流系统健康预警

8.1 东江河流系统概况

8.1.1 自然地理及气候条件

8.1.1.1 自然地理

东江流域位于珠江三角洲的东北端，南临南海并毗邻香港，西南部紧靠华南最大的经济中心广州市，西北部与粤北山区韶关和清远两市相接，东部与粤东梅汕地区为邻，北部与赣南地区的安远县相接，地理坐标为东经113°52′～115°52′、北纬22°38′～25°14′。东江流域地势整体呈现东北部高，西南部低。高程50～500m的丘陵及低山区约占78.1%，高程50m以下的平原地区约占14.4%，高程500m以上的山区约占7.5%。

东江流域的区域地质，上、中游以下古生界地层较发育，上中生界地层及中、新界地层分布较少。由于东江干流及部分支流上游，古生界地层构造复杂，风化深厚，在某些特定条件下（如水库蓄水），会发生水库诱发地震。

流域内土壤主要分为四大类：壤土、沙质土、水稻土、冲积土。土壤的大致分布区域为：在平原地区、沿江两岸地区主要为水稻土和冲积土，在丘陵山区主要为泥炭土，在丘陵地区主要为红壤、黄壤、紫色土和潮沙泥土等。流域内土壤容重适中，通透性好，普遍呈酸性反应，自然肥力较高。

东江流域植被属南亚热带季雨常绿阔叶林和南亚热带草被及人工营造的针叶林，常年青绿，植被类型较为单一，主要有马尾松和桉树等。经过近十多年的封山造林绿化和水土流失治理，流域内大部分山地、丘陵已基本绿化，森林覆盖度达到68.77%。

8.1.1.2 水文气象

东江流域地处低纬度区域，北回归线横贯其中，又南部临海，域内雨量充沛，阳光充足，四季常青，属南亚热带季风气候区，高温、多雨、湿润，具有明显的干、湿季节。气温受自然地理和地形、地貌的影响，北部山区和东南沿海差异较大。

东江水系主要支流自上而下有安远水、浰江、新丰江、船塘河、秋香江、公庄河、西枝江、淡水河和石马河等，流域内石龙以上现设有国家雨量站89个、国家水文站10个、国家水位站9个。东江流域水系及水文站点分布如图8-1所示。

1. 降水

东江流域内降水较为丰沛。据统计流域内年平均雨量为1500～2400mm，多年平均降雨量为1795mm（1956—2005年）。降雨的面上分布一般是中下游比上游多，西南多、东北少，由南向北递减。降雨年内分配不均，其中4—9月占全年的80%以上。因此年内降

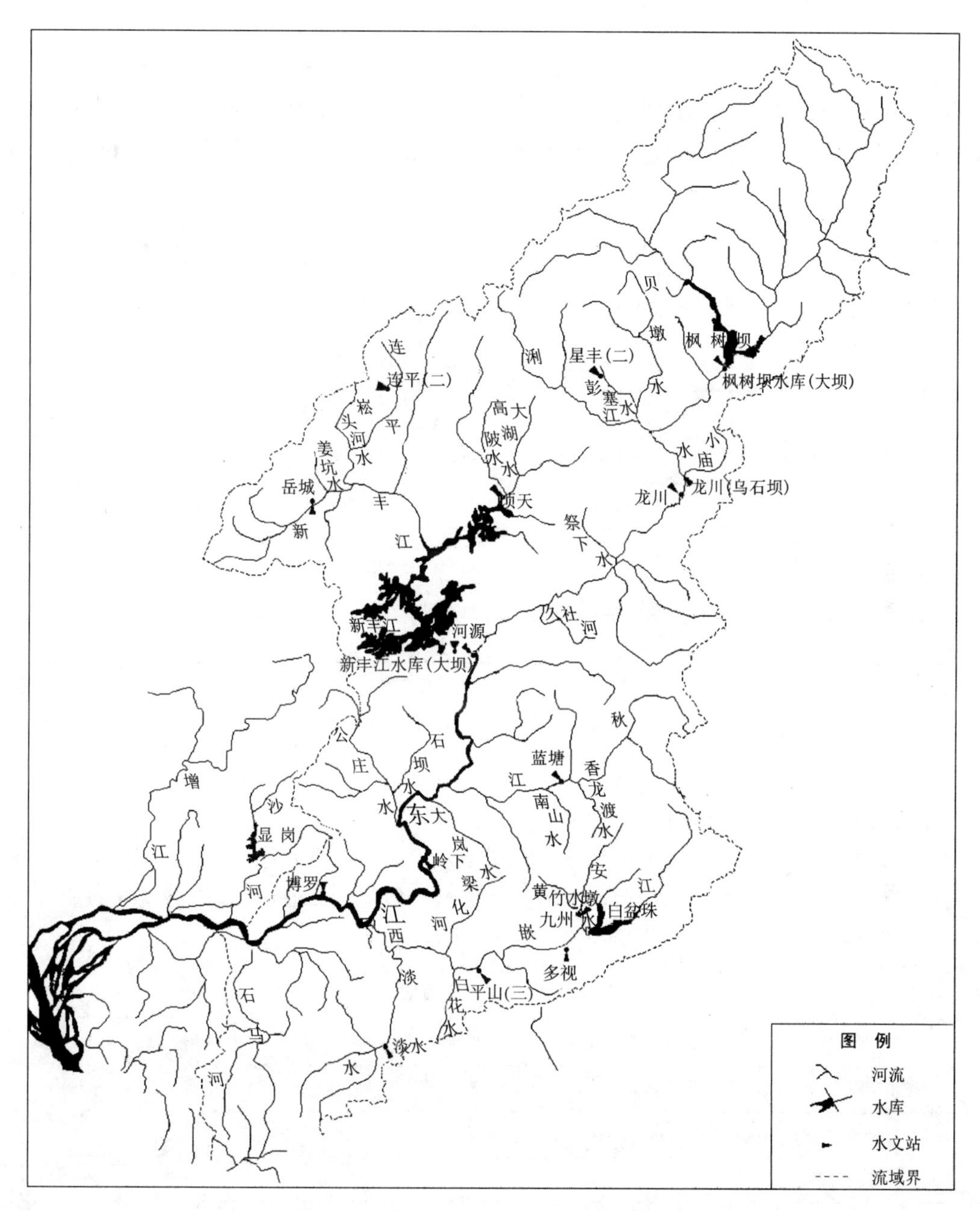

图 8-1　东江流域水系及水文站点分布图

雨量分布基本呈双峰型，第一个高峰值一般发生在前汛期的 6 月；第二个高峰值一般发生在后汛期的 8 月。大部分地方前汛期降雨量大于后汛期，占年降雨量的五成左右。

2. 气温和蒸发量

受海洋性气候影响，流域内年气温变化不大，但地区变化较大。在北部山区冬季有冰西南部较为罕见。多年平均气温为 20～22℃。无霜期长，北部山区无霜期平均为 275 天，南部无霜期长达 350 天。多年平均日照时数为 1680～1950h 之间。可谓冬无严寒，夏无酷暑，气候宜人。

广东省东江流域蒸发分布趋势：西南多、东北少，但地区变化幅度不太大。流域年蒸发能力（近似以 E601 型水面蒸发量代替）为 980～1150mm，年平均值为 1100mm，其中博罗站年均蒸发能力为 1150mm，为流域最高值，龙川站年均蒸发能力为 980mm，为流域最低值。

3. 水位

东江干、支流上游山区河流，由于河窄坡陡，洪水暴涨暴落，水位变化较大；东江干流中、下游，由于河宽坡缓，水位变化较小。东江干流主要测站实测水位特征值见表 8－1。

表 8－1　　东江干流主要测站实测水位特征值　　基面：珠基

站　名		龙川	河源	惠阳	博罗	石龙（樊屋）
统计年限		1951—2010	1950—2010	1950—2010	1953—2010	1955—2010
最高	水位/m	73.73	41.13	17.57	15.68	7.82
	出现时间	1964－6－16	1964－6－16	1959－6－16	1959－6－16	1959－6－16
最低	水位/m	63.07	30.18	5.82	4.58	－0.15
	出现时间	1963－6－2	1960－3－11	1997－3－5	1955－5－5	1972－3－24

4. 流量

东江洪水主要是锋面雨和台风雨所造成，前汛期（4—6 月）主要是锋面雨洪水，后汛期（7—9 月）主要是台风雨洪水，其特点是：山区河流汇流时间短，峰值大，易涨易退；干流峰高、量大，持续时间长，易造成洪涝灾害。

东江最枯流量，在未建新丰江水库、枫树坝水库和白盆珠水库“三大水库”以前，枯水流量较小，东江三大水库建成后，干流枯水流量一般可达 200～300m^3/s 甚至以上。

东江干流主要测站实测流量特征值见表 8－2。

表 8－2　　东江干流主要测站实测流量特征值

站　名		龙川	河源	岭下	博罗
统计年限		1952—2010	1943—2010	1953—2010	1954—2010
最高	流量/(m^3/s)	11000	9560	10900	12800
	出现时间	1964－6－16	1964－6－16	1959－6－16	1959－6－16
最低	流量/(m^3/s)	5.3	18.0	25.6	23.1
	出现时间	1977－5－10	1991－7－11	1955－5－3	1960－3－11

5. 泥沙

东江流域植被尚好，河流含沙量不多。据博罗站 1954—2002 年资料统计，多年平均含沙量为 0.103kg/m^3。多年平均输沙量为 247.4 万 t，最大年输沙量为 1959 年的 580.0 万 t，最小为 1963 年的 32.5 万 t。由于 20 世纪 80 年代末至 90 年代初在东江下游及三角洲河段大量采砂，河流输沙量补充不足，造成东江下游河段的河床下切，河槽失沙严重。

8.1.2 流域社会经济状况

8.1.2.1 行政区划和人口

东江流域分属广东、江西2省，广东境内包括河源市的源城区、东源县、和平县、连平县、龙川县、紫金县，韶关市的新丰县，梅州市的兴宁市，广州市的增城区，惠州市的惠城区、惠阳区、惠东县、博罗县、龙门县，东莞市，深圳市。

根据《2013广东统计年鉴》，广东省东江流域常住总人口达3453.26万人，其中深圳、东莞市的人口数最多，韶关市的新丰县、梅州市的兴宁市最少。全流域城镇化水平平均为75.94%，城镇化水平最高的2市为深圳、东莞，其中深圳市达到100%。2012年东江流域内各行政区域人口分布特征见表8-3。

表8-3　2012年东江流域内各行政区域人口分布特征

市别	常住总人口/万人	城镇人口/万人	农村人口/万人	城镇化水平/%
河源	301.01	121.79	179.22	40.46
惠州	467.40	298.67	168.73	63.90
东莞	829.23	735.28	93.95	88.67
韶关	286.87	152.90	133.97	53.30
梅州	429.41	187.09	242.32	43.57
深圳	1054.74	1054.74	0.00	100.00
广州增城	84.60	71.93	12.67	85.02
合计	3453.26	2622.4	830.86	75.94

注　表中数据均来自《2013广东统计年鉴》。

8.1.2.2 经济发展水平

2012年，广东省东江流域地区生产总值约为21894.12亿元，人均GDP约为7.64万元。人均GDP最高的为深圳市，其次为广州、东莞市，梅州市的兴宁市人均GDP为流域内最低。2012年广东省东江流域各行政区经济发展水平见表8-4。

表8-4　2012年广东省东江流域经济发展情况

行政区	第一产业/万元	第二产业/万元	第三产业/万元	GDP/万元	人均GDP/元
梅州兴宁	339018	395368	500297	1234683	12704
河源	702680	2423533	2184755	5310968	17727
韶关新丰	90458	202755	159429	452642	21715
惠州	1245643	14167761	8424482	23837886	51222
东莞	187556	23756366	26157806	50101727	60557
深圳	63018	57376373	72061210	129500601	123247
广州增城	490557	5149097	2863043	8502697	81342
总计/平均	3118930	103471253	112351022	218941204	76402

注　表中数据来自《2013广东统计年鉴》。

8.1.3　流域水利工程建设情况

东江流域内已建的大型水利工程和跨流域引水工程主要有新丰江水库、枫树坝水库、白盆珠水库、东深供水工程、东引工程等。经过五十多年来大规模的水利建设，东江流域除了建成了上述骨干工程以外，还筑成江河堤防 213 条，共长 956.35km；建成大型水库 5 座，中型水库 53 座，小（1）型以下水库 840 座，总库容 190.20 亿 m^3；引水工程 6108 项，流量 100.8m^3/s；建起机电排灌站 129 座共装机容量 9.82 万 kW；兴办水电站 702 座，总装机容量 70.76 万 kW，年发电量 26.44 亿 kW·h；水土流失治理面积 1817km^2。

截至 2019 年年末，东江干流枫树坝以下建成或在建电站共有 12 个梯级，其中河源市有 11 个梯级电站：龙潭、稔坑、罗营口、苏雷坝（未运行）、枕头寨、柳城、蓝口、义合、木京、风光、沥口（未运行）；惠州市有 1 个梯级电站：剑潭。上述各梯级电站，除个别河段为满足航道渠化需进行少量的疏浚以外，各梯级之间水位基本可以衔接。东江干流已建梯级开发工程特性见表 8-5。

表 8-5　　　　东江干流已建梯级开发工程特性表

项　目	单位	龙潭	稔坑	罗营口	苏雷坝（未运行）	枕头寨	柳城	蓝口	义合	木京	风光水利枢纽	沥口（未运行）	剑潭
地理位置		龙川县黎咀镇	龙川县黄石镇黄榜村	和平县东水镇罗方村	龙川县苏雷坝村	龙川县城郊	东源县柳城镇	东源县黄田镇白坭塘	东源县黄田镇桂花村	东源县仙塘镇木京村	源城区风光村	紫金县沥口村	惠城区泗湄洲
开发任务		发电、航运	发电、航运、灌溉、反调节	发电、航运、灌溉	发电、航运、灌溉	发电、航运、灌溉	发电、航运、灌溉	发电、航运、灌溉	发电、航运、灌溉	发电、航运、灌溉	发电、航运、灌溉、供水、反调节	发电、航运、灌溉	改善水环境、发电、航运
建设情况		已建	已建	已建	在建	已建	已建	已建	已建	已建	已建	在建	已建
坝址以上流域面积	km^2	5363	5500	7360	7476	7900	8153	9184	9428	9830	16304	17124	25325
多年平均年径流量	亿 m^3	40.37	43.00	64.21	58.40	64.60	67.46	72.37	84.57	82.30	125.80	133.90	197.30
多年平均流量	m^3/s	128.00	140.80	203.62	213.00	205.00	213.90	242.60	268.00	260.00	526.00	552.00	738.70
正常蓄水位	m	90.50	84.50	77.00	72.00	67.00	60.00	54.00	48.00	42.00	34.20	26.50	10.50
利用水头	m	5.18	6.00	4.16	4.40	4.50	5.00	5.00	5.00	5.20	4.00	5.00	4.00
装机容量	万 kW	1.40	2.01	1.50	1.50	1.80	2.55	2.60	2.00	3.00	2.49	3.50	4.60
多年平均发电量	亿 kW·h	0.5532	0.6991	0.6416	0.6056	0.7903	0.8254	0.845	0.9358	1.08	1.51	1.8	2.67
年利用小时	h	3735	2796	3893	3571	5206	3343	3250	3250	3600	6061	5143	5806
工程等别		Ⅲ	Ⅰ	Ⅰ	Ⅰ	Ⅲ	Ⅲ	Ⅲ	Ⅰ	Ⅲ	Ⅰ	Ⅲ	Ⅰ
设计洪水重现期	年	30	50	30	50	30	30	30	50	30	50	50	50
设计洪水流量	m^3/s	5510	6492	6103	6940	6180	6315	6620	7680	7143	10021	10173	10533
校核洪水重现期	年	100	200	100	200	100	100	100	200	100	200	200	200
校核洪水流量	m^3/s	6877	7620	8120	9250	8330	8469	8786	10200	9550	11763	11900	12070

续表

项　目	单位	龙潭	稔坑	罗营口	苏雷坝（未运行）	枕头寨	柳城	蓝口	义合	木京	风光水利枢纽	沥口（未运行）	剑潭
拦河闸孔数	孔	7	11	14	15	24	14	14	13	15	20	19	21
拦河闸每孔净宽	m	15	14	14	14	8.51	14	14	14	14	14	14	14
闸槛高程	m	85	77	75.5	67	63.8				35			
闸顶高程	m	100.5	91	87.8		70				46.5			
通航船只吨级	t	50	50	50	50	100	300	300	100	100	300	300	500
淹没土地	亩	649	1931	1530	476	1475	480	212	128	7871	3706	2396	300

8.1.4 东江水资源状况

8.1.4.1 水资源总量

广东省东江流域多年平均（1956—2000 年）水资源总量为 330.1 亿 m^3，其中地表水资源量为 329.5 亿 m^3，地下水资源量为 83.83 亿 m^3，地表水资源量与地下水资源量间的不重复计算量为 0.68 亿 m^3。

以 2007 年年末常住人口计算，东江流域多年平均人均水资源量为 1471.1m^3/人，低于全省 1952m^3/人的平均水平。同时，流域内不同地区的人均水资源量差异明显，呈现由上游向下游不均匀减少的趋势，最小的深圳市和东莞市分别仅为 243.2m^3/人和 328.3m^3/人，远低于流域平均水平。

根据《广东省东江流域水资源分配方案报告书》，河源、岭下、博罗、麒麟咀四站在 50%、75%、90%、97%的年来水频率下的水资源可利用量见表 8-6。

表 8-6　东江主要水文站不同年来水频率下水资源可利用量　单位：亿 m^3/a

项　目		河源	岭下	博罗	麒麟咀
天然平均年流量		149.80	196.72	240.66	40.17
实测平均年流量		144.87	232.57	232.57	38.55
生态基流		22.47	29.51	36.10	6.03
压咸用水		29.02	37.87	46.66	
生态用水		31.70	41.98	51.56	
水资源可利用量	50%	61.29	101.11	145.09	19.24
	75%	53.44	83.48	123.04	17.15
	90%	43.81	71.76	94.34	14.98
	97%	29.49	49.97	64.94	11.93

从产水模数与省内其他流域的比较来看，广东省东江流域的产水模数仅次于北江流域和粤东沿海诸河，单位面积产水量较大，但由于人口众多，其人均水资源占有量低于全省平均水平。另外，广东省东江流域人口分布极不均匀，地域较广、水资源总量相对丰富的流域中上游地区常住人口数量不到全流域的 1/3，人均水资源量较为丰富；而东江三角洲

地区水资源总量本身并不丰富，加之人口稠密，广东省东江流域超过 70％的常住人口分布于此，人均水资源量极为紧缺。

广东省东江流域的水资源除满足本流域内工农业生产、生活用水外，还担负着向流域外供水的任务，人均水资源量本已不丰富，供水压力较大；随着人口的不断增长、流域内外各用水部门用水量的增加，东江水资源的开发利用已基本达到其可利用量的极限，尤以三角洲地区水资源的供需形势最为紧迫。

8.1.4.2　水资源分区

广东省东江流域水资源三级区包括东江秋香江口以上、东江秋香江口以下、东江三角洲 3 个单元，并进一步分为 8 个四级区，24 个五级区。具体情况见表 8－7。

表 8－7　　东江流域水资源分区

水资源三级区	水资源四级区	水资源五级区
东江秋香江口以上	东江上游	枫树坝以上梅州兴宁
		枫树坝以上河源龙川
		枫树坝以上河源和平
	东江中游	河源龙川
		河源和平
		河源东源
		河源紫金
		河源市区
	新丰江	河源连平
		河源和平
		河源东源
		韶关新丰
东江秋香江口以下	东江下游	惠州博罗
		惠州市区
		惠州惠东
		惠州惠阳区
		惠州龙门
		深圳
		东莞
东江三角洲	东江三角洲惠州	博罗
		龙门
	东江三角洲广州	增城
	东江三角洲东莞	东莞
	东江三角洲深圳	深圳

8.1.4.3　水功能区划分

根据《关于印发广东省水功能区划的通知》（粤水资源〔2007〕6 号），东江水系水功

能区划分为74个一级水功能区，12个保护区，49个开发利用区。具体划分情况如下。

(1) 东江水系共划分74个一级水功能区。其中水库一级功能区45个，湖泊一级水功能区1个。

(2) 保护区12个。其中1个属于自然保护区水域，即东江干流佗城保护区，是珍贵的鼋资源自然保护区；大型供水水源地及输水线路和水库保护区3个，即东深供水水源地和东深供水渠保护区、新丰江水库保护区；其余为源头水保护区。保护区水质保护目标均为Ⅱ类。缓冲区3个，长度为14km，即浔邬水赣粤缓冲区、安远水赣粤缓冲区和东江干流博罗-潼湖缓冲区。保留区11个，其中3个为水库保留区。

(3) 开发利用区49个。其中水库开发利用区41个、湖泊开发利用区1个。干流上划分出3个开发利用区，其余均在支流上。规划水平年水质目标除淡水河深圳-惠阳开发利用区为Ⅲ～Ⅴ类，其他均在Ⅱ～Ⅲ类。41个水库开发利用区规划水平年水质目标均为Ⅱ类。湖泊开发利用区为西湖开发利用区，其主要功能为旅游景观，规划水平水质目标为Ⅲ类。

8.1.4.4 水环境状况[1]

东江流域的水环境状况将从江河湖库水体水质和水功能区水质两方面进行描述。江河湖库水体水质评价采用单因子指数法，以Ⅲ类水质作为是否超标的判定标准。水功能区水质达标分析用水功能区内或附近的水质断面水质代表该水功能区的水质状况，以《广东省水功能区划》2020年水质管理目标水质作为是否达标的判定标准。上述水质评价分析依据《地表水资源质量评价技术规程》(SL 395—2007)，执行《地表水环境质量标准》(GB 3838—2002)。

1. 江河湖库水体水质

2014年第一季度参与评价水质监测断面共55个，其中河流断面37个，水库断面17个，湖泊断面1个。水质为Ⅰ～Ⅲ类（优于Ⅲ类（含），下同）的断面有35个，占63.6%，较2013年同期上升3.2%；Ⅳ～劣Ⅴ类（劣于Ⅲ类，下同）的断面有20个，占36.4%。监测评价总河长1483km，其中水质优于Ⅲ类河长1105km，占74.5%，较2013年同期上升1.8%。

(1) 省、市界水质。2014年第一季度两个省界断面水质未达标，寻乌水和安远水均为Ⅴ类，主要超标项目为氨氮；市界断面水质3个达标，2个未达标，深圳到惠州的两个市界断面水质未达标，主要超标项目为氨氮、化学需氧量、总磷等指标。

(2) 重要城市饮用水水源地水质。2014年第一季度9个重要城市饮用水水源地中有5个优于Ⅲ类，4个劣于Ⅲ类，其中深圳市松子坑水库和铁岗水库为Ⅳ类，西沥水库和石岩水库为Ⅴ类，主要超标项目为总氮。

(3) 东江干流河段水质。东江干流枫树坝水库以下河段水质优于Ⅲ类，寻乌水河段水质为Ⅴ类。东江干流监测评价河长393km，其中Ⅱ类水质河长278km，占70.7%；Ⅲ类水质河长73km，占18.6%，Ⅴ类水质河长42km，占10.7%。

(4) 主要支流水质。共监测15条支流，评价总河长1090km，其中，水质优于Ⅲ类

[1] 水环境状况依据东江2014年第一季度数据资料进行评价。

河长754km，占69.2%，较2013年同期上升2.5%；水质劣于Ⅲ类的河长336km，占30.8%。主要支流中浰江、新丰江、秋香江、西枝江紫溪以上河段、沙河上游、增江水质较好，其他支流水质较差，其中淡水河、西枝江紫溪以下河段和三角洲东莞境内网河区河段污染严重，主要污染指标为氨氮、五日生化需氧量、溶解氧等指标。

（5）水库（湖泊）水质。流域内18个监测水库（湖泊）中，水质优于Ⅲ类的有9个。松子坑水库、铁岗水库、契爷石水库和横岗水库为Ⅳ类，西湖、西沥水库和石岩水库为Ⅴ类，松木山水库和枫树坝水库为劣Ⅴ类，主要超标项目为总氮。营养状态评价方面，中营养状态水库15个，占83.3%，西湖、松木山水库和横岗水库为轻度富营养状态。

2. 水功能区达标情况

2014年第一季度36个河流水功能区中，达标17个，达标率47.2%，其中东江26个水功能区达标13个，东江三角洲10个水功能区达标4个。评价总河长1448km，达标950km，达标率65.6%，其中东江1020km，达标729km；东江三角洲428km，达标221km。东江干流枫树坝至横沥河段、浰江、新丰江、增江水功能区基本达标，其他河段大部分水功能区未达标。

水功能区中保护区8个，达标7个；保留区8个，达标6个；饮用用水区10个，达标3个；工业用水区4个，达标1个；缓冲区、农业用水区、景观用水区和过渡区均未达标。

8.2　东江河流系统健康预警的概念

8.2.1　东江河流系统健康预警内涵

8.2.1.1　东江河流系统健康

东江在广东省社会经济发展中发挥着极其重要的作用，东江河流系统的健康不仅关系到区域社会经济的快速发展，更关系到人民的安居乐业，尤其还关系到香港的繁荣与稳定。东江的水资源已成为香港和东江流域地区的“政治之水、生命之水、经济之水”。《广东省流域综合规划总报告》（2012）指出，2005年以来广东省根据东江流域经济社会发展对水利的新要求，提出了遵循协调发展、适当超前，采用续建、扩建、改建、新建等工程措施和非工程措施相结合的方式，建设适应社会主义市场经济和适应社会发展进程的现代化水利，使东江流域的水资源调配、水利设施及管理总体上达到国内的领先水平，达到人水关系的协调发展，保障社会经济的可持续发展。可以看出，东江流域规划治理的最终目标是要实现东江的健康可持续发展。

东江河流系统具有综合整体性、有机关联性、发展的动态性、发展的有序性和抗干扰性等系统特征。这些系统特征是通过东江河流系统的结构与功能体现出来的，同时东江河流系统的结构与功能决定了河流系统的状态。一方面，东江发源于江西省寻乌县桠髻钵山，沿西南方向进入广东省境内，最后在珠江三角洲地区入海，其上游属于山区地形，而东江的中下游却属于冲积平原地带，造成不同区域的河段在形态结构上有较大差异，使得其所能提供的社会服务功能差别也较大。另一方面，在东江流域利用水能进行水力发电

时，修建的挡水坝抬高上游水位，使得上游河道过流断面发生改变、水流变缓；同时清水下泄容易造成下游河道下切、河口咸水入侵等，从而影响到东江河势的演变、水环境的质量，导致东江河流结构发生变化、水生生物群落也发生改变。因此，对于维持和保护东江河流系统的健康，既需要物理形态结构处于健康状态，同时也要求河流各项功能也处于健康状态，使东江河流系统所具有的物理结构和各项功能都处于良好状态。健康的东江河流系统不但可以保持合理的结构状态，正常发挥其在自然生态环境演替中的各项功能和社会服务功能（包括为水生生物提供良好的栖息环境，满足在现有社会发展水平之下社会经济发展对河流系统资源的合理需求），而且还能维持河流自身的可持续发展，由此来保证东江河流资源可持续开发利用目标的实现。

东江流域内的人类社会作为东江河流系统中的主体，东江的健康状态与人类的技术发展水平、生活质量水平息息相关。因此，健康的东江河流系统不仅需要健康的河流自然生态子系统，同时也必须维持一个健康的河流社会子系统，两者缺一不可。也即是说一个健康的东江河流系统不仅可以满足东江流域内社会子系统一定时期、一定数量人口、一定生活水平的适当需求，同时也能够保持东江河流自然生态子系统的可持续发展。因此，结合维护东江“政治之水、生命之水、经济之水”的要求，东江河流系统健康可以界定为：当维持或提高东江流域内社会子系统发展水平的同时，没有超越东江河流自然子系统的资源与环境承载力及其自我调节能力，这时候的东江河流系统就是健康的。健康的东江在促进和提高东江流域内社会子系统的发展水平和活动能力的同时能够维持或提高东江自然生态子系统可持续发展的能力，即健康的东江河流系统是一个人水和谐的系统。具体而言，健康的东江应该就是：维持足够的水量，保证水功能区对水质要求，保持水流的顺畅、生物群落的多样性，维持稳定的岸线和适宜的景观。既能满足防洪供水安全、水力发电、交通航运、景观休闲等人类社会发展的综合需求，又能保持河流结构的完整性、维持生态健康，实现河流系统的可持续发展与利用（吴龙华 等，2015）。

8.2.1.2 东江河流系统健康预警

东江河流系统健康预警就是在河流系统健康预警理论框架的基础上，结合东江河流系统的实际情况和管理需求，对东江河流系统健康状况在未来可能出现的警情提前实施预报。

通过对东江自然生态子系统的自然演变及区域内人类活动对东江河流系统健康正面与负面影响的综合分析，在评估东江河流系统过去和现在健康状况的基础上，对东江河流系统健康状态未来一定时间内的变化趋势、变化速度或状态变化的动态过程实施预测与报警，使得河流管理者能够提前采取针对性的预防或修复措施，避免东江河流系统进入到不健康状态或健康状态进一步恶化。在实施东江河流系统健康预警的过程中，通过评估与预测人类活动对东江的影响，形成东江河流系统健康保护与管理的动态响应机制，有利于河流管理机构制定和实施科学的管理或工程措施。在此基础上，查找确认实际损害或者可能损害东江河流系统健康的主要影响因素，并据此采取科学的人工干预措施对东江进行系统调控，防止或阻止东江向无序化方向发展，并促进东江河流自然生态子系统能够向更复杂、更稳定的方向演变。

总之，对东江河流系统健康状况实施预警的目的就是对东江河流系统健康的状态进行长期的跟踪与分析，不但要满足人水和谐共处、可持续共同发展的宏观要求，而且也要符合东江“政治之水、生命之水、经济之水”的实际情况。其实质就是利用预警科学的基本理论和方法对东江河流系统健康状态的发展趋势进行预判。而实施东江河流系统健康预警就需要建立起一套完整的、适合东江实际情况的并适当超前的东江河流系统健康预警体系。通过东江河流系统健康状态的诊断、警度预报、警源分析等过程，及时预报东江河流系统可能出现的健康警情，为河流管理者提供及时、可靠、准确地反馈调控信息并对人们在河流开发利用过程中可能造成的不利影响提出警示，从而调节和规范区域内人类活动的范围和强度。

8.2.2　东江河流系统健康预警内容

东江河流系统健康的预警是一种广义的预警，它包含了评估河流系统健康状态、查找并确认引发警情的警源、分析与辨识警兆、预报警情的警度及排除警患的全过程。

8.2.2.1　明确警义

东江河流系统健康预警的警义是指东江河流系统在发展变化过程中其健康状态出现警情的含义，一般通过警素和警度来体现。东江河流系统健康预警的警素其实就是东江河流系统在发展变化过程中其健康状态可能出现的危险点或危险区，它是对东江河流系统健康状态的一种反映。为便于定量分析，东江河流系统健康的警素代表值通常可以由能够体现东江河流系统健康特征的指标或指标体系结合一定的数学分析方法来计算得到，用以反映东江河流系统在一定时期内其健康状态出现了什么样的警情。而这些体现东江河流系统健康特征的预警指标或预警指标体系主要从东江河流自然生态子系统、东江流域内的人类活动及人类社会发展水平等方面的指标构成。而警素的严重程度就是所谓的警度，警度反映的是东江河流系统健康的警情处于什么样的状态和程度，也就是警情的大小和严重程度。因此，对于东江河流系统健康预警而言，明确警义实际上就是要确定什么样的东江河流系统才是健康的，以及不同健康状况所对应的警度。

8.2.2.2　寻找警源

寻找警源就是查找导致东江河流系统健康状况向不健康方向发展或进一步恶化的根源。对于东江河流系统而言，其健康警源同样也来源于自然因素与人为因素，而出现的健康警情也是在自然因素与人为因素共同作用下的结果。由于东江流域社会经济的快速发展和人口的迅速增长，人类活动已经成为东江河流系统健康产生病变的主要根源，特别是东江下游地区这种变化尤为显著。因此，在东江河流系统健康预警过程中，寻找警源就查找影响东江河流系统健康的主要影响因素，为后续的人工干预提供科学指导。

8.2.2.3　分辨警兆

在东江河流系统的健康预警过程中，辨识与分析警兆是一个核心环节，直接关系到对东江河流系统健康状态评价准确与否。除非出现大规模的地质气候灾害或是人为事故，才有可能导致东江河流系统的健康状况在短时间内出现剧烈变化。在正常情况下，东江河流系统中潜在的健康警源只有经过一定的量变积累过渡到质变的时候，才会导致警情的暴发。而在警情暴发前的孕育、发展阶段，通常会有警兆出现，也就是在东江河流系统的某些方面或多或少展现出一定的先兆迹象，这也是对东江河流系统健康状况的一种反映与示警。因此，针对在一般情况下可能影响东江河流系统健康的警源，分辨其可能形成的警

兆，并在此基础上建立能够反映这些警源作用效果的警兆指标体系，才有可能实现对东江河流系统健康的评估与预警。

8.2.2.4 预报警度

东江河流系统健康预警的一个重要目的就是预报东江河流系统健康警情的警度。而准确的预报警度就需要确定一个与预警指标体系相适应的合理尺度，作为东江河流系统健康评估的参考标准，并借此判断分析东江河流系统健康的某一警素是否已经出现，以及它的严重程度。在东江河流系统健康预警中，警度划分为5个级别：无警、轻警、中警、重警和巨警。同时，为便于公众了解和识别，对于不同的警度采用相应的预警信号来表示，即绿、蓝、黄、橙和红五种不同颜色的信号灯。

8.2.2.5 排除警患

在预报警度并发出预警信号后，东江的河流管理者需要根据预警信号的等级以及警源查找的结果，对东江河流系统及时采取排警调控措施（包括各种工程措施或非工程措施），以避免警情的发生，从而主动引导东江河流系统步入可持续发展的良性循环轨道。

东江河流系统健康预警流程如图8-2所示。

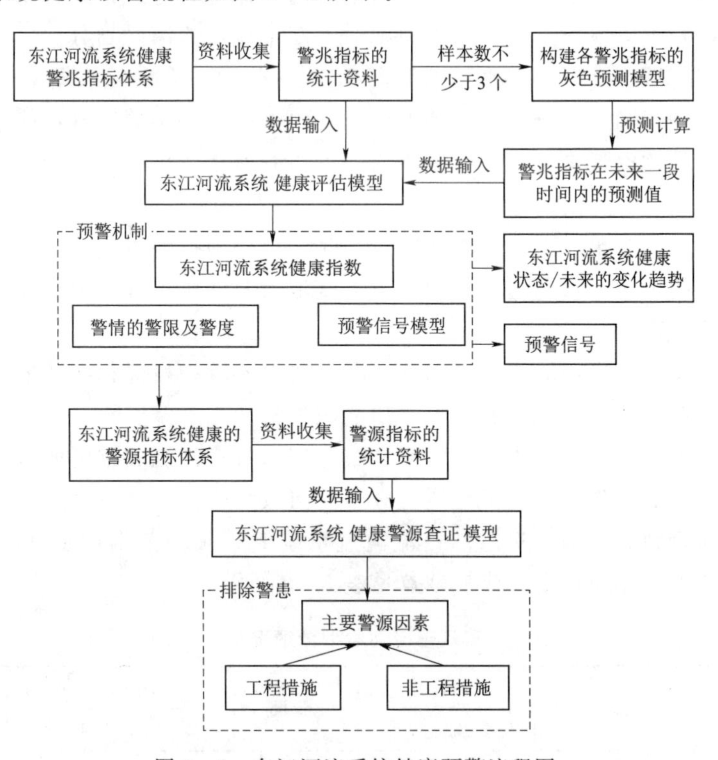

图8-2　东江河流系统健康预警流程图

东江河流系统健康预警过程是在围绕东江河流系统健康评估和警兆指标预测的基础上进行的。根据东江河流系统健康警兆指标体系中各指标在评价时间尺度内的数据资料，利用灰色预测的理论方法分别构建各警兆指标的灰色预测模型，然后利用灰色预测模型对各警兆指标进行预测，在预测资料的基础上再利用东江河流系统健康评估模型进行健康评估，最后根据东江河流系统健康指数、警情的警限和警度设置标准及预警信号模型给出东江河流系统健康状况未来的变化发展趋势和相应的预警信号。在完成对东江河流系统健康的评价后，利用警源查证模型确定影响东江河流系统健康的主要警源因素，然后针对这些警源因素采取工程/非工程措施，完成警患排除。

8.2.3　东江河流系统健康预警尺度

8.2.3.1　空间尺度

东江长度超过500km，支流众多且沿程的自然地理环境、局部小气候、人口密度、社会经济发展水平等方面都有着很大的差异。因此，在研究东江河流系统健康预警过程中将以东江干流作为主要研究对象，以不同的河段为具体预警单元。东江河流系统健康预警的空间尺度将以河流系统与河段为主，同时兼顾流域尺度。

对东江干流实施科学合理的河段划分，可以使得各项预警指标对目标河段综合特征的反映更具代表性考和针对性，也能更好地体现不同河段在结构和功能特征方面的差异，从而准确地反映东江河流系统的健康状况，也能够为东江河流系统健康的保护和管理提供更具针对性的资料。为了便于东江河流系统后期的健康保护与管理，结合东江流域现有和未来可能的监测、管理等情况，按照以下原则对东江干流实施河段划分。

（1）以东江流域水资源水量水质监测断面（图8-3）为主要依据结合水文站点的分布对东江干流段进行河段划分。主要考虑到东江河流系统一个关键的功能是为流域和香港供水，水质和水量的保证是东江河流健康的一个核心所在。另外，利用监控断面和水文站可以获取有较为连续和详细的监测资料。

（2）当河流中某个单一功能区的河段较长时，可以根据河段其间的地理位置变化、珍稀动植物保护区的设置、水源地的保护、干支流汇入及涉水工程规模、分布密度等情况进行适当拆分。

（3）根据东江流域水功能一级区划分情况，对水质保护目标相同、地理环境和社会发展需求相近且没有大的支流汇入的干流水功能区进行适当合并。

（4）根据广东省东江流域主要排污口分布、广东省东江流域重要取水户及取水口位置分布、广东省东江流域重点水源工程位置分布对河段划分位置进行适当调整。

根据上述河段划分原则，对东江干流河流系统健康预警范围初步划分了6个评估河段，各段起始位置、相应长度及代表站点见表8-8及图8-4。

表8-8　东江干流河段划分情况表

河段序号	起点	终点	长度/km	代表站点	
				水文	水质
1	枫树坝坝下	黄沙	136.0	龙川	龙川
2	黄沙	江口	54.5	河源	河源
3	江口	下矶角	41.0	岭下	观音阁
4	下矶角	博罗	62.0	惠阳（二）	虾村
5	博罗	东岸	20.0	博罗	博罗
6	东岸	石龙	35.0	石龙	桥头

图 8-3　东江流域水资源水量水质监控断面分布图

评估河段（枫树坝坝下—黄沙段）包含了 3 个河流一级水功能区，其中 2 个河流保留区（东江干流龙川保留区、东江干流河源保留区）、1 个河流保护区（东江干流佗城保护区）。之所以把这 2 个功能区合并成一个评估河段，主要是考虑到根据广东省河流水功能区一级区划成果表（东江段），这 3 个河流一级水功能区对水质的要求一致，且在该区域内干流上没有大的排污口，同时这一区域梯级电站比较集中，便于集中考虑梯级电站对该段河流系统健康的影响。

8.2.3.2　时间尺度

在对东江河流系统健康实施健康评估、警源查证和健康预警时，特别是预警本身就是对东江河流系统健康状况未来一段时间内变化的预测，这些不但都需要过去一段时间内的

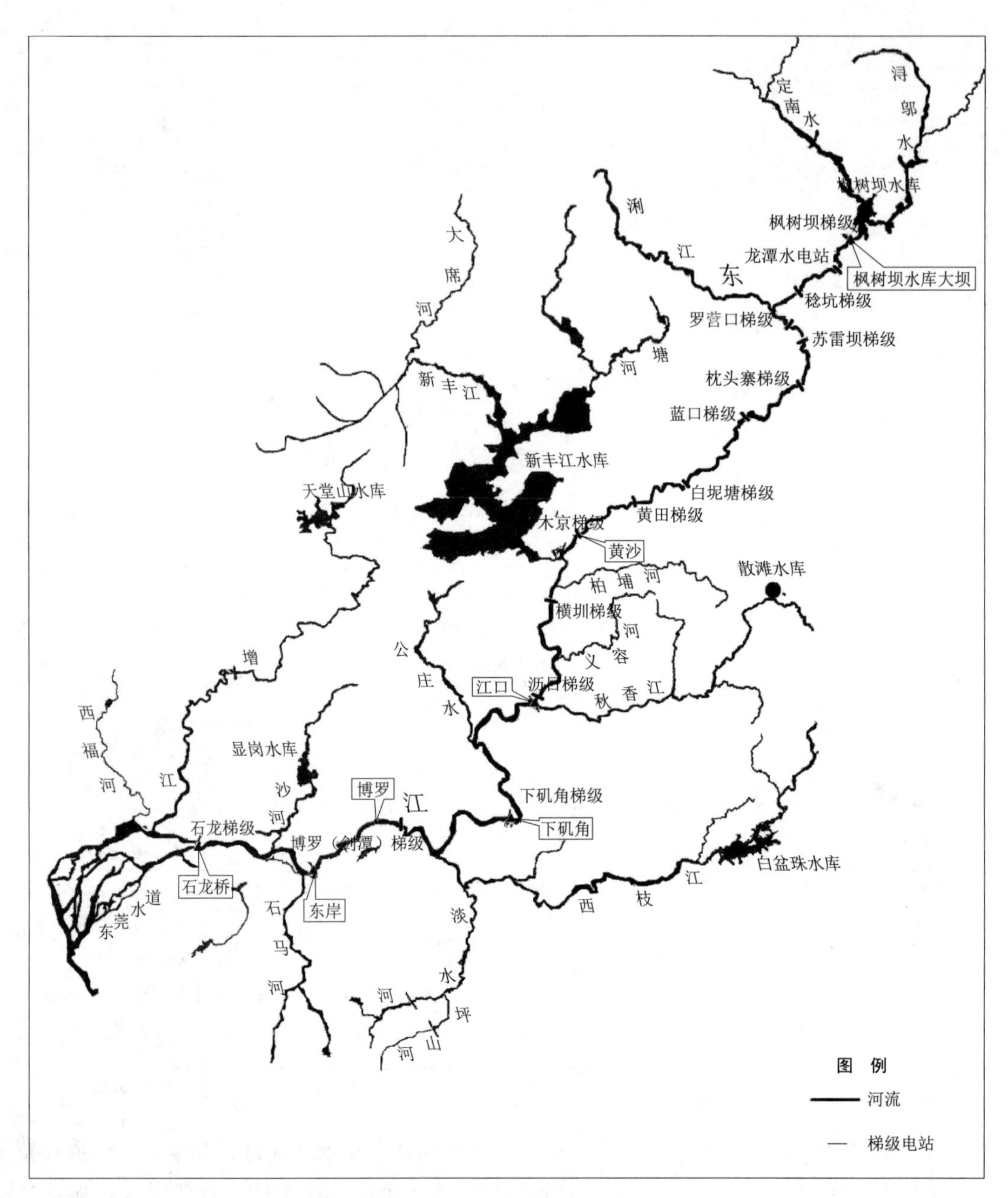

图8-4 东江干流河流系统健康评估河段划分图

统计资料为基础，而且预测的精度和可靠性也只有在未来一定的时间段内有效。而东江河流的相关规划正是人类社会对东江河流未来一段时间内发展的要求和需求，把东江河流系统健康研究的时间尺度与东江的规划时间跨度相结合，将更有利于对东江河流系统健康状况的把握和分析。因此，对东江河流系统健康研究的时间尺度应以东江的有关规划为基础，同时结合各预警指标的特点、响应的时间尺度及资料的完整情况。根据《广东省流域综合规划》（粤府函〔2014〕281号）、《广东省水资源综合规划》（粤府函〔2011〕

265 号），结合东江的实际情况及对东江河流系统健康病源查证和健康预警的需要，选择的时间尺度为 5 年，即选取 2008—2012 年时间段作为评价时段，2013—2017 年时间段作为预测时间段。

8.3 东江河流系统的健康评价

8.3.1 警兆指标体系及其层次结构图

在第 4 章河流系统健康警兆指标体系的基础上，结合东江河流系统的实际情况，构建了东江河流系统健康预警警兆指标体系层次结构，见表 8-9（吴龙华 等，2014）。

表 8-9　　东江河流系统健康预警警兆指标体系层次结构

目标层	子目标层	准　则　层	指　标　层
东江河流系统健康综合评估（A）	河流自然生态环境（B1）	物理结构形态（C1）	河岸带状况（D1）
			河道纵向连通性（D2）
			河流蜿蜒度变化度（D3）
		水文水资源（C2）	径流过程变异程度（D4）
			生态流量保障程度（D5）
		水环境（C3）	理化指标（D6）
			非金属无机物（D7）
			金属无机物（D8）
		水生生物（C4）	底栖硅藻指数（D9）
			鱼类损失指数（D10）
			珍稀鱼类的保护（D11）
	人类活动与社会服务功能（B2）	人类活动与社会服务（C5）	防洪安全（D12）
			公众满意度（D13）
			水资源的开发利用①（D14）
			供水保障（D15）
			水功能区水质达标（D16）
	流域人类发展水平（B3）	人类发展水平指数（C6）	出生时预期寿命指数（D17）
			平均受教育年限指数（D18）
			人均国民总收入指数（D19）

① 水资源开发利用程度采用东江流域的整体开发利用率，按包含上游来流入境水量的多年平均来水统计。

东江河流系统健康综合评价层次结构由目标层、子目标层、准则层、指标层 4 个层次组成。在指标层中，为适应东江的实际情况，在评估河岸带状况（D1）时，主要从岸坡稳定性、河岸带植被覆盖度和河岸带人类活动这 3 个方面来进行；在评估水生生物状况时，则包含了底栖硅藻指数（D9）。而对于准则层人类活动与社会服务（C5）指标中则特别包含了供水保障（D15）和水功能区水质达标（D16）这两项指标。主要是由于东江作为广东省河源、惠州、广州、东莞、深圳等地及香港地区的主要供水水源，其中河源、惠州、东莞的生产、生活、生态用水全部来自东江流域；深圳通过粤港供水工程、深东取水工程从东江取水，年总取水量约占其年用水量的 70%；香港地区年淡水需求量中，有 80%是通过粤港供水工程从东江获取。因此，东江直接关系着珠三角地区的经济发展和香港特区的繁荣稳定，是广东省重要的政治水、经济水、生命水，其供水能力及水功能区水质状况在东江河流系统健康评估中具有特别重要的影响和意义。

底栖硅藻指数（D9）、供水保障（D15）和水功能区水质达标（D16）指标代表值的计算分别如下。

1. 硅藻生物指数（*IBD*）

硅藻生物指数（*IBD*）的计算是基于 Zelinka 和 Marvan 的经典方程（刘静，2014）：

$$IBD = \frac{\sum_{j=1}^{n} a_j s_j v_j}{\sum_{j=1}^{n} a_j v_j} \tag{8-1}$$

式中：a_j 为样品中物种的丰度；v_j 为物种 j 的指示值；s_j 为物种 j 的污染敏感度。通常 *IBD* 的计算都是利用软件 Omnidia 进行。

底栖硅藻生物指数（*IBD*）的评分标准见表 8-10：

表 8-10　底栖硅藻指数评估评分标准

指数值	$IBD \geqslant 17$	$17 > IBD \geqslant 13$	$13 > IBD \geqslant 9$	$9 > IBD \geqslant 5$	$IBD < 5$
评分（IB_r）	100	75～100	50～75	25～50	0～25

2. 供水保障（*CF*）

（1）东江流域各行政区水量分配方案。根据粤府办〔2002〕82 号文件和惠府函〔2004〕2 号文件，东江流域三大水库功能调整为防洪供水为主，并纳入水行政主管部门统一调度，遵循分水原则，以需水预测、水资源配置为基础，正常来水年份（来水频率低于 90%的年份），广东省东江流域可以分配的年最大取水量为 106.64 亿 m^3，各地市获取的逐月水量按照表 8-11 分配；当东江天然径流量减小，正常来水年份与特枯来水年份之间（来水频率为 90%～95%的年份），广东省东江流域可以分配的年最大取水量为 101.83 亿 m^3，各地市获取的逐月水量按照表 8-12 分配；当东江天然径流量少于特枯来水年来水量（来水频率大于 95%），东江流域实施水资源应急调度，此种情况下广东省东江流域各地市水量分配方案需另行研究。

表 8-11　广东省东江流域水资源分配定额分配月过程（$P \leqslant 90\%$）　单位：亿 m^3

地市	1 月	2 月	3 月	4 月	5 月	6 月	7 月	8 月	9 月	10 月	11 月	12 月
梅州	0.02	0.01	0.00	0.04	0.02	0.01	0.02	0.02	0.03	0.03	0.01	0.02
河源	1.39	0.88	0.62	2.64	2.28	1.35	1.67	1.17	1.65	2.06	0.76	1.19
韶关	0.12	0.05	0.02	0.2	0.1	0.04	0.17	0.06	0.14	0.17	0.04	0.11

续表

地市		1月	2月	3月	4月	5月	6月	7月	8月	9月	10月	11月	12月
惠州	流域内	1.82	0.84	1.44	1.98	3.55	0.92	1.45	1.94	3.21	2.39	0.85	2.14
	大亚湾	0.084	0.84	0.084	0.084	0.084	0.084	0.084	0.084	0.084	0.084	0.084	0.084
	稔平半岛	0.14	0.14	0.14	0.14	0.14	0.14	0.14	0.14	0.14	0.14	0.14	0.14
	小计	2.04	1.82	1.66	2.20	3.77	1.14	1.67	2.16	3.43	2.61	1.07	2.36
广州	增城	0.72	0.41	0.44	0.66	0.63	0.65	0.79	0.7	1.05	1.09	0.41	0.55
	东部取水	0.46	0.46	0.46	0.46	0.46	0.46	0.46	0.46	0.46	0.46	0.46	0.46
	小计	1.18	0.87	0.9	1.12	1.09	1.11	1.25	1.16	1.51	1.55	0.87	1.01
东莞		1.78	1.61	1.65	1.74	1.84	1.73	1.72	1.76	1.95	1.78	1.63	1.73
深圳	本地水	0.05	0.04	0.04	0.06	0.09	0.04	0.04	0.05	0.08	0.06	0.04	0.04
	深东供水	0.6	0.6	0.6	0.6	0.6	0.6	0.6	0.6	0.6	0.6	0.6	0.6
	东深供水	0.73	0.73	0.73	0.73	0.73	0.73	0.73	0.73	0.73	0.73	0.73	0.73
	小计	1.38	1.37	1.37	1.39	1.42	1.37	1.37	1.38	1.41	1.39	1.37	1.37
东深香港		1	1	1	1	1	1	1	1	1	1	1	0
合计		8.91	7.61	7.22	10.33	11.52	7.75	8.87	8.71	11.12	10.59	6.75	7.79

注 香港供水按粤港供水合同确定的 11 亿 m^3 安排。

表 8-12　广东省东江流域水资源定额分配月过程表（$90\%<p\leqslant95\%$）　单位：亿 m^3

地市		1月	2月	3月	4月	5月	6月	7月	8月	9月	10月	11月	12月
梅州		0.02	0.01	0	0.03	0.02	0.01	0.02	0.03	0.02	0.03	0.01	0.02
河源		1.34	0.82	0.57	2.6	2.22	1.3	1.62	1.13	1.59	2.03	0.7	1.15
韶关		0.11	0.04	0.03	0.18	0.09	0.04	0.15	0.06	0.13	0.15	0.04	0.1
惠州	流域内	1.73	0.77	1.36	1.9	3.43	0.87	1.37	1.86	3.12	2.31	0.78	2.04
	大亚湾	0.079	0.079	0.079	0.079	0.079	0.079	0.079	0.079	0.079	0.079	0.079	0.079
	稔平半岛	0.13	0.13	0.13	0.13	0.13	0.13	0.13	0.13	0.13	0.13	0.13	0.13
	小计	1.94	0.98	1.57	2.11	3.64	1.08	1.58	2.07	3.33	2.52	0.99	2.25
广州	增城	0.66	0.38	0.4	0.61	0.58	0.59	0.73	0.64	0.97	1.01	0.38	0.5
	东部取水	0.45	0.45	0.45	0.45	0.45	0.45	0.45	0.45	0.45	0.45	0.45	0.45
	小计	1.11	0.83	0.85	1.06	1.03	1.04	1.18	1.09	1.42	1.46	0.83	0.95
东莞		1.65	1.51	1.54	1.61	1.7	1.6	1.59	1.63	1.78	1.65	1.53	1.6
深圳	本地水	0.06	0.06	0.06	0.06	0.08	0.06	0.06	0.06	0.08	0.07	0.06	0.03
	深东供水	0.58	0.58	0.58	0.58	0.58	0.58	0.58	0.58	0.58	0.58	0.58	0.58
	东深供水	0.76	0.76	0.76	0.76	0.76	0.76	0.76	0.76	0.76	0.76	0.76	0
	小计	1.4	1.4	1.4	1.4	1.42	1.4	1.4	1.4	1.42	1.41	1.4	0.61
东深香港		1	1	1	1	1	1	1	1	1	1	1	0
合计		8.57	6.59	6.96	9.99	11.12	7.47	8.54	8.41	10.69	10.25	6.50	6.68

注 香港供水按粤港供水合同确定的 11 亿 m^3 安排。

各地级行政区每月按照分配的水量取水，水行政主管部门通过计量和取水许可监控各市取水量。各地级行政区的分配水量只有在控制断面水质达标指标满足要求及其下游交界河道断面流量不小于最小控制流量时才可全额获得，当某个行政区某月取水总量超过分配水量时，按照相应违规处罚办法进行处罚。

（2）重要控制断面最小控制流量保障程度（*CF*）。重要控制断面是监控管理东江流域水资源分配指标实施情况的节点，是落实东江流域水资源分配方案必须达到的约束性指标。这是一个除特枯来水年以外的任何频率年来水情况下都应该满足的约束性指标。根据广东省人民政府办公厅文件《广东省东江流域水资源分配方案》（粤府办〔2008〕50号），东江流域干流重要控制断面的水量应满足表8-13的要求。

表8-13　东江流域干流重要控制断面最小下泄流量控制表

重要控制断面名称	断面地点	交接关系	最小下泄流量/(m^3/s)
枫树坝水库坝下	龙川县枫树坝	枫树坝水库出库	30
江口	紫金县古竹镇	河源惠州交接	270
东岸	东莞市桥头镇	惠州东莞交接	320
下矶角	惠州市廉福地	深东供水取水口	290
石龙桥	东莞市石龙镇	东莞广州交接	208
新丰江出口	河源市源城区	新丰江东江入口	150
东新桥	惠州市惠城区	西枝江东江入口	40

控制断面的*CF*指标表达式为

$$CF=\frac{T_q}{T_s}\times 100\% \tag{8-2}$$

式中：T_q为实测日均流量（q_d）大于河段内最小控制流量（$Q_{控}$）的天数；T_s为一年的总天数，按365天计；*CF*为一年内日均流量大于最小控制流量的百分比。

根据东江实际情况，该指标按博罗水文站的*CF*值作为东江干流的*CF*值。然后根据表8-14计算东江干流流量保障程度*CF*的评分值。

表8-14　东江干流重要断面最小控制流量保障程度评分标准表

标准	*CF*				
	>0.95	0.75	0.5	0.25	<10
评分（CF_r）	100	75	50	25	0

3. 水功能区水质达标（*WFA*）

以水功能区水质达标率来评价。水功能区水质达标率是指对评估河流包括的水功能区按照我国《地表水资源质量评价技术规程》（SL 395—2007）规定的技术方法确定的水质达标率。针对每个河流水功能区进行单个水功能区水质达标分析评价，评估年内水功能区达标次数占评估次数的比例大于或等于75%的水功能区确定为水质达标水功能区；评估河流达标水功能区个数占其区划总个数的比例为评估河流水功能区水质达标率：

$$WFA_r=\frac{WF_{qn}}{WF_{TN}}\times 100\% \tag{8-3}$$

其中：WFA_r 为评估水功能区水质达标率；WF_{qn} 为水功能区水质达标个数；WF_{TN} 为水功能区总数。

该指标根据东江流域管理局发布的《东江流域水资源动态》中的统计资料进行计算，水功能区水质达标指标详细评分（WFZ_r）标准见表 8-15。

表 8-15　　水功能区水质达标评分标准

水功能区水质达标指标（WFA_r）/%	100	75	50	25	0
评分（WFZ_r）	100	75	50	25	0

根据水利部水资源司 2015 年 4 月发布的《全国重要饮用水水源地安全保障评估指南（试行）》对供水保障率各警度的警限进行了设定。另外，根据五分法设定了水功能区水质达标情况各警度的警限。

东江河流系统健康预警的警兆指标体系中指标层各警兆指标的警限、警度及预警信号设置见表 8-16。

表 8-16　　指标层指标的警限、警度及预警信号设置

警限 / 警度 / 指标	无警（安全）	有警			
	无警	轻警	中警	重警	巨警
河岸带状况（D1）	＞90	75	50	25	＜25
河道纵向连通性（D2）	≥90	75	50	30	＜30
河流蜿蜒度变化度（D3）	＜1%	3%	5%	10%	＞10%
径流过程变异程度（D4）	≤0.1	0.3	1.0	2.0	＞2.0
生态流量保障程度（D5）	＝100	80	60	40	＜40
水环境状况（D6～D8）	优（100）	良好（80）	轻度污染（60）	中度污染（40）	重度污染（＜40）
底栖硅藻指数（D9）	≥17	13	9	5	＜5
鱼类损失指数（D10）	≤5%	15%	35%	45%	＞45%
珍稀鱼类的保护（D11）	≥90	60	40	20	＜20
防洪安全（D12）	≥95%	85%	60%	40%	＜40%
公众满意度（D13）	≥90%	75%	50%	30%	＜30%
水资源的开发利用（D14）	≤20%	30%	40%	50%	＞50%
供水保障（D15）	≥0.95	0.90	0.80	0.7	＜0.7
水功能区水质达标（D16）	＝100%	75%	50%	25%	＜25%
人类发展指数（D17～D19）	≥0.80	0.70	0.55	0.35	＜0.35
预警信号	绿灯	蓝灯	黄灯	橙灯	红灯

对于警兆指标体系中各准则层和子目标层中的指标，其警限、警度及预警信号设置标准将与警情指标（即目标层指标）的设置标准保持一致，见表 4-2。

8.3.2　警兆指标权重体系

在构建完成警兆指标体系的层次结构图后，各指标上下层次之间的隶属关系就随之确定，在此基础上对通过隶属同一指标下、同一层次中的因素进行两两比较，构造各层次元素的模糊判断矩阵。通过邀请从事东江河流管理和河流研究的专家，对同层次中的警兆指标进行两两比较，并对所有专家的取值进行算术平均，得到最终的判断矩阵。然后利用模糊层次分析法（FAHP）计算警兆指标体系中各层次指标的权重，见表8－17。

表8－17　东江河流系统健康评估警兆指标权重体系表

子目标层	相对A的权重	准则层	相对B的权重	指标层	相对C的权重
河流自然生态环境（B1）	0.4854	物理结构形态（C1）	0.1685	河岸带状况（D1）	0.4447
				河道纵向连通性（D2）	0.4223
				河流蜿蜒度变化度（D3）	0.1330
		水文水资源（C2）	0.2854	径流过程变异程度（D4）	0.3444
				生态流量保障程度（D5）	0.6556
		水环境（C3）	0.3156	理化指标（D6）	1
				非金属无机物（D7）	
				金属无机物（D8）	
		水生生物（C4）	0.2305	底栖硅藻指数（D9）	0.4044
				鱼类损失指数（D10）	0.3777
				珍稀鱼类的保护（D11）	0.2179
人类活动与社会服务功能（B2）	0.2610	人类活动与社会服务（C5）	1	防洪安全（D12）	0.2190
				公众满意度（D13）	0.2207
				水资源的开发利用（D14）	0.1855
				供水保障（D15）	0.2159
				水功能区水质达标（D16）	0.1589
流域人类发展水平（B3）	0.2536	人类发展水平指数[①]（C6）	1	出生时预期寿命指数（D17）	/
				平均受教育年限指数（D18）	/
				人均国民总收入指数（D19）	/

①　人类发展水平指数的计算按式（4－40）计算。

8.3.3　评价隶属度模型

由于东江河流系统健康警兆指标体系中既有定性指标也有定量指标，对于定量指标将根据5.2.3.1节介绍的模糊分布法确定其隶属度，而对于定性指标则在量化后再根据模糊分布法确定其隶属度。警兆指标的评语也同样分为好、较好、差、很差、极差共5个等级，分别对应无警、轻警、中警、重警、巨警五级警度。

当指标全部量化后，则可以根据其代表值的分布特征，采用“降/升半梯形”分布函数（石教智 等，2016）。对指标代表值越大其评价越好的指标采用“升半梯形”分布函数，其隶属度模型为

$$
\begin{cases}
U_1(x)=\begin{cases}1 & x\geqslant S_1\\ \dfrac{x-S_2}{S_1-S_2} & S_2<x<S_1\\ 0 & 0\leqslant x\leqslant S_2\end{cases}\\
U_2(x)=\begin{cases}0 & x\geqslant S_1,\quad x\leqslant S_3\\ \dfrac{S_1-x}{S_1-S_2} & S_2\leqslant x<S_1\\ \dfrac{x-S_3}{S_2-S_3} & S_3<x<S_2\end{cases}\\
U_3(x)=\begin{cases}0 & x\geqslant S_2,\quad x\leqslant S_4\\ \dfrac{S_2-x}{S_2-S_3} & S_3\leqslant x<S_2\\ \dfrac{x-S_4}{S_3-S_4} & S_4<x<S_3\end{cases}\\
U_4(x)=\begin{cases}0 & x\geqslant S_3,\quad x\leqslant S_5\\ \dfrac{S_3-x}{S_3-S_4} & S_4\leqslant x<S_3\\ \dfrac{x-S_5}{S_4-S_5} & S_5<x<S_4\end{cases}\\
U_5(x)=\begin{cases}0 & x\geqslant S_4\\ \dfrac{S_4-x}{S_4-S_5} & S_5<x<S_4\\ 1 & 0\leqslant x\leqslant S_5\end{cases}
\end{cases}
\tag{8-4}
$$

对指标代表值越大其评价越差的指标采用“降半梯形”分布函数，其隶属度模型为

$$
\begin{cases}
U_1(x)=\begin{cases}1 & x\leqslant S_1\\ \dfrac{S_2-x}{S_2-S_1} & S_1<x\leqslant S_2\\ 0 & x>S_2\end{cases}\\
U_2(x)=\begin{cases}0 & x<S_1,\quad x>S_3\\ -\dfrac{S_1-x}{S_2-S_1} & S_1<x\leqslant S_2\\ \dfrac{S_3-x}{S_3-S_2} & S_2<x\leqslant S_3\end{cases}\\
U_3(x)=\begin{cases}0 & x<S_2,\quad x>S_4\\ -\dfrac{S_2-x}{S_3-S_2} & S_2<x\leqslant S_3\\ \dfrac{S_4-x}{S_4-S_3} & S_3<x\leqslant S_4\end{cases}\\
U_4(x)=\begin{cases}0 & x<S_3,\quad x>S_5\\ -\dfrac{S_3-x}{S_4-S_3} & S_3<x\leqslant S_4\\ \dfrac{S_5-x}{S_5-S_4} & S_4<x\leqslant S_5\end{cases}\\
U_5(x)=\begin{cases}0 & x\leqslant S_4\\ \dfrac{S_4-x}{S_5-S_4} & S_4<x\leqslant S_5\\ 1 & x\geqslant S_5\end{cases}
\end{cases}
\tag{8-5}
$$

式中：$U_1(x)$、$U_2(x)$、$U_3(x)$、$U_4(x)$、$U_5(x)$ 分别为各警兆指标对应不同警度的指标隶属度函数；x 为各警兆指标的实际代表值；S_1、S_2、S_3、S_4、S_5 为相应警度的警限值。

8.3.4 资料收集

对东江河流系统的健康实施评估分析，警兆指标的相关资料收集是其中的关键。对于不同警兆指标，根据东江河流管理的实际情况，其资料来源也不尽相同。

8.3.4.1 河流自然生态生境

1. 河流物理结构形态

有关河流物理结构形态的资料采取现场调查的方式获取。在每个评估河段内设置调查断面，对河岸稳定性、河岸带植被覆盖度、河岸带人工干扰程度进行监测；对每个评估河段内的连通状况（如有无鱼道、是否影响鱼类迁徙等）进行现场勘察和有关调查；对每个评估河段内的直线河长和弯曲河长进行图上测量。

2. 水文水资源

水文水资源方面的资料，主要依托东江干流上的相关监测站点的监测资料。根据东江干流水文站点和水量重要控制断面分布情况，水文监测站点选用情况见表8-18。

表8-18 各评估河段水文监测站点选用情况

序号	代表评估河段	选用站名	类型	所处位置
1	枫树坝坝下—黄沙段	龙川	水文	东江干流
2	黄沙—江口段	河源	水文	
3	江口—下矶角段	岭下	水文	
4	下矶角—博罗段	惠阳（二）	水位	
5	博罗—东岸段	博罗	水文	
6	东岸—石龙段	石龙	水位	

3. 水环境状况

对照东江干流的河段划分情况，选择评估河段内现有水质监测断面代表评估河段内水质状况，东江水质监测断面如图8-3所示。评估范围内水质监测断面信息见表8-19。

表8-19 东江干流枫树坝坝下—石龙河段部分水质监测断面信息表

序号	断面名称	监测项目	监测频次	测站类别
1	枫树坝坝下	气温、水温、pH、电导率、溶解氧、五日生化需氧量、高锰酸盐指数、氨氮、总磷、硝酸盐氮、挥发酚、硫酸盐、氯化物、氰化物、氟化物、砷、铬、铜、铅、锌、镉、汞、铁、硒、锰共25项	每月一次	常规
2	龙川	在枫树坝坝下断面监测项目的基础上加硫化物、阴离子洗涤剂2项，共27项	每月一次	常规
3	河源	在枫树坝坝下断面监测项目的基础上加硫化物、阴离子洗涤剂、粪大肠杆菌3项，共28项	每月一次	常规
4	观音阁	同枫树坝坝下断面监测项目	每两月一次	常规

续表

序号	断面名称	监测项目	监测频次	测站类别
5	岭下	在枫树坝坝下断面监测项目的基础上加粪大肠杆菌1项，共26项	每月一次	常规
6	虾村	水温、pH、电导率、溶解氧、五日生化需氧量、氨氮、高锰酸盐指数、铁、锰、锌、铜、铅、镉、粪大肠菌群共14项	每月一次	常规
7	惠州大桥	同枫树坝坝下断面监测项目	每月一次	常规
8	博罗	在枫树坝坝下断面监测项目的基础上加硫化物、阴离子洗涤剂、粪大肠杆菌、化学需氧量4项，共29项	每月一次	常规
9	桥头	在枫树坝坝下断面监测项目的基础上加硫化物、阴离子洗涤剂、粪大肠杆菌、化学需氧量4项，共29项	每月一次	常规

注 龙川、河源、岭下、虾村列入东江水量调度中的水质监测断面，因此在原有的频次上，枯水期（10—次年3月）期间每月加测1次。

所有水质监测断面全年不低于12次（即每月不低于1次）采样监测。根据河段的划分，各评估河段采用的代表水质监测断面见表8-20。

表8-20　各评估河段采用的代表水质监测断面情况

序号	代表评估河段	监测断面名	已有/新增	监测频次	所在河流
1	枫树坝坝下—黄沙段	龙川	已有	每年不低于12次	东江干流
2	黄沙—江口段	河源	已有		
3	江口—下矶角	观音阁	已有		
4	下矶角—博罗段	虾村	已有		
5	博罗—东岸段	博罗	已有		
6	东岸—石龙段	桥头	已有		

4. 水生生物

收集已有的公开发行和出版的有关底栖硅藻的研究成果和资料（刘静 等，2013a，2013b，2014）。收集已有的相关渔业资源历史调查资料，对主要经济种类的年龄生长、食性、繁殖等生物学数据进行统计分析，必要时走访当地水产市场和咨询渔民等方式，获取东江干流现有鱼类资源情况（珠江水系渔业资源调查编委会，1985a，1985b；中国水产科学研究院珠江水产研究所 等，1991；刘毅，2011）。

8.3.4.2 人类活动与社会服务功能

调查收集《广东省东江流域综合规划》《东江流域一级水功能区》《广东省东江流域水资源分配方案》及公开发布的广东省水资源公报等相关资料，以分析东江干流各河段防洪安全、水资源开发利用、水功能区水质达标、供水保障等情况。

利用东江干流河流健康评估公众调查表，对当地居民及政府、环保、水利、学校等单位人员进行现场调查，以统计分析公众对东江干流各河段状况的满意程度。东江干流公众满意度调查表见表8-21。

表 8-21　　东江干流公众满意度调查表

姓名		性别		年龄		文化程度		职业	

河流对生活的重要性		与河流的关系	沿河居民（河岸以外 1km 以内范围）		
很重要			非沿河居民	河道管理者	
较重要				河道周边从事生产活动	
一般				休闲、娱乐经常来河道	
不重要				休闲、娱乐偶尔来河道	

河流状况评估

河流水量		河流水质		河滩地		
太少		很差		植被覆盖状况	太少	
略少		比较差			还可以	
还可以		一般			很好	
刚好		较好		垃圾堆放情况	无垃圾	
太多		很好			少量垃圾	
说不清		说不清			很多垃圾	

相较以前鱼类数量		相较以前鱼的个头		你所了解的东江珍稀鱼类			
少很多		小很多		珍稀鱼类的种类和名称	1. 2. 3. …	采取的保护措施	1. 2. 3. …
少了一些		小一些		以前有，现在完全都没有了			
没有变化		没有变化		以前有，现在有些种类没有了			
数量多了		变大了		没有变化			

河流适宜性状况

河道景观	优美		与河流相关的历史及文化	是否了解情况	不清楚	
	一般				知道一些	
	差				比较了解	
亲水与安全	很好				很了解	
	一般			保护与开发情况	保护完善，未开发	
	差				保护完善，适度开发	
散步与娱乐休闲	很适宜				保护不力，过度开发	
	基本适宜				无保护，过度开发	
	不适宜				无保护，无开发	

续表

你对东江的总体满意程度			
总体评估评分标准		不满意的原因是什么？	你希望的东江是什么样的？
很满意	≥90		
满意	80～89		
基本满意	60～79		
不满意	40～59		
非常不满意	＜20		
个人打分			

8.3.4.3 流域人类发展水平

对于东江干流流域内的人类发展水平分析，其资料主要来源于联合国开发计划署驻华代表处联合国内相关部门单位共同撰写的历年中国人类发展报告、中国历年统计年鉴及广东省历年的统计年鉴等公开资料。

8.3.5 评价结果（2008—2012年）

8.3.5.1 警兆指标代表值的计算

1. 物理形态结构

物理结构形态包括河岸带状况（D1）通过实地调查评分确定、河道连通性（D2）和河流蜿蜒度变化度（D3）则通过实地调查结合观测资料和地图量测确定。各河段的河流物理结构形态指标评分结果见表8－22。

表8－22　　各河段的物理结构形态指标评分结果

河　段	河岸带状况	河道连通性	河流蜿蜒度变化度	备　注
枫树坝—黄沙	63.28	25	100	由于在统计年限内东江的物理结构形态并无显著变化，在后续计算分析过程中该项评分将设置不变
黄沙—江口	60.58	25	100	
江口—下矶角	66.06	25	100	
下矶角—博罗	61.33	25	100	
博罗—东岸	59.01	100	100	
东岸—石龙	54.79	100	100	

2. 水文水资源

水文水资源部分包括径流过程变异程度（D4）和生态流量保障程度（D5）2个评分指标，评分结果分别见表8－23和表8－24。

3. 水环境

根据水质监测数据，对各个监测成分利用式（4－17）和式（4－18）分别进行计算评分，并取各监测成分的最低评分值作为总的水环境评分。各河段的水环境评分结果见表8－25。

表 8-23　　各河段的径流过程变异程度评分结果

河　段	2008 年		2009 年		2010 年		2011 年		2012 年	
	FD	评分	*FD*	评分	*FD*	评分	*FD*	评分	*FD*	评分
枫树坝—黄沙	2.756	32.44	2.05	39.5	1.787	44.26	2.244	37.56	1.967	40.66
黄沙—江口	1.628	47.44	2.129	38.71	0.809	63.82	2.003	39.97	1.346	53.08
江口—下矶角	1.724	45.52	2.337	36.63	0.937	61.23	2.332	36.68	1.613	47.74
下矶角—博罗	2.078	39.22	2.219	37.81	0.983	60.34	2.257	37.43	1.601	47.98
博罗—东岸	2.078	39.22	2.219	37.81	0.983	60.34	2.257	37.43	1.601	47.98
东岸—石龙	2.078	39.22	2.219	37.81	0.983	60.34	2.257	37.43	1.601	47.98

注　由于博罗—石龙河段没有水文站点，该区间的水文数据用博罗站数据代替。

表 8-24　　各河段的生态流量保障程度评分结果

河　段	2008 年			2009 年			2010 年			2011 年			2012 年		
	*EF*1	*EF*2	*RF* 评分	*EF*1	*EF*2	*RF* 评分	*EF*1	*EF*2	*RF* 评分	*EF*1	*EF*2	*RF* 评分	*EF*1	*EF*2	*RF* 评分
枫树坝—黄沙	0.699	0.622	100	0.491	0.408	81.6	0.832	0.779	100	0.807	0.402	80.4	0.703	0.491	98.2
黄沙—江口	0.719	0.558	100	0.586	0.353	60.3	0.773	0.820	100	0.673	0.459	91.8	0.735	0.523	100
江口—下矶角	0.751	0.699	100	0.545	0.330	52.0	0.749	0.637	100	0.911	0.371	68.4	0.595	0.415	83.0
下矶角—博罗	0.986	0.736	100	0.531	0.333	53.2	0.759	0.542	100	0.668	0.360	64.0	0.574	0.373	69.2
博罗—东岸	0.986	0.736	100	0.531	0.333	53.2	0.759	0.542	100	0.668	0.360	64.0	0.574	0.373	69.2
东岸—石龙	0.986	0.736	100	0.531	0.333	53.2	0.759	0.542	100	0.668	0.360	64.0	0.574	0.373	69.2

注　由于博罗—石龙河段没有水文站点，该区间的水文数据用博罗站数据代替。

表 8-25　　各河段的水环境状况评分结果

河　段	2008 年	2009 年	2010 年	2011 年	2012 年
枫树坝—黄沙	100	100	100	100	100
黄沙—江口	100	100	100	100	100
江口—下矶角	100	100	100	100	100
下矶角—博罗	35.3	60	80	35.3	65.3
博罗—东岸	86.7	74.7	83.3	83.3	86
东岸—石龙	74	74.7	73.3	73.3	84

4. 水生生物

水生生物（C4）下属的底栖硅藻指数（D9）、鱼类损失指数（D10）、珍稀鱼类的保护（D11）指标的评分结果见表 8-26。

表 8-26 各河段的水生生物状况评分结果

指 标	指标值	评分值	备 注
硅藻生物指数	10.715	60.72	由于水生生物资料的限制，在后续分析工作中，假定水生生物状况无明显变化
鱼类损失指数	0.32	56.00	
珍稀鱼类保护	50.00	50.00	

5. 人类活动与社会服务

在人类活动与社会服务（C5）下属的防洪安全（D12）、水资源的开发利用（D14）、供水保障（D15）、水功能区水质达标（D16）通过已有监测、统计数据进行计算评分，公众满意度（D13）则通过现场实施问卷调查后根据式（4-28）进行计算评分，结果见表 8-27 和表 8-28。

表 8-27 防洪安全评分结果

指 标	分值	2008 年	2009 年	2010 年	2011 年	2012 年
防洪安全	计算值	0.4558	0.5649	0.5649	0.5649	0.5649
	评分	45.58	56.49	56.49	56.49	56.49
水资源开发利用程度	计算值	0.255	0.256	0.260	0.273	0.265
	评分	98.11	98.04	97.75	96.67	97.36
供水保障	计算值	0.9918	0.7500	0.9479	0.8055	0.7951
	评分	100.00	75.00	99.74	81.94	80.64
水功能区水质达标	计算值	0.6111	0.6384	0.6429	0.5357	0.5357
	评分	61.11	63.84	64.29	53.57	53.57

表 8-28 公众满意度评分结果

项 目	沿河居民	河流管理者	河流周边生产活动者	休闲娱乐者	总体评分
分类评分	73.382	72.222	71.905	71.071	72.28
所占权重	0.3	0.3	0.2	0.2	

注 在后续计算分析过程中假定公众满意度维持不变。

6. 人类发展水平指数

对于东江流域的人类发展水平指数（C6）将在广东省统计年鉴、各地统计数据资料的基础上，统一利用式（4-35）～式（4-39）分别计算出生时预期寿命指数（D17）、平均受教育年限指数（D18）、人均国民总收入指数（D19），然后根据式（4-40）计算人类发展水平指数，结果见表 8-29。

表 8-29 人类发展水平指数（*HDI* 指数）计算结果①

项目	2008 年	2009 年	2010 年	2011 年	2012 年
C_H	0.8761	0.8877	0.8938	0.8957	0.8972
C_E	0.6079	0.6122	0.6253	0.6297	0.6312

续表

项目	2008年	2009年	2010年	2011年	2012年
C_{IN}	0.6615	0.6690	0.6796	0.6896	0.6997
HDI①	0.7063	0.7137	0.7242	0.7300	0.7345

① 在计算中相关数据以国家统计年鉴、广东统计年鉴和世界银行的统计数据为准，部分数据为插值获得。

为对东江河流系统的健康状况进行总体评价，需要把部分不同断面尺度及河段尺度上的指标值综合转换为河流总体尺度上的数值，转换公式为

$$REI=\sum_{i=1}^{n}\left(\frac{REI_i\times RL_i}{RL_t}\right) \tag{8-6}$$

式中：REI 为警兆指标在河流层面的得分；REI_i 为警兆指标在第 i 个河段或断面层次上的得分；RL_i 为第 i 个评估河段的实际长度，km；RL_t 为东江实际参与评估的总长度，km；n 为划分的河段总数。

根据式（8-6）计算还原得到指标在河流尺度上的得分，结果见表8-30。

表8-30　转换到河流尺度上的指标得分情况

指　标	2008年	2009年	2010年	2011年	2012年
河岸带状况（D1）	61.74	61.74	61.74	61.74	61.74
河道连通性（D2）	36.84	36.84	36.84	36.84	36.84
河流蜿蜒度变化度（D3）	100	100	100	100	100
径流过程变异程度（D4）	38.60	38.47	54.71	37.79	45.58
生态流量保障程度（D5）	100	65.25	100	75.27	86.96
水环境状况	85.12	88.89	92.80	84.85	91.42

在获得东江河流系统健康警兆指标在河流层面的代表值以后，通过第5章中提出的河流系统健康多目标的模糊层次——模糊综合评价方法，建立了东江河流系统健康综合评价，结合警兆指标体系中各指标不同警度的警限（表8-16），通过模糊计算就可以得到各层次上警兆指标的隶属度。

8.3.5.2　准则层指标的隶属度

1. 物理结构形态

物理结构形态（2008—2012年）隶属度状况及评价结果见表8-31。

表8-31　物理形态结构（2008—2012年）隶属度状况及评价结果

好	较好	差	很差	极差	综合评分	评价等级	警度
0.1330	0.2088	0.3803	0.2779	0.0000	63.95	亚健康	轻警

从评估结果可以看出，东江的物理形态结构总体处于亚健康状态，警度为轻警。但从其隶属度分布来看，属于好的成分只有0.1330，较好的成分有0.2088，两者合计只有0.3418；而属于差的成分有0.3803，很差的成分则有0.2779，这两部分合计达到0.6582。这表明东江在物理结构形态方面仍存在有较大的非健康成分，从其下属的3个指

标也可以看出，主要是由于其河道连通性差（主要是评估范围内的枫树坝—博罗段中间修建了大量的梯级电站）、河岸带状况也不是很好而造成的。而且物理结构形态的评分为63.95，距离其亚健康的警限60十分接近，如果不能及时采取措施进行修复，其健康状态很容易进一步恶化导致产生轻度病变。

2. 水文水资源

水文水资源隶属度状况及评价结果见表8-32。

表8-32　　水文水资源隶属度状况及评价结果

年份	好	较好	差	很差	极差	综合评分	评价等级	警度
2008	0.6556	0.0000	0.0000	0.0000	0.3444	72.448	亚健康	轻警
2009	0.0000	0.1722	0.4834	0.0000	0.3444	49.668	轻度病变	中警
2010	0.6556	0	0.2534	0.091	0	84.404	健康	无警
2011	0.0000	0.5004	0.1552	0.0000	0.3444	56.232	轻度病变	中警
2012	0.2281	0.4275	0.1015	0.2429	0.0000	72.816	亚健康	轻警

从表8-32可看出，在2008—2012年东江河流系统的水文水资源状况的评价等级变化跨度很大，出现2次亚健康状态（分别是2008年和2012年）、1次健康状态（2010年）和2次轻度病变状态（分别是2009年和2011年）。由于水文水资源主要通过径流过程变异程度和生态流量保障程度来体现，而对于东江而言，天然径流完全由降水补给，因此径流的变化趋势与降水量基本一致。降水量的多少将直接影响到东江的生态流量保障程度。另外，由于东江上修建一些大型的调节型水库和大量的梯级电站对东江的径流过程有显著的调节作用，从而造成东江干流上的径流过程变异程度过大。

3. 水环境

水环境状况隶属度状况及评价结果见表8-33。

表8-33　　水环境状况隶属度状况及评价结果

年份	好	较好	差	很差	极差	综合评分	评价等级	警度
2008	0.2560	0.7440	0.0000	0.0000	0.0000	85.12	健康	无警
2009	0.4445	0.5555	0.0000	0.0000	0.0000	88.89	健康	无警
2010	0.6400	0.3600	0.0000	0.0000	0.0000	92.80	健康	无警
2011	0.2425	0.7575	0.0000	0.0000	0.0000	84.85	健康	无警
2012	0.5710	0.4290	0.0000	0.0000	0.0000	91.42	健康	无警

从表8-33可看出，2008—2012年东江河流系统的水环境状况的评价等级都属于健康等级，处于无警状态。但对各个河段的评分过程中可以发现，在枫树坝—下矶角河段，河流的水环境状况达到了100分，而从下矶角—石龙河段，水质则明显下降，特别是下矶角—博罗河段，水环境质量甚至有时候都处于恶劣的状况（表8-25）。主要是由于在该区间内人口数量迅速增多，工农业活动强度显著增大，使得该区段内的各种污染物排放总量也较大所致。但由于该河段总长占总评估河长的比例较低，使得评估河长的总体水环境

状况仍处于健康等级。

4. 水生生物

水生物状况隶属度状况及评价结果见表8-34。

表8-34　　水生生物状况隶属度状况及评价结果

好	较好	差	很差	极差	综合评分	评价等级	警度
0.0000	0.1734	0.6421	0.1845	0.0000	59.78	轻度病变	中警

表8-34显示，东江的水生物状况的评价等级为轻度病变，警度为中警。评价结果的隶属度分布情况也显示，水生生物状况中属于较好的成分仅有0.1734，而属于差和很差的部分则有0.8266，也就意味中其中绝大部分都属于不好的成分。另外，从水生生物状况的3个下属指标硅藻生物指数、鱼类损失指数、珍稀鱼类保护来看，其所反映的状况都不理想。与20世纪80年代相比较，东江现在的鱼类种类减少十分明显，达到了32%；而且对于流域内的珍稀鱼类，相关的保护措施也仍然不够充分，如没有设置专门的保护区、河道上的挡水建筑物对于洄游性的鱼类也没有设立专门的洄游通道和设施等。

5. 人类活动与社会服务功能

人类活动与社会服务功能隶属度状况及评价结果见表8-35。

表8-35　　人类活动与社会服务功能隶属度状况及评价结果

年份	好	较好	差	很差	极差	综合评分	评价等级	警度
2008	0.2994	0.3693	0.1734	0.1579	0.0000	76.20	亚健康	轻警
2009	0.0816	0.3885	0.3835	0.1464	0.0000	68.11	亚健康	轻警
2010	0.2810	0.4079	0.2727	0.0384	0.0000	78.63	亚健康	轻警
2011	0.0501	0.3667	0.5448	0.0384	0.0000	68.57	亚健康	轻警
2012	0.0649	0.3400	0.5461	0.0490	0.0000	68.42	亚健康	轻警

从表8-35可以看出，2008—2012年，东江河流系统的人类活动与社会服务功能评价等级均处于亚健康状态，警度为轻警。表明东江河流系统的人类活动与社会服务功能总体上能够正常有效运行，但也存在一定的安全隐患。对人类活动与社会服务功能的组成指标而言，其防洪安全主要是由于当前的防洪标准尚未达到规划要求，使得防洪安全评分较低；另外，对于水功能区水质达标率较低，主要是进行水功能区水质达标评估时包含了东江干流直接相连的毗邻水功能区，而且是按年内的多次监测结果综合得到的结果。对资源的开发利用整体处于健康的、良性状态，水资源开发利用率并未超过国际公认的30%的界限。供水保障则与流域内的降水情况密切相关，在降水丰沛的年份供水保障能够得到充分的保障。而对于公众满意度方面总体评分并不是很高，一方面说明公众对东江河流系统的总体健康状况并不是十分满意；另一方面也显示公众对于东江河流系统健康的理念，以及如何维护、保护东江河流系统健康缺乏正确的认知。

6. 人类发展水平指数

人类发展水平指数隶属度状况及评价结果见表 8-36。

表 8-36　人类发展水平指数隶属度状况及评价结果

年份	好	较好	差	很差	极差	综合评分	评价等级	警度
2008	0.0630	0.9370	0.0000	0.0000	0.0000	81.26	健康	无警
2009	0.1370	0.8630	0.0000	0.0000	0.0000	82.74	健康	无警
2010	0.2420	0.7580	0.0000	0.0000	0.0000	84.84	健康	无警
2011	0.3000	0.7000	0.0000	0.0000	0.0000	86.00	健康	无警
2012	0.3450	0.6550	0.0000	0.0000	0.0000	86.90	健康	无警

从表 8-36 可以看出，2008—2012 年，东江河流系统中的人类发展水平指数都处于健康、无警的状态，而且其评分一直在增加，这也表明其人类发展水平在不断提高。表 8-29 也显示，*HDI* 及其三个子指数：出生时预期寿命指数、平均受教育年限指数、人均国民总收入指数都在逐步向发达国家水平靠近。

8.3.5.3 子目标层的隶属度

对各子目标所属的准则经模糊运算可以得到 2008—2012 年各子目标的隶属度状况。由于人类活动与社会服务功能和人类发展水平各只有一个准则，所以其子目标的健康状况与其准则层指标一致，河流自然生态环境子目标的隶属度状况及评价结果见表 8-37。

表 8-37　河流自然生态环境子目标的隶属度状况及评价结果

年份	健康	亚健康	轻度病变	重度病变	病危	综合评分	评价等级	警度
2008	0.2903	0.3100	0.2121	0.0893	0.0983	73.59	亚健康	轻警
2009	0.1627	0.2996	0.3501	0.0893	0.0983	68.28	亚健康	轻警
2010	0.4115	0.1888	0.2844	0.1153	0.0000	79.43	亚健康	轻警
2011	0.0989	0.4571	0.2564	0.0893	0.0983	68.88	亚健康	轻警
2012	0.2677	0.3326	0.2411	0.1586	0.0000	75.69	亚健康	轻警

从表 8-37 可以看出，2008—2012 年，东江河流系统的河流自然生态环境子目标评价结果为亚健康、轻警状态。

8.3.5.4 目标层的隶属度（东江河流系统健康状况）

对 3 个子目标进行模糊运算后得到 2008—2012 年东江河流系统健康的模糊综合评价向量（隶属度状况），见表 8-38。

表 8-38　2008—2012 年东江河流系统健康隶属度状况

年份	健康	亚健康	轻度病变	重度病变	病危
2008	0.2350	0.4845	0.1482	0.0846	0.0477
2009	0.1350	0.4657	0.2700	0.0816	0.0477
2010	0.3345	0.3903	0.2092	0.0660	0.0000
2011	0.1372	0.4951	0.2666	0.0534	0.0477
2012	0.2344	0.4163	0.2595	0.0898	0.0000

对历年的模糊综合评价向量采用M(·，＋)模型进行信息综合，得到各自的评分结果，并由此确定其健康评价等级、警度及对应的预警信号，见表8-39。

表8-39　　2008—2012年东江河流系统健康状态

年份	2008	2009	2010	2011	2012
评分结果	75.49	71.17	79.87	72.41	75.91
健康评价等级	亚健康	亚健康	亚健康	亚健康	亚健康
警度	轻警	轻警	轻警	轻警	轻警
预警信号	蓝色	蓝色	蓝色	蓝色	蓝色

从表8-39可以看出，2008—2012年东江河流系统的健康状况均处于亚健康、轻警状态，相应的预警信号为蓝色。

8.4　东江河流系统健康的警源查证

8.4.1　警源指标体系

从8.3节东江河流系统的健康评价结果可以看出，无论是从隶属度分布状况的角度还是从综合评价结果来看，东江河流系统中存在不少非健康成分，也就表明在东江河流系统中仍存在不少影响其健康状况的隐患——警源。东江河流系统的警源同样来自两个方面，即自然因素与人为因素。而警情则是在自然因素与人为因素相结合、共同作用下的结果，但以人为因素为主。这些因素主要包括自然因子、污染因子、水资源利用因子、河道影响因子，水利工程因子、社会因子、管理因子等分类因子，每类因子又由具体指标（即自变量）组成。经专家咨询讨论后，最终确定的东江河流系统警源指标体系结构见表8-40。

表8-40　　东江河流系统健康警源指标体系结构

因变量	分类因子	具体指标（自变量）	含义或计算方法
河流自然生态环境状况	自然因子	年降雨量	年降雨总量
		年最大降雨强度	年内最大降雨强度
		洪水灾害次数	年内发生超防洪标准洪水次数
人类活动与社会服务功能状况	污染因子	工矿企业（含规模化、集约化养殖场）等污染排放	区段内工矿企业污染年排放量
		城镇生活污染排放量	区段内城镇生活污染年排放量
	水资源利用因子	工业用水量	区段内的年工业用水量
		农业用水量	区段内的年农业用水量
		生活用水量	区段内的年生活用水量
		生态用水量	区段内的年生态用水量

续表

因变量	分类因子	具体指标（自变量）	含义或计算方法
人类活动与社会服务功能状况	河道影响因子	鱼类洄游通道设置率	河道中所有挡水建筑物中设置鱼类洄游通道的比率
		河岸侵占率	河岸侵占率是指河岸被用于农民耕作、商业区、住宅区等占用河岸的总长度占河岸总长度的百分比
	水利工程因子	流域外调水比例	年调水量/东江多年平均径流量
		河岸硬质化比	硬质化河岸长度/河岸总长度
流域人类发展水平	社会因子	人口	河道沿线总人口
		GDP	河道沿线社会总产值
		城镇化率	城镇人口占总人口的比例
	管理因子	管理投入力度	河道管理费用占河道总投入经费的比例
		违规事件查处力度	年内违规事件查处的百分比

8.4.2 警源指标2008—2012年统计数据

根据广东省水资源公报、珠江流域水资源公报、东江流域水资源动态、广东省统计年鉴2008—2012的统计数据资料，结合相关水文和调查资料，统计得到了各警源指标在2008—2012年度的统计数据，见表8-41。

表8-41　警源指标统计数据表（2008—2012年）

警源指标	2008年	2009年	2010年	2011年	2012年
年降雨量（降水深）/mm	2067.6	1372.9	1787.4	1400.1	1767.8
年最大降雨强度/mm	2010	1310	1720	897	1506
洪水灾害次数	0.0	0.0	0.0	0.0	0.0
工矿企业等污染排放量/亿t	10.98	11.06	13.32	13.26	13.1
城镇生活污染排放量/亿t	4.49	4.16	4.39	4.39	4.8
工业用水量/亿t	12.33	11.98	14.72	14.14	13.98
农业用水量/亿t	19.13	19.97	19.65	20.47	20.05
生活用水量/亿t	6.94	6.54	6.83	6.95	7.46
生态用水量/亿t	0.75	0.9	0.5	0.91	0.89
鱼类洄游通道设置率/%	0.0	0.0	0.0	0.0	0.0
河岸侵占率/%	7.59	10.59	11.59	11.59	11.59
流域外调水的调水比例/%	6.1278	6.5566	7.3598	8.5553	7.7137
河岸硬质化比/%	12.34	15.29	15.29	15.29	15.29
人口/万人	1454.73	1508.28	1578.41	1587.02	1597.64
GDP/亿元	5403.52	5584.11	6451.55	7407.76	7992.98
城镇化率/%	70.1553	70.4080	71.6244	71.7924	72.3402
管理投入力度/%	3.20	3.15	3.33	3.14	3.50
违规事件查处力度/%	100	100	100	100	100

8.4.3　警源查证结果及分析

排除在统计年限内数据没有变化的警源指标，根据各警源指标的统计数据，利用警源查证模型得到东江河流系统健康警源查证结果，见表8－42。

表8－42　东江河流系统健康警源查证结果一览表（$R>0.96$）

表征因子	河流自然生态环境		人类活动与社会服务功能		人类发展水平	
警源因素	影响性质	贡献率	影响性质	贡献率	影响性质	贡献率
年降雨量	＋	1.5426	＋	1.1153	－	0.4462
年最大降雨强度	＋	1.5110	＋	1.2326	－	0.6077
洪水灾害次数	/	/	/	/	/	/
工矿企业等污染排放量	－	1.2965	－	1.1311	－	0.8555
城镇生活污染排放量	－	1.2337	－	1.0004	－	0.8191
工业用水量	－	1.1994	＋	1.0504	＋	0.8741
农业用水量	－	1.1942	＋	1.1018	＋	0.8958
生活用水量	－	1.1511	＋	1.0481	＋	0.8884
生态用水量	＋	1.2601	－	1.3011	＋	0.8345
鱼类洄游通道设置率	/	/	/	/	/	/
河岸侵占率	－	1.1917	＋	1.2488	－	0.8761
流域外调水比例	－	1.1344	－	1.2091	＋	0.9129
河岸硬质化比	－	1.0916	＋	1.1706	－	0.9203
人口	－	1.0482	＋	1.1389	＋	0.9577
GDP	－	1.0102	＋	1.1210	＋	0.9875
城镇化率	＋	0.9815	＋	1.0928	＋	1.0142
管理投入力度	＋	1.0023	＋	1.0580	＋	1.0000
违规事件查处力度	/	/	/	/	/	/

8.4.3.1　对河流自然生态环境的影响

从表8－42可以看出，在参与警源查证的15个警源因素中，对河流自然生态环境因子产生正向影响的仅仅有5个，分别是年降雨量、年最大降雨强度、生态用水量、城镇化率和管理投入力度；而产生负向影响的却有10个，其中影响最大的前五个警源因素分别为：工矿企业等污染排放量、城镇生活污染排放量、工业用水量、农业用水量和河岸侵占率。结果也显示出，在参与查证的警源因素中大多数都会对东江的自然生态环境产生负面影响。

由于东江水主要来源于自然降水，年降雨量的大小会直接影响到东江的自然生态环境状况。因此，年降雨量和年最大降雨强度是所有警源因素中对东江自然生态环境贡献率最

大的两个因素。而水资源利用因子中的生态用水量，则对维护和保护东江的河流自然生态环境具有明显的正向作用。城镇化率的提高，使得人口居住、生活、生产更加集中，从而更有利于实现对东江水资源的综合高效利用。管理投入力度的加强，对于维护和改善东江的河流自然生态环境也具有一定的正面作用。

污染因子中的工矿企业等污染排放量和城镇生活污染排放量因素是东江河流自然生态环境的最大负向影响因素，这也是东江河流部分河段水质超标的直接原因。而水资源利用因子中的工业、农业、生活等河道外用水会使得河道中的水量减少而成为河流自然生态环境的负向影响因素。河道影响因子中的河岸侵占则会影响到河岸带的健康状况，也属于负向影响。水利工程因子中的流域外调水会减少河道中的水量，而河岸硬质化则会破坏河流的横向连通性及部分生物的栖息环境，对东江河流自然生态环境都是属于负面影响。社会因子中人口和GDP都属于负向影响，主要是由于人口和GDP的增长，不但会导致对东江河流水资源的消耗总量进一步增加，也会使得人类社会对东江河流系统自然生态环境的压力进一步增大。

因此，为改善和提高东江河流自然生态环境要素的健康程度，降低工、农业用水和生活用水的污染排放，科学合理地进行河道外用水和调水，加强管理工作力度是十分重要和必要的。

8.4.3.2　对人类活动与社会服务功能的影响

对于东江河流系统的人类活动与社会服务功能而言，只有生态用水量、流域外调水比例、工矿企业等污染排放量和城镇生活污染排放量这四个警源因素是发挥负面作用的。其余的警源因素对社会服务功能都是产生正面影响，其中贡献率最大的五个因素是河岸侵占率、年最大降雨强度、河岸硬质化比、人口和GDP。

为维护东江河流系统的自然生态环境而设置的生态用水是影响东江社会服务功能的最大负面因素，主要是由于为保留生态用水会使得对东江水资源的利用受到限制。流域外调水、工矿企业等污染排放和城镇生活污染排放都会使得流域内对可利用的水资源总量进一步下降，从而会对河流系统内的人类活动与社会服务功能的实现产生一定的负面影响。

由此可以看出，对于东江河流系统的人类活动与社会服务功能，在保障东江生态用水的基础上，减少各种污水排放的同时，进一步提高区域内的社会经济发展水平，加强对流域外调水的科学管理与控制及东江河流的管理和执法力度，对提高东江河流系统的社会服务功能是十分有益的。

8.4.3.3　对人类发展水平的影响

对区域人类发展水平产生正向影响贡献最大的五个警源因素分别是城镇化率、管理投入力度、GDP、人口和流域外调水。而产生负面影响贡献最大的五个警源因素则分别是河岸硬质化、河岸侵占率、工矿企业等污染排放量、城镇生活污染排放量和年最大降雨强度。

城镇化、GDP和人口的增加都表明区域内社会的经济水平在不断提高，而管理投入力度和流域外调水则从另一个方面体现了人们对河流认识的深入和科学技术水平的提高。因此，这些因素都是正面反映区域人类社会的发展水平。而河岸硬质化、侵占河岸、工矿企业等污染排放量及城镇生活污染排放量则一方面反映了人们对河流系统健康保护认识的不足，另一方面也表明人类现有发展阶段下的科学技术水平还不足以消除这些警源因素。自然因子中的年降雨量和年最大降雨强度虽然其回归系数符号为负，但其影响的贡献率明显低于其他负面因素的贡献率，表明其虽然对人类发展水平有一定的影响，但其作用不甚明显。

8.5　东江河流系统的健康预警（2013—2017年）

8.5.1　警兆指标的预测（2013—2017年）

根据各警兆指标2008—2012年的初始数据序列，结合其变化特点，利用灰色理论分别构建各警兆指标的等维灰数递补预测模型，并利用预测模型对其后5年的变化进行预测。由于部分警兆指标在评价期内无明显变化或缺乏完整的系列资料，因此预测时作为常数处理，其余各警兆指标2013—2017年的预测结果见表8-43。

表8-43　　各警兆指标2013—2017年的预测结果

评价指标	指标评分预测值				
	2013	2014	2015	2016	2017
河岸带状况（D1）	61.74	61.74	61.74	61.74	61.74
河道纵向连通性（D2）	36.84	36.84	36.84	36.84	36.84
河流蜿蜒度变化度（D3）	100	100	100	100	100
径流过程变异程度（D4）	51.762	43.478	48.905	53.250	48.221
生态流量保障程度（D5）	91.185	88.395	91.332	99.030	95.944
水环境状况（D6～D8）	92.175	89.379	94.371	96.517	95.769
硅藻生物指数（D9）	10.715	10.715	10.715	10.715	10.715
鱼类损失指数（D10）	0.32	0.32	0.32	0.32	0.32
珍稀鱼类的保护（D11）	50.00	50.00	50.00	50.00	50.00
防洪安全（D12）	56.49	56.49	56.49	56.49	56.49
公众满意度（D13）	72.28	72.28	72.28	72.28	72.28
水资源的开发利用（D14）	0.278 (0.268)	0.270 (0.269)	0.283 (0.263)	0.275 (0.238)	0.289 (0.262)
供水保障（D15）	0.892	0.858	0.863	0.957	0.979
水功能区水质达标（D16）	0.443 (0.423)	0.403 (0.435)	0.464 (0.417)	0.454 (0.500)	0.442 (0.464)
出生时预期寿命指数（D17）	0.901	0.903	0.906	0.909	0.911
平均受教育年限指数（D18）	0.640	0.643	0.648	0.654	0.659
人均国民总收入指数（D19）	0.710	0.721	0.732	0.742	0.753

注　括号中数值为该指标的实际值。

8.5.2　东江河流系统健康的预测（2013—2017年）

根据各警兆指标在2013—2017年的预测值，并利用东江河流系统健康评估的多目标

的层次—模糊综合评价模型分别计算得到东江河流系统在2013—2017年健康隶属度状况，结果见表8-44。

表8-44　　东江河流系统健康隶属度状况（2013—2017年）

年份	健康	亚健康	轻度病变	重度病变	病危
2013	0.2734	0.4232	0.2209	0.0825	0.0000
2014	0.2574	0.4200	0.2137	0.1089	0.0000
2015	0.3191	0.3612	0.2339	0.0858	0.0000
2016	0.4475	0.2536	0.2218	0.0771	0.0000
2017	0.4369	0.2641	0.2078	0.0912	0.0000

对上述模糊综合评价向量采用M(·，+）模型进行信息综合，将隶属度分布转化为评分结果，见表8-45。

表8-45　　2013—2017年东江河流系统健康状态评分结果

内　容	2013年	2014年	2015年	2016年	2017年
评分结果	77.75	76.52	78.27	81.43	80.94
健康等级	亚健康	亚健康	亚健康	健康	健康
警度	轻警	轻警	轻警	无警	无警
预警信号	蓝色	蓝色	蓝色	绿色	绿色

从表8-45可以看出，2013—2015年，东江河流系统的健康状态处于亚健康状态，而在2016—2017年则处于健康状态。各年的健康等级评分结果均在80分线（亚健康与健康的分界线，也就是健康的下限分数）附近，其健康评分差距并不显著。特别是2016年、2017年的健康评分虽然超过80的健康线，但也仅仅是刚刚超过健康的界限。灰色预测模型存在随着预测期限变长预测精度会逐渐下降，虽然利用等维灰数递补预测模型可以提高预测精度，但随着预测期限延长预测精度仍不可避免下降。因此，从预测精度和可靠性的角度出发，2013—2015年的预测结果会较2016—2017年的预测结果更为准确可靠。因此，在2013—2017年，东江河流系统的健康状态总体上应该维持在亚健康状态与健康状态之间。

8.6　东江河流系统健康发展趋势分析

8.6.1　东江河流系统（2008—2012年）总体健康水平

从东江河流系统2008—2012年健康综合评价结果（表8-39）来看，东江河流系统总体上均处于亚健康状态，但其中仍然包含了不少非健康的成分（表8-38）。以下从东江河流系统的河流自然生态环境、人类活动及社会服务功能和人类发展水平三个方面来分别分析东江河流系统中健康成分与非健康成分的变化。其中，亚健康及健康成分划分为健康成分，其余成分则划分为非健康成分。

8.6.1.1　河流自然生态环境

根据东江河流自然生态环境 2008—2012 年评价结果和隶属度状况（表 8－37），可以得到其健康成分（隶属度中健康和亚健康所占的比例，下同）与非健康成分（隶属度中除去健康和亚健康所占比例剩下的部分，下同）在评估期内的变化情况，如图 8－5 所示。

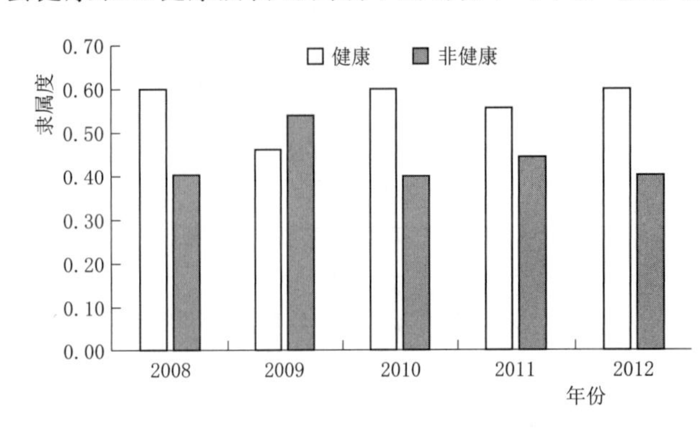

图 8－5　东江河流自然生态环境成分对比

从图 8－5 可以看出，除个别年份外，河流自然生态环境的健康成分的比例高于非健康成分的比例，但其中差异并不特别明显，这也是造成河流自然生态环境总体处于亚健康状态的原因。由表 8－9 东江河流系统健康预警警兆指标体系层次结构可以看出，东江河流系统的河流自然生态环境子目标由河流物理结构形态、水文水资源、水环境及水生生物四个准则层组成。在当前评估时间尺度内，河流的物理结构形态及水生生物并无明显变化，因此，造成河流自然生态环境的健康成分与非健康成分的比例变化主要是由于水文水资源（C1）与水环境（C3）的变化引起的，具体到指标层就是径流过程变异程度（D4），生态流量保障程度（D5）、理化指标（D6）、非金属无机物（D7）及金属无机物（D8）等指标所反映的物理、化学过程变化引起的。这些物理、化学过程会体现在东江河流的水量和水质上，而水量的多少在一定程度上也会影响到水质。由于东江的水主要来源于降雨，因此东江流域的降雨量、降雨强度等降雨因素对东江河流自然生态环境的健康状态有着决定性的作用。当东江水量过多或过少都会促使河流管理者通过东江流域的水利工程（如水库）加大对水量的调节，从而使得东江的径流过程变异程度加大；而水量充足有利于提高东江河流系统的生态流量保障程度，水量不足则会使其生态流量保障程度下降。

统计 2008—2012 年东江流域的年降雨量与东江河流自然生态环境中健康成分的比例，列于表 8－46，并绘制其关系曲线，如图 8－6 所示。

表 8－46　　　　年降雨量与自然生态环境健康成分

年　份	年降雨量（降水深）/mm	健康成分比例	年　份	年降雨量（降水深）/mm	健康成分比例
2008	2067.6	0.6003	2011	1400.1	0.5560
2009	1372.9	0.4623	2012	1767.8	0.6003
2010	1787.4	0.6003			

从表 8－46 和图 8－6 可以看出，当东江流域年降雨量在 1700mm 以下时，其与东江河流自然生态环境中健康成分的变化趋势具有显著的正向关联性，当年降雨量超过 1700mm 以后，其健康成分则维持不变。表明对东江河流系统而言，充足的降雨量尽管是维持健康自然生态环境的前提基础和保证，但其余因子仍对其健康状态有着直接的影响。

从表 8-46 可以看出，东江河流系统的自然生态环境中非健康成分也还占了相当大的比重，表明东江河流系统的自然生态环境中仍存在不少健康隐患。在评估河段范围内，虽然河岸带植被覆盖度较高，大部分河岸较为稳定，但沿河都存在一定程度的人工干扰，且部分河段干扰程度较大，特别是挖沙的影响；水文水资源则受水利工程调度影响较大，使得径流过程变异程度较大，而且部分时段生态流量保障程度不足；东江干流上各梯级电站对河道的纵向连通性有较大的影响，特别是对洄游性水生生物造成的影响深远；现有水质监测资料也表明，东江河流水质在下矶角以上河段都能够满足相应的水质要求，在下矶角—石龙河段则有时水质不能达到相应要求；另外，东江河流系统的水生生物状况处于比较不健康的状态。主要是由于近年来东江流域社会经济的快速发展，东江水环境承受的压力在逐步增加，淡水鱼类的种类较 20 世纪 80 年代有较大的减少，而且东江流域的一些珍稀鱼类的保护不够。

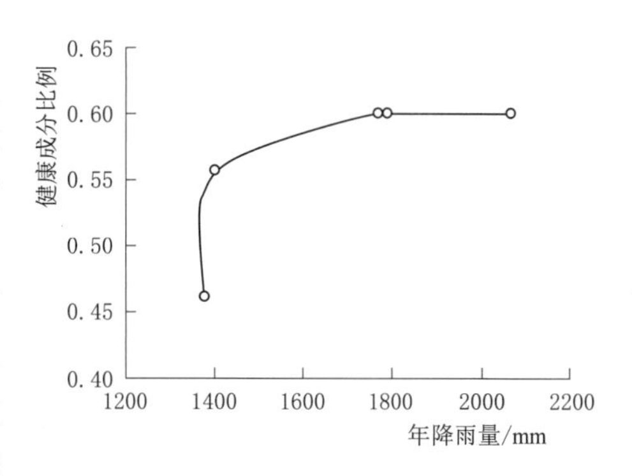

图 8-6　年降雨量与健康成分关系

8.6.1.2　人类活动与社会服务功能

根据东江河流系统人类活动与社会服务功能 2008—2012 年评价结果的隶属度状况（表 8-35），可以得到其健康成分与非健康成分在评估期内的变化情况，如图 8-7 所示。

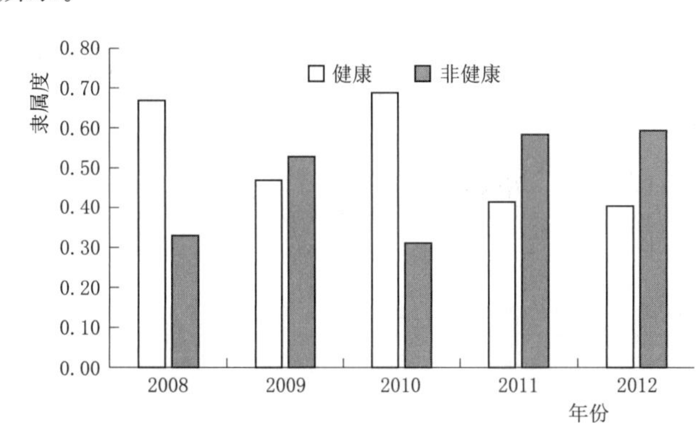

图 8-7　不同年份人类活动与社会服务功能成分对比

对于东江河流系统的人类活动与社会服务功能子目标（B2），只有人类活动与社会服务（C5）一个准则层指标，其包含了防洪安全（D12）、公众满意度（D13）、水资源的开发利用（D14）、供水保障（D15）、水功能区水质达标（D16）5 个具体指标。由于在 2008—2012 年评估期内，防洪安全（D12）与公众满意度（D13）并无变化，因此人类活动与社会服务功能中健康成分的变化主要是由于水资源的开发利用（D14）、供水保障（D15）、水功能区水质达标（D16）3 个指标引起的，而这 3 个指标也都与东江的水量和水质状况密切相关。2008—2012 年，年降雨量最大的 2008 年和 2010 年，人类活动与社会服务功能中健康成分都分别达到了 0.6687 和 0.6889，而这两者的差异主要是由于水功能区水质达标情况造成的，其水功能区水质达标率分别为 0.6111 和 0.6429。而在 2012 年虽然其年降雨量达到了 1767.8mm，与 2010 年的年降雨量几乎一致，但由于其水功能区水质达标率仅为 0.5357，从而使得该年人类活动与社会服务功能中的健康成分仅为 0.4049，不但远低于2010年的状况，而且也小于该年份中的非健康成分。

由此可以看出，对于东江河流系统的人类活动与社会服务功能，水量和水质状况仍是直接影响其健康状态的关键因素。

8.6.1.3　流域人类发展水平

根据东江流域人类发展水平2008—2012年评价结果的隶属度状况（表8-36），可以得到其健康成分与非健康成分在评估期内的变化情况。

从表8-36可以看出，2008—2012年东江流域人类发展水平中并无非健康成分，也就是全部为健康成分。表明这5年中，东江流域人类发展水平一直处于高水平发展阶段，而且随着时间发展，历年中隶属于好的成分不断增加，说明东江河流系统中流域人类发展水平仍在不断提高，在向极高发展水平方向发展。

从以上东江河流系统健康3个子目标2008—2012年间健康成分与非健康成分的变化来看，东江流域人类发展水平一直在向极高水平方向发展，其组成成分完全由好与较好两种成分组成，而且好的成分在不断持续增加。而河流自然生态环境子目标与人类活动与社会服务功能子目标则仍存在相当程度的非健康成分。因此，对于当前状态下的东江河流自然生态环境，如果继续为流域内社会服务和人类发展提供高质量的支持，就需要对河流自然生态环境进行修复和保护，通过人工干预和引导，促使东江河流自然生态环境子系统向更高级、更复杂的方向发展，这也是东江河流生态系统维持自身可持续发展的需要。

8.6.2　东江河流系统健康发展趋势

从东江河流系统健康预警分析结果来看，2013—2015年，东江河流系统健康状态均处于亚健康状态，对应的预警状态为轻警、预警信号为蓝色；2016—2017年，东江河流系统健康状态均处于健康状态，对应的预警状态为无警、预警信号为绿色。综合2008—2017年东江河流系统健康评价结果中健康成分与非健康成分，列于表8-47。

表8-47　东江河流系统健康成分表

年　份	健康成分	非健康成分	年　份	健康成分	非健康成分
2008	0.7195	0.2805	2013	0.6966	0.3034
2009	0.6007	0.3993	2014	0.6774	0.3226
2010	0.7248	0.2752	2015	0.6802	0.3198
2011	0.6323	0.3677	2016	0.7011	0.2989
2012	0.6507	0.3494	2017	0.7011	0.2989

从表8-47可以看出，东江河流系统中健康成分总体上处于逐渐增加、而非健康成分处于逐渐减少的趋势，但这种趋势相对比较微弱。因此，东江河流系统虽然整体表现出亚健康状态，其健康状态具有逐步缓慢转好的趋势，但仍需进一步加强对东江河流系统自然生态环境子系统的保护和修复，并同时增大对区域内人类活动的控制与调节，促使和加快东江河流系统向健康状态的转变。

8.6.3　东江河流系统健康保护与管理建议

东江河流系统的健康状况不但关系到区域内的民生大计、经济社会可持续发展，而且

也会直接影响到对深港供水的正常运行。加强东江河流系统的健康保护与管理是今后一定时期东江行政管理部门的重要工作之一，结合东江河流系统健康的预警结果，为全面推进和加强东江河流系统健康的保护与管理工作，建议进一步加强以下工作。

1. 普及河流系统健康保护与管理知识，强化公众的河流健康保护意识

随着社会的进步与发展，保护河流健康、促进人水和谐发展越来越成为了社会的共识。河流健康概念是21世纪初才从国外引进的，河流管理部门及其相关人员和公众对河流健康的理念大多数还较为陌生，对河流健康保护与管理的相关知识缺乏，健康保护与管理意识不清晰。针对实际情况，通过编制河流健康的相关知识科普手册、举办培训班等形式向相关管理人员普及河流健康保护和管理的相关基础知识，增强管理者对于河流健康保护和管理的意识，为有效加强河流健康保护与管理打下基础。同时应加大宣传和教育力度，通过发放河流健康科普手册、网络宣传、图文展览等形式，增强公众河流健康保护的概念及意识，并积极加入东江河流系统健康的维护和保护工作，形成全民参与的氛围。

2. 确定东江河流系统健康保护与修复目标

按照以人为本、人水和谐的治水思路，东江河流系统健康保护与修复的宏观目标可以确认为：在东江河流系统的生态环境等自然属性和社会服务功能等社会属性的辩证统一的基础上，实现东江流域社会经济发展和生态环境保护相协调，从而实现人水和谐相处，保障东江流域整体生态环境安全和社会经济的可持续发展。

影响东江河流系统健康的因素众多，在进行东江河流系统健康保护与修复时，在需要确定影响东江河流系统健康主要因素的基础上，结合东江实际情况确定东江河流系统健康保护与修复的可行性目标。围绕东江河流系统健康保护与修复目标，采取针对性的工程措施或非工程措施，对东江河流系统健康进行保护和修复。通过警源查证分析结果可以看出，水质不达标、耗水量的增加、水生生物栖息环境的破坏及社会经济的发展给东江社会服务功能带来的压力增长等是影响东江河流系统健康的主要因素。因此，对于东江河流系统健康的修复与保护可从修复东江河流系统自然生态环境、适当控制人类活动强度两方面出发，主要包括：①进一步提高河岸带的植被覆盖度和植被丰富度、减少流域内大气污染物的排放，改善东江流域的局部小气候；②严格执行国家和省市地方的相关排放标准，提高进入东江水体的污水排放标准，进一步改善东江特别是中下游河段水质，提高东江河流水功能区水质达标比例；③通过修复和改善河道上下游及河岸两侧的连通性、增加珍稀鱼类的保护措施等，改善水生生物的栖息地环境并加强对水生生物的保护；④加快东江流域堤防加固改造工程，使得流域防洪堤防达到规划标准，并利用生态防护技术改进堤防的生态功能，降低堤防对河道横向连通性的影响，降低对两栖生物、穴居类等生物栖息环境的影响；⑤进一步加强水资源调度与管理工作，在保证东江河流生态需水量的同时，提高其供水保障能力。

3. 加强东江河流系统的健康综合管理

（1）加强河道管理，加大投入和水政执法力度。东江河流的物理结构形态健康是河流健康的基础，因此需要严格执行有关河道管理范围的法律规定，河道范围内严格控制采砂、建筑物（房屋）建设、垃圾填埋场或垃圾堆放、河滨公园建设、公路管道建设、采矿、农业耕种、畜牧养殖等人工干扰活动。加大执法力度，坚决贯彻《中华人民共和国水法》《中华人民共和国水污染防治法》《中华人民共和国河道管理条例》《中华人民共和国

防洪法》等法律规章，对违法的人类干扰活动予以制止和清理。同时应该加大河道管理投入力度，进一步完善相关监测体系。

（2）加强水利工程调度管理，完善生态补偿措施，提高用水保障。目前，东江干流枫树坝以下已建成有12座梯级电站和相关跨流域引水工程，这些工程的建设对水资源的开发利用、保障生产和生活用水、促进地方经济发展起到重要的作用。但同时这些工程的建设对东江河流生态系统的健康造成一定的影响。水利工程的建设在现阶段是经济社会发展必不可少的，为了补偿这些水利工程对河流生态环境的影响，需要结合一些先进理念和先进技术，采取有针对性的工程措施和非工程措施，如对河道挡水建筑物增加过鱼通道、对河岸采用生态护岸方式、加强水利工程的科学管理等，优先保障生活和生态用水等。

（3）加强水污染综合防治与水资源保护工作。水质较差、水质污染严重在东江干流部分河段时有出现，从源头上控制污染源，加强水污染综合防治是改善东江水质、维护东江河流系统健康的最根本举措之一。从东江干流来看，造成水质不达标的主要原因大多数情况下是氨氮超标。因此，在该区域范围内，应加大对农业面源污染、生活污水的治理。加大污水处理设施及收集管网建设力度并加强管理保证污水处理设施有效运行；大力清理畜禽养殖污染问题、加强面源污染控制等措施减少源头污染。同时应加大水资源保护力度，通过入河排污口整治、饮用水源地保护、河流综合整治、加强综合管理等措施，改善东江水质、保护东江水生态环境。

（4）加强防洪工程建设及管理，提高防洪能力。截至2019年年底，东江干流上仍有相当长度的防洪堤防未达到规划标准，如边坡偏陡、堤顶宽度不够、堤顶高程不达标等，且工程管理也有待进一步加强。因此应加强防洪工程建设，尽快达到规划防洪标准，同时也应该结合生态保护的理念，把堤防建设成为生态堤防，尽可能降低对河道横向连通性和某些生物栖息环境的影响。另外，也要加强建设后的工程管理，保证防洪工程正常有效运行，逐步完善流域防洪体系，减少洪涝灾害损失，保障东江健康的社会服务功能。

（5）科学规划、充分论证，合理开发利用东江水资源。对东江干流上涉水工程的建设，无论是水利工程建设，还是水资源配置或其他工程，都应首先做到科学规划。工程建设前充分论证，充分考虑工程对东江河流系统健康造成的各种影响，并需配套完善相关的生态补偿措施。科学合理控制河道外用水规模，避免或降低水利工程建设、水资源开发利用等活动对东江河流系统的生态环境造成的不利影响。

4. 加强和完善监测体系，建立东江河流系统健康预警机制

对东江河流系统进行健康预警是在各预警指标具有较为完备的监测数据基础上进行的，详细、可靠、连续的基础数据是整个预警工作的核心。广东省东江流域管理局建立的东江水资源水量水质监控系统对完成东江河流系统健康预警（2008—2012年）工作提供了重要的资料数据支持，但仍有部分资料数据需要借助其他途径获取，因此有必要对现有的监测体系进一步加强和完善。除继续加强对水文水资源、水质的监测外，也需适时开展对有关水生生物的监测，同时加强对河流物理结构形态方面的监测，从而进一步加强和完善原有的监测体系。另外，东江河流健康也与公众休戚相关，其最终目标也是为公众服务，因此有必要定期开展东江公众满意度调查。

为了科学、合理地对东江进行开发利用，评价开发利用过程中对东江河流系统健康的影

响是十分必要的；另外，对涉及政府部门决策、科学研究与公众要求等（例如针对突发性事件、涉河工程等），及时掌握河流健康的状况及其变化趋势也是十分必要的。因此，有必要建立东江河流系统健康预警机制，对东江河流系统健康状况进行定期或不定期的评价与预警，为政府和河流管理部门开展科学合理的流域综合开发利用和保护管理提供技术支撑。

5. 实现对东江全系统、全流域健康预警

由于东江河流系统是由各支流、水库和干流等组成的一个整体，各组成部分的支流、水库等的健康状况及其变化均会影响到整个东江河流系统的健康状态。因此有必要对东江各支流、水库等组成部分的健康状况进行整体的流域评估与预警，排查警源和预警分析。结合已完成的干流部分的健康预警部分，从整体上对东江河流系统的健康问题进行分析，判断各支流、水库的健康状况对东江干流健康状况的影响程度及其在东江河流系统整体健康状况中所起到的作用，从而为东江流域的河流管理和生态修复治理提供理论和技术支撑。

参考文献

暴奉贤，陈宏立，1998. 经济预测与决策方法［M］. 广州：暨南大学出版社.

布恩著，1997. 河流保护与管理［M］. 宁远，沈承珠，谭炳卿，等译. 北京：中国科学技术出版社.

蔡其华，2005. 维护健康长江促进人水和谐——摘自蔡其华同志2005年长江水利委员会工作报告［J］. 人民长江，26（3）：1-3.

陈东，张启舜，1997. 河床枯萎初论［J］. 泥沙研究（4）：14-22.

陈涛捷，1990. 灰色预测模型的一种拓广［J］. 系统工程，8（4）：50-52.

陈衍泰，陈国宏，李美娟，2004. 综合评价方法分类及研究进展［J］. 管理科学学报，7（2）：69-79.

陈以确，杨家坦，2005. 维护河流健康生命的“三维持三维护一模式”指标体系［J］. 中国水利（10）：20-21，51.

程光明，1998. 中外防洪标准与防洪措施［J］. 水利技术监督（5）：10-12.

迟国泰，王卫，等，2009. 基于科学发展的综合评价理论、方法与应用［M］. 北京：科学出版社.

崔树强，2002. 黄河断流对黄河三角洲生态环境的影响［J］. 海洋科学，26（7）：42-46.

邓红兵，王青春，王庆礼，等，2001. 河岸植被缓冲带与河岸带管理［J］. 应用生态学报，12（6）：951-954.

邓聚龙，1984. 社会经济灰色系统的理论与方法［J］. 中国社会科学，（6）：47-60.

邓聚龙，1985. 灰色系统理论的GM模型［J］. 模糊数学，（2）：23-32.

邓聚龙，1990. 灰色系统理论教程［M］. 武汉：华中理工大学出版社.

邓聚龙，2002. 灰预测与灰决策（修订版）［M］. 武汉：华中科技大学出版社.

邓聚龙，2005. 灰色系统基本方法：汉英对照 第2版［M］. 武汉：华中科技大学出版社.

丁莞歆，2007. 中国水污染事件纪实［J］. 环境保护，（7b）：83-85.

段水旺，章申，1999. 中国主要河流控制站氮、磷含量变化规律初探［J］. 地理科学，19（5）：411-416.

冯普林，2005. 渭河健康生命的主要标志及评价指标体系研究［J］. 人民黄河，27（8）：3-6.

耿雷华，刘恒，钟华平，等，2006. 健康河流的评价指标和评价标准［J］. 水利学报，37（3）：253-258.

顾海兵，陈璋，1992. 中国工农业经济预警［M］. 北京：中国计划出版社.

顾海兵，1995. 90年代后半期中国农业发展的监测预警与对策［M］. 北京：中国计划出版社.

广东省水利电力勘测设计研究院，广东省水文局，等，2012. 广东省流域综合规划总报告［R］. 广州：广东省水利电力勘测设计研究院.

郭亚军，2007. 综合评价理论、方法及应用［M］. 北京：科学出版社.

韩中庚，2012. 数学建模实用教程［M］. 北京：高等教育出版社.

洪梅，2002. 地下水动态预警研究［D］. 长春：吉林大学.

姜华，王晶，吴晓林，2016. 区域经济与高等教育协调发展的实证研究［J］. 现代教育管理（12）：13-18.

李福夺，2016. 新疆粮食产量主要影响因素分析［J］. 中国农机化学报（5）：268-274.

李岗，熊猛，2004. 浅析灰色系统的发展及其展望［J］. 四川建筑科学研究，30（1）：124-126.

李国英，2001. 治水辩证法［M］. 北京：中国水利水电出版社.

李国英，2003. 建立“维持河流生命的基本水量”概念［J］. 人民黄河，25（2）：24.

李国英，2004. 黄河治理的终极目标是“维持黄河健康生命”[J]. 人民黄河，26（1）：1-2.
李华，胡奇英，2005. 预测与决策 [M]. 西安：西安电子科技大学出版社.
李群，1993. 灰色预测模型的进一步拓广 [J]. 系统工程理论与实践，13（1）：64-66.
李升，2008. 地下水环境健康预警研究 [D]. 长春：吉林大学.
李义天，倪晋仁，1998. 泥沙输移对长江中游水位抬升的影响 [J]. 应用基础与工程科学学报（3）：5-11.
林木隆，李向阳，杨明海，2006. 珠江流域河流健康评价指标体系初探 [J]. 人民珠江，27（4）：1-3.
刘晓燕，张建中，张原锋，2006. 黄河健康生命的指标体系 [J]. 地理学报，61（5）：451-460.
刘昌明，陈志恺，2001. 中国水资源现状评价和供需发展趋势分析 [M]. 北京：中国水利水电出版社.
刘昌明，王礼先，夏军，2004. 西北地区水资源配置生态环境建设和可持续发展战略研究 [M]. 北京：科学出版社.
刘静，2013a. 东江流域底栖硅藻多样性及集合群落的研究 [D]. 广州：暨南大学.
刘静，韦桂峰，胡韧，等，2013b. 珠江水系东江流域底栖硅藻图集 [M]. 北京：中国环境科学出版社.
刘静，林秋奇，邓培雁，等，2014. 东江水系底栖硅藻群落及生物监测 [M]. 北京：中国环境出版社.
刘仁，卞树檀，于强，2013. 评估指标体系构建的方法研究 [J]. 电子设计工程，21（1）：34-36.
刘思峰，等，2017. 灰色系统理论及其应用：第 8 版 [M]. 北京：科学出版社.
刘祥妹，2012. 基于 BP 神经网络的组合预测技术在企业能源管理系统中的应用研究 [D]. 青岛：青岛科技大学.
刘毅，2011. 东江干流鱼类群落变化特征及生物完整性评价 [D]. 广州：暨南大学.
L. 贝塔兰菲，1987. 一般系统论 [M]. 秋同，袁嘉新，译. 北京：社会科学文献出版社.
鲁春霞，谢高地，成升魁，2001. 河流生态系统的休闲娱乐功能及其价值评估 [J]. 资源科学，23（5）：77-81.
鲁春霞，谢高地，成升魁，等，2003. 水利工程对河流生态系统服务功能的影响评价方法初探 [J]. 应用生态学报，14（5）：803-807.
鲁献慧，2005. 科学发展观视域中的生态文明建设 [J]. 郑州大学学报（哲学社会科学版），38（6）：89-92.
卢升高，2010. 环境生态学 [M]. 杭州：浙江大学出版社.
栾建国，陈文祥，2004. 河流生态系统的典型特征和服务功能 [J]. 人民长江，35（9）：41-43.
罗彬源，2008. 结合 GIS 技术的河流健康多层次灰关联评价研究 [D]. 广州：广东工业大学.
罗桂荣，陈炜，1988. 灰色系统模型的一点改进及应用 [J]. 系统工程理论与实践，8（2）：46-52.
罗艳，王莉红，王卫军，等，2006. 浙江省农村水污染成因与防治对策探讨 [J]. 农机化研究（9）：196-197.
吕永波，2005. 系统工程 [M]. 北京：清华大学出版社.
齐璞，苏运启，2002. 黄河下游“小水大灾”的成因分析及对策 [J]. 人民黄河，24（7）：12-13.
钱吴永，党耀国，2009. 基于振荡序列的 GM（1，1）模型 [J]. 系统工程理论与实践，29（3）：151-156.
钱正英，张光斗，2001. 中国可持续发展水资源战略研究（综合报告及各专题报告）[M]. 北京：中国水利水电出版社.
任雪松，于秀林，2011. 多元统计分析：第 2 版 [M]. 北京：中国统计出版社.
任玉凤，王金柱，2004. 技术本质的批判与批判的技术本质——以系统论的观点看技术本质 [J]. 自然辩证法研究，20（4）：34-38.
日本土木学会，2002. 滨水景观设计 [M]. 大连：大连理工大学出版社.
佘丛国，席酉民，2003. 我国企业预警研究理论综述 [J]. 预测，22（2）：23-29.
石教智，吴文娇，吴龙华，等，2016. 东江河流系统健康诊断及分析 [J]. 水电能源科学，34（1）：

35-39.
时新，1991. 系统有序性的哲学思考［J］. 晋阳学刊（2）：56-62.
叔本华，1996. 伦理学的两个基本问题［M］. 北京：商务印书馆.
叔本华，1999. 作为意志和表象世界［M］. 北京：中国社会出版社.
司守奎，孙兆亮，孙玺菁，2011. 数学建模算法与程序［M］. 北京：国防工业出版社.
司守奎，2015. 数学建模算法与应用习题解答［M］. 北京：国防工业出版社.
陶骏昌，1994. 农业预警概论［M］. 北京：北京农业大学出版社.
王春枝，2007. 综合评价指标筛选及预处理的方法研究［J］. 统计教育（3）：15-16.
王芳，2003. 主成分分析与因子分析的异同比较及应用［J］. 统计教育（5）：14-17.
王惠文，1999. 偏最小二乘回归方法及其应用［M］. 北京：国防工业出版社.
王季方，卢正鼎，2000. 模糊控制中隶属度函数的确定方法［J］. 河南科学，18（4）：348-351.
王继叶，项曙光，2016. 催化剂定量构效关系建模方法应用进展［J］. 计算机与应用化学，33（10）：1045-1049.
王建根，李春生，1996. 灰色预测模型问题的一个注记［J］. 系统工程，14（6）：25-30.
王树恩，陈士俊，贾敏，2000. 近代生态破坏与环境污染的发生、类型、状况与危害——马克思恩格斯对环境哲学思想的系统研究［J］. 社会科学战线（2）：84-92.
王西琴，2007. 河流生态需水理论、方法与应用［M］. 北京：中国水利水电出版社.
王西琴，张远，2008. 中国七大河流水资源开发利用率阈值［J］. 自然资源学报，23（3）：500-506.
王秀山，2005. 复杂系统演化过程的有序性和无序性［J］. 系统科学学报，13（1）：44-47.
王学萌，1989. 等维灰数递补动态预测［J］. 华中理工大学学报（4）：9-16.
王宗军，1998. 综合评价的方法、问题及其研究趋势［J］. 管理科学学报（1）：18-22.
魏宏森，曾国屏，2009. 系统论［M］. 北京：世界图书出版公司.
吴阿娜，杨凯，车越，等，2005. 河流健康状况的表征及其评价［J］. 水科学进展，16（4）：602-608.
邬建国，2007. 景观生态学：格局、过程、尺度与等级：第2版［M］. 北京：高等教育出版社.
吴龙华，2010. 河流健康预警理论与方法研究［PDR］. 南京：河海大学环境科学与工程博士后流动站.
吴龙华，严忠民，杨校礼，2014. 东江河流系统健康内涵及评估理论架构报告［R］. 南京：河海大学.
吴龙华，石教智，李宁，等，2015. 广东省东江河流健康诊断思路及关键内容［J］. 水电能源科学，33（7）：59-61.
吴有炜，高洁，2004. 概率论与数理统计［M］. 苏州：苏州大学出版社.
席家治，1996. 黄河水资源［M］. 郑州：黄河水利出版社.
谢乃明，张可，2016. 离散灰色预测模型及其应用［M］. 北京：科学出版社.
徐泽水，2001. 模糊互补判断矩阵排序的一种算法［J］. 系统工程学报，16（4）：311-314.
杨文慧，2007. 河流健康的理论构架与诊断体系的研究［D］. 南京：河海大学.
杨燕风，王黎明，王宏伟，等，2000. 城市快速增长期生态与环境整合指标体系研究［J］. 地理科学进展，19（4）：351-358.
杨义，2008. 天津市发展历程对海河改造工程定位的思考［D］. 天津：天津大学.
易平涛，李雪，周莹，等，2017. 生态城市评价指标的筛选模型及应用［J］. 东北大学学报（自然科学版），38（8）：1211-1216.
应桂英，李恒，段占祺，等，2012. 卫生统计指标筛选方法评价［J］. 中国卫生事业管理，29（6）：465-467.
游士兵，严研，2017. 逐步回归分析法及其应用［J］. 统计与决策（14）：33-37.
于德江，1991. 灰色系统建模方法探讨［J］. 系统工程，9（5）：9-12.
余锦华，杨维权，2005. 多元统计分析与应用［M］. 广州：中山大学出版社.
余谋昌，2008. 人类文明：从反自然到尊重自然［J］. 南京林业大学学报（人文社会科学版），8（3）：

1－6.
虞晓芬，傅玳，2004. 多指标综合评价方法综述［J］. 统计与决策（11）：119－121.
袁力，姜琴，2009. 隶属函数确定方法探讨［J］. 汉江师范学院学报，29（6）：44－46.
张博庭，2005. 关于河流生态伦理问题的探讨——对“生态系统整体性与河流伦理”一文的不同看法［J］. 水利发展研究，5（2）：4－9.
张博庭，2006. 对“人与河流和谐发展”问题的探讨［J］. 水利发展研究，6（4）：16－21.
张超，2014. 水电能资源开发利用［M］. 北京：化学工业出版社.
张建春，2001. 河岸带功能及其管理［J］. 水土保持学报，15（6）：143－146.
赵保佑，2009. 论道家文化“人与自然”和谐思想的现代启示［J］. 周口师范学院学报，26（1）：14－17.
郑宏宇，邓银燕，贺瑞缠，2010. 综合评价中数据变换方法的选择［J］. 纯粹数学与应用数学（4）：319－323.
中国水产科学研究院珠江水产研究所，华南师范大学，暨南大学，等，1991. 广东淡水鱼类志［M］. 广州：广东科技出版社.
珠江水系渔业资源调查编委会，1985a. 珠江水系渔业资源调查研究报告（第一分册）：江河［R］. 广州：珠江水系渔业资源调查编委会.
珠江水系渔业资源调查编委会，1985b. 珠江水系渔业资源调查研究报告（第六分册）：专题报告［R］. 广州：珠江水系渔业资源调查编委会.
訾健康，2012. 简述我国农村水污染现状及成因［J］. 现代化农业（7）：52－53.
BAINA M B，HARIGB A L，LOUCKSC D P，et al，2000. Aquatic ecosystem protection and restoration：advances in methods for assessment and evaluation［J］. Environmental Science &Policy（3）：89－98.
BOON P J，2002. Developing a new version of SERCON（system of evaluating rivers for conservation）［J］. Aquatic Conservation：Marine and Freshwater Ecosystem，12：439－455.
BROOKES A，SHIELDS J F D，2001. River Channel Restoration［M］. New York：John Wiley &Sons.
DAVID J W，1991. Riparian forest buffers：Function and design for protection and enhancement of water resources［R］. USDA Forest Service，Northeastern Area State & Private Forestry，Forest Resources Management，Radnor，PA，NA－PR－07－91.
DENG J L，1982. Control problem of grey systems［J］. Systems & Control Letters，1（5）：288－294.
DOLLAR E S J，2000. Progress reports，Fluvial geomorphology［J］. Progress in Physical Geography，24（3）：385－407.
HUGHES R M，PAULSEN S G，STODDARD J L，2000. EMAP surface water：a multiassemblage probability survey of ecological integrity in the U. S. A［J］. Hydrobiologia，422/423：429－443.
KARR J K，1981. Assessments of biotic integrity using fish communities［J］. Fisheries（Bethesda）（6）：21－27.
KARR J R，1999. Defining and measuring fiver health［J］. Freshwater Biology，41：221－234.
KARR J R，CHU E W，2000. Sustaining living rivers［J］. Hydrobiologia，422/423：1－14.
KALLIS G，BULTER D，2001. The EU water framework directive：measure and directives［J］. Water Policy（3）：124－124.
KLEYNHANS C J，1996. A qualitative procedure for the assessment of the habitat integrity status of the Luvuvhu River［J］. Journal of Aquatic Ecosystem Health，5：41－54.
LADSON A R，WHITE L J，1999a. An index of stream condition：Reference manual（second edition）［M］，Melbourne：Department of Natural Resources and Environment，1－65.
LADSON A R，WHITE L J，DOOLAN J A，et al，1999b. Development and testing of an Index of Stream Condition for waterway management in Australia［J］. Freshwater Biology，（41）：453－468.

LOWRANCE R, LEONARD R, SHERIDAN J, 1985. Managing riparian ecosystems to control nonpoint pollution [J]. Journal of Soil & Water Conservation, 40 (1): 87 - 91.

MARSDEN M W, SMITH M R, SARGENT R J, 1997. Trophic status of rivers in the forth catchment, Scotland [J]. Aquatic Conservation Marine and Freshwater Ecosystems, 7 (3), 211 - 221.

MEYER J L, 1997. Stream health: incorporating the human dimension to advance stream ecology [J]. Journal of the North American Benthological Society, 16: 439 - 447.

MILLER W, COLLINS M G, STEINER F R, et al, 1998. An approach for green way suitability analysis [J]. Landscape and Urban Planning, (42): 91 - 105.

MOONEY C, FARRIER D, 2002. A micro case study of the legal and administrative arrangements for river health in the Kangaroo River [J]. Water Science and Technology, 45 (11 - 12): 161 - 168.

NARUMALANI S, ZHOU Y, JENSEN J R, 1997. Application of remote sensing and geographic information systems to the delineation and analysis of riparian buffer zones [J]. Aquatic Botany, 58 (3 - 4): 393 - 409.

NILSSON C, BERGGREA K, 2000. Alterations of Riparian Ecosystems Caused by River Regulation [J]. Bioscience, 50 (9): 783 - 793.

NORRIS R H, THEMS M C, 1999. What is River Health? [J]. Freshwater Biology, 41: 197 - 209.

PARSONS M, THOMS M, NORRIS R, 2002. Australian river assessment system: review of physical river assessment methods a biological perspective, monitoring river heath initiative technical report No. 21 [M]. Canberra: Commonwealth of Australia and University of Canberra.

PETERJOHN W T, CORRELL D L, 1984. Nutrient dynamics in an agricultural watershed: observations on the role of a riparian forest [J]. Ecology, 65 (5): 1466 - 1475.

PETERSEN M S, 1986. River Engineering [M]. Englewood Cliffs, NJ: Prentice Hall.

PINTÉR G. G. , 1999. The danube accident emergency warning system [J]. Water Science and Technology, 40 (10): 27 - 33.

PUZICHA H, 1994. Evaluation and avoidance of false alarm by controlling rhine water with continuously working biotests [J]. Water Science and Technology, 29 (3): 207 - 209.

RAVEN P J, HOLMES N T H, DAWSON F H, et al, 1998. River habitat quality - the physical character of rivers and streams in the UK and Isle of Man. River Habitat Survey Report No. 2 [R]. London: Environment Agency, Scottish Environment Protection & Environment and Heritage Service.

ROBERT C, PETERSEN J R, 1992. The RCE: A riparian, channel, and environmental inventory for small streams in the agricultural landscape [J]. Freshwater Biology, (27): 295 - 306.

ROSGEN D L, 1994. A classification of natural rivers [J]. Catena, 22 (3): 169 - 199.

ROWNTREE K M, WADESON R A, 1994. A Hierarchical geomorphological model for the classification of selected South African Rivers. Water Research Commission Report NO. 497/1/99. [R] Pretoria, South African: Water Research Commission.

SCHOFIELDN J, DAVIES P E, 1996. Measuring the health of our rivers [J]. Water (5 - 6): 39 - 43.

SIMPSON J, NORRIS R, BANNUTA L, et al, 1999. AusRivAS - national river health program: user manual website version [R]. Environment Australia.

SLÁDEČEK V, 1986. Diatoms as indicators of organic pollution [J]. Acta Hydrochimica Et Hydrobidogica, 14 (5): 555 - 566.

TENNANT D. L. Instream flow regimens for fish, wildlife, recreation, and related environmental resources [J], Fisheries, 1976, 1 (4): 6 - 10.

UNDP, 2010. Human development report 2010 [M]. New York, NY: Palgrave Macmillan.

WANG X, ZHANG Y, LIU C, 2007. Water quantity - quality combined evaluation method for rivers'

water requirements of the instream environment in dualistic water cycle: A case study of Liaohe River Basin [J]. Journal of Geographical Sciences, 17 (3): 304 - 316.

WASHINGTON H G, 1984. Diversity, biotic and similarity indices: A review with special relevance to aquatic ecosystems [J]. Water Research, 18 (6): 653 - 694.

WHITE L J, LADSON A R, 1991. An index of stream condition: User's manual (second edition) [M]. Melbourne: Department of Natural Resources and Environment: 1 - 22.

WHITE L J, LADSON A R, 1999a. An index of stream condition: Field manual [M]. Melbourne: Department of Natural Resources and Environment: 1 - 33.

WHITE L J, LADSON A R, 1999b. An index of stream condition: User's manual (second edition) [M], Melbourne: Department of Natural Resources and Environment, 1 - 22.

WRIGHT J F, SUTELIFE D W, FURSE M T, 2000. Assessing the biological quality of fresh waters: RIVPACS and other techniques [M]. Ambleside: The Freshwater Biological Association: 1 - 24.